岩土工程设计与工程安全

谢　东　许传道　丛绍运　主编

吉林科学技术出版社

图书在版编目（CIP）数据

岩土工程设计与工程安全 / 谢东，许传遒，丛绍运主编. -- 长春：吉林科学技术出版社，2018.4（2024.1重印）
ISBN 978-7-5578-3950-5

Ⅰ. ①岩… Ⅱ. ①谢… ②许… ③丛… Ⅲ. ①岩土工程－建筑设计②岩土工程－安全管理 Ⅳ. ①TU4

中国版本图书馆CIP数据核字(2018)第075989号

岩土工程设计与工程安全

主　　编　谢　东　许传遒　丛绍运
出 版 人　李　梁
责任编辑　孙　默
装帧设计　孙　梅
开　　本　889mm×1194mm　1/16
字　　数　280千字
印　　张　19.75
印　　数　1-3000册
版　　次　2019年5月第1版
印　　次　2024年1月第2次印刷

出　　版　吉林出版集团
　　　　　吉林科学技术出版社
发　　行　吉林科学技术出版社
地　　址　长春市人民大街4646号
邮　　编　130021
发行部电话/传真　0431-85635177　85651759　85651628
　　　　　　　　　85677817　85600611　85670016
储运部电话　0431-84612872
编辑部电话　0431-85635186
网　　址　www.jlstp.net
印　　刷　三河市天润建兴印务有限公司

书　　号　ISBN 978-7-5578-3950-5
定　　价　128.00元
如有印装质量问题　可寄出版社调换

前　言

公路工程建设中要遇到地基、基础、边坡、支挡结构、挖方、填方等岩土工程技术问题，由于岩石和土是大自然产物，它不像钢铁、混凝土等人工材料那样可人为控制，而有许多不确定因素，如岩土体结构及其材料性能的不确定性，裂隙水和孔隙水压力的多变性，岩土体信息的随机性，模糊性和不完善性，信息处理和计算方法的不确切性和不精确性等，因此，刚进入设计单位的毕业生或年轻的土木工程师，面对此类设计问题往往底气不足，不知如何下手，为帮助他们尽快摆脱这种局面，结合工作实践，编写了本书。

为提升设计者解决实际工程问题的能力，书中还增加大厚度加筋土挡土墙面的计算、人工硬壳层理念——加筋软土路基的稳定计算、刚性桩复合地基的沉降计算等岩土工程中的热点问题，而这些又是岩土工程必须面对的实际问题，但尚无合适的计算办法，本书的方法，值得一试。

随着国家经济的发展，对房屋、厂房、桥梁、隧道等建设项目安全的内涵提出了新的要求，由过去的狭义概念延伸为现在的广义概念，除了结构的安全外，还包括消防、用电、燃气、地质、生态等方面的安全。建筑物、构筑物等在设计、施工及使用过程中，无时无刻不存在有形或无形的损伤、缺陷等安全隐患。一方面，如果维护不及时或维护不当，其安全可靠性就会严重降低，使用寿命也会大幅度缩短，如使用中正常老化，耐久性就会逐渐失效，可靠性就会逐渐降低，相应的安全系数也会逐年降低。另一方面，周围环境、使用条件和维护情况的改变，自然灾害（地震、火灾、台风等）或人为灾害的突发，地基的不均匀沉降和结构的温度变形等，在设计时都是难以预计的不确定因素，因而难以判断建筑物、构筑物等是否可以继续使用或者需要维修加固，甚至拆除。

土木工程安全检测与鉴定就是通过使用设备、运用技术采集处理数据和分析结果，得到检测对象本身的特征及周边环境的情况，以便对当前检测对象的使用安全做出分析与鉴定，并提出合理的处理意见，保证检测对象的使用安全。

由于编者水平有限，书稿难免存在一定的不足与缺陷，希望广大读者多提宝贵意见，以便我们不断改进和完善。

目　录

CONTENTS

目　录

第一章　边坡工程

第一节　概　述

一、边坡的认识

边坡一般由坡底、坡角、坡面、坡肩和坡顶组成。

二、边坡的类型

（一）自然边坡：自然地质作用形成的边坡，如山坡、岸坡。

（二）人工边坡：人为开挖、填筑而成的边坡，如路堑、堤坝。

（三）土质边坡：由土构成的边坡。

（四）岩质边坡：由岩石构成的边坡。

（五）永久性边坡：使用年限 2 年以上。

（六）临时性边坡：使用年限不足 2 年。

三、边坡工程的安全等级

边坡工程的安全等级是按边坡破坏后的严重性、边坡类型和坡高等因素划定的，其目的是为了确定支护构件（如锚索）受力计算的分项系数。表 1-1 为《建筑边坡工程技术规范》所确定的边坡工程安全等级。

表 1-1　边坡工程安全等级

边坡类型		边坡高度 H（m）	破坏后果	安全等级
岩质边坡	岩体类型为 1 或 2 类	H ≤ 30	很严重	一
			严重	二
			不严重	三
	岩体类型为 3 或 4 类	15 ＜ H ≤ 30	很严重	一
			严重	二
		H ＜ 15	很严重	一
			严重	二
			不严重	三

续表

土质边坡	10＜H≤15	很严重	一
		严重	二
	H≤10	很严重	一
		严重	二
		不严重	三

四、设计原则

（一）考虑影响边坡稳定的各种因素，如工程地质条件、水文地质条件、边坡高度、坡顶荷载等。

（二）有完整的排水系统。

（三）锚杆和支挡结构按承载能力极限状态设计，采用荷载效应基本组合。

（四）以人为本，尽力维护自然生态环境。

（五）树立“以防为主，防治结合”的地质灾害防患意识。

（六）满足现行规范（程）要求。

第二节　边坡工程基本地质知识

一、边坡工程地质勘察基本要求

（一）要求查明的内容

1. 场地地形地貌特征。

2. 岩土的类型、成因、性状以及岩土出露的厚度、基岩面的形态和坡度、岩石的风化程度。

3. 主要结构面（特别是软弱结构面）的类型及等级、产状、发育程度、延伸程度、闭合程度、风化程度、充填状况、充水状况、组合关系、力学属性和临空面关系。

4. 地下水的类型、水位、水压、水量补给和动态变化，岩土的透水性以及地下水的出露情况和腐蚀性。

5. 不良地质现象的范围和性质。

6. 地区的气象条件（特别是雨期、降雨量及强度、坡面植被、水对坡面坡脚的冲刷情况）及其对坡体稳定性的影响。

7. 边坡邻近建（构）筑物的荷载、结构、基础形式及埋深，地下设施的分布及埋深。

（二）要求提供的参数

1. 边坡的最优开挖坡形和坡率。

2. 验算边坡稳定性、变形和设计所需的边坡岩、土的物理力学性质指标与计算参数值，如每层岩土的 c、ϕ 值和地基系数随深度变化的比例系数 m 值以及锚固体与岩土的黏结强度 τ 值等。

（三）勘探点布置

1. 勘探线应垂直于边坡走向，勘探范围应不小于设计坡高（即坡脚处开挖深度）的 1.5 倍；钻孔深度应低于路基面以下 5 m，或进入中风化岩层不小于 5 m。

2. 勘探线间距 20 ~ 30 m，勘探点间距 25 m，每条勘探线上的勘探点不少于 3 个。

3. 钻孔布置并附图。

（四）提交成果

1. 工程地质详勘报告（必须包含边坡稳定性评价，并提出潜在的不稳定边坡整治措施的建议）；

2. 边坡工程地质平面图（1 ：500 ~ 1 ：1000），可利用线路平面图绘制；

3. 与路基横断面相对应的工程地质横剖面图（1 ：200）；

4. 提交的成果均应有电子文本。

二、第四纪堆积物的特征

第四纪堆积物的特征见表 1–2。

表 1–2　第四纪堆积物的特征

成因类型	堆积方式与条件	堆积物特征
残积	岩石经风化作用而残留在原地的碎屑堆积物	碎屑物自表层向深处由细变粗，一般不具层理，碎块多呈棱角状，土质不均，具有较大孔隙，山坡顶部厚度较薄，低洼处较厚
坡积或崩积	风化碎屑物由雨水或融雪水沿斜坡搬运，或由本身重力作用堆积在斜坡上或坡脚处而成	碎屑物岩性成分复杂，与高处的岩性组成有直接关系，从坡上往下碎屑变细，分选性差，层理不明显，斜坡较陡处厚度较薄，坡脚处较厚
洪积	由暂时性洪流将山区或高地的大量风化碎屑携带至沟口或平缓地带堆积而成	颗粒具有分选性，但往往大小混杂，碎屑多呈亚棱角状，冲积扇顶部颗粒较粗，层理紊乱交错，边缘处颗粒较细，层理清楚，高山区或高地处厚度较大
冲积	由长期的地表水流搬运，在河流阶地、冲积平原和三角洲地带堆积而成	河流上游颗粒较粗，下游变细，分选性及磨圆度均好，层理清楚，厚度较稳定

三、岩体结构

结构面：指岩体中各种地质界面，包括物质分界面和不连续面，也可将裂隙概化为结构面。

结构体：各种结构面将岩体切割而成的单元体。

岩体结构的类型及其特征见表 1-3。

表 1-3　岩体结构的类型及其特征

岩体结构类型	岩体地质类型	主要结构体形状	结构面发育情况	岩土工程特征	可能发生的岩土工程问题
整体状结构	巨块状岩浆岩、变质岩、巨厚层沉积岩	巨块状	以层面和原生结构节理为主，结构面间距大于 1.5 m，无危险结构面组成的落石、掉块	整体强度高，岩体稳定，可视为均质弹性各向同性体	要注意由结构面组合而成的不稳定结构体的局部滑动或坍塌，对深埋峒室要注意岩爆
块状结构	厚层状沉积岩、块状岩浆岩、变质岩	块状 柱状	具有少量贯穿性节理裂隙，结构面间距 0.7～1.5 m，有少量分离体	整体强度较高，结构面互相牵制，岩体基本稳定，接近均质弹性各向同性体	
层状结构	多韵律的薄层及中厚层状沉积岩、副变质岩	层状 板状	层理、片理、节理裂隙，以风化裂隙为主，常有层间错动面	岩体接近均一的各向异性体，变形及强度特性受层面控制，可视为弹塑性体，稳定性较差	可沿结构面滑塌，可产生塑性变形
岩体结构类型	岩体地质类型	主要结构体形状	结构面发育情况	岩土工程特征	可能发生的岩土工程问题
破碎状结构	构造影响严重的破碎岩层	碎块状	层理及层间结构面发育，结构面间距 0.25～0.5 m，一般在 3 组以上，有许多分离体	完整性破坏较大，整体强度很低，并受软弱结构面控制，稳定性很差	易引起规模较大的岩块失稳，地下水加剧岩体失稳
散体状结构	断层破碎带、强风化及全风化带	碎肩状	构造及风化裂屑密集，结构面错综复杂，并多充填黏性土形成无序小块和碎屑	完整性遭到极大破坏，稳定性极差，岩体接近松散体介质	

四、裂隙（节理）

裂隙（节理）是两侧岩块没有显著位移的小型断裂构造。裂隙发育程度及对工程的影响见表 1-4。

表 1-4　裂隙发育程度及对工程的影响

发育程度	基本特征	对工程的影响
裂隙较发育	裂隙 2 ～ 3 组，较规则，多数间距大于 0.4m，少有填充物，岩体被切割成大块状	对基础工程影响不大，对其他工程可能产生相当影响
裂隙发育	裂隙 3 组以上，不规则，多数间距小于 0.4 m，部分有填充物，岩体被切割成小块状	产生很大影响
裂隙很发育	裂隙 3 组以上，杂乱，多数间距小于 0.2 m，一般有填充物，岩体被切割成碎石状	产生严重影响

五、岩石分类

按风化程度，岩石分类情况见表 1-5。

表 1-5　岩石分类情况

风化程度	结构与构造	破碎程度	强度
未风化	保持岩体的原有结构、构造	除构造裂隙外，不见其他裂隙	保持岩石原有强度
微风化	结构、构造未变	有少数风化裂隙，但不易与新鲜岩石区别	比新鲜岩石略低，但不易区别
中等风化	结构、构造大部分完好	风化裂隙发育，完整性较差	抗压强度仅为新鲜岩石的 1/3 ～ 2/3
强风化	结构、构造大部分破坏	岩块上裂纹密布，岩体呈干砌块石状，疏松易碎，完整性很差	抗压强度仅为新鲜岩石的 1/3
全风化	结构、构造完全破坏，矿物晶粒间失去胶结联系，石英松散成砂	用手可折断、捏碎	很低

第三节　边坡稳定性分析

一、边坡失稳的形态

（一）滑坡（landslide）

1. 圆弧滑动：发生于黏性土、碎裂结构岩质边坡。

2. 直线形滑动：发生于砂土边坡。

3. 沿界面滑动：沿软弱结构面（裂隙）或岩土分界面滑动。

4. 折线滑动面：发生于岩质边坡。

（二）崩塌（collapse）

巨大岩块突然脱离母体向下倾倒、翻滚、崩落的现象。

二、边坡失稳的原因

内因：岩土性质、岩层结构、构造。

外因：人为活动、降雨、震动。

三、稳定分析的目的

稳定分析的目的是确定合理的边坡形状（坡高、坡率）及所需支护力。

四、边坡稳定分析方法

常用边坡稳定分析方法有圆弧滑动法、推力传递系数法、数值分析法。

（一）圆弧滑动法

1. 原理及计算

（1）假定边坡的滑动面为圆弧，滑动体绕圆心旋转下滑；

（2）按平面受力问题考虑滑面上的静力平衡。

2. 边坡稳定系数定义表达式

K_S= 抗滑力矩 M_R/ 下滑力矩 M_S

3. 稳定系数的求解

采用条分法分析单个土条滑面上的受力，但不考虑条间力的作用，则整个边坡稳定系数计算式为

$K_S=\sum(W_i\cos\alpha_i\tan\phi_i+c_il_i)/\sum W_i\sin\alpha_i$

式中：W_i——第 i 块土条重；

c_i、ϕ_i——第 i 块土滑面上的黏聚力、内摩擦角，均取标准值；

l_i——第 i 块土条滑面长。

4. 计算软件

常用计算软件有理正岩土计算、GEO-SLOPEOffice 等。

（二）推力传递系数法

1. 原理及计算

（1）当边坡由多层岩土或不同结构面组成时，假定边坡的滑动面为折线形；

（2）滑动体由若干刚性铅直条块构成，由后向前传递下滑力作整体滑动，不计两侧摩阻力，但考虑与滑面平行的条间下滑力；

（3）按平面受力问题考虑滑面上的静力平衡。

Ks 为边坡的整体稳定系数，是最后一个滑块的阻滑力（T_{Rn}）加上上面所有滑块传递下来的阻滑力与最后一个滑块的下滑力（T_n）加上上面所有滑块传递下来的下滑力之比。边坡的整体稳定系数应满足要求，如不满足要求，应计算最后一个滑块的剩余下滑力。

2. 剩余下滑力计算表达式的建立

在平面问题中，以条块的底边为 X 轴，则：

$\sum X=0T_{is}+T_{Ri}-W_i\sin\alpha_i-T_{i-1}\cos(\alpha_{i-1}-\alpha_i)=0$

$\sum Y=0R_i-W_i\cos\alpha_i-T$，$-i\sin(a_{i-1}-a_i)=0$

然后联解消去 R_i，即可得第 i 块土的剩余下滑力 T_{is}。

$T_{is}=F_S\times W_i\sin\alpha_i+T_{i-1}\phi_i-Wi\cos\alpha_i\tan\phi_i-c_il_i$

在实际工程中，求得的稳定系数往往大于 1，则剩余下滑力为零或负值，但不一定满足规范要求。因此，实际工程中采用了下滑力超载安全系数，以增大剩余下滑力。

3. 计算软件

常用计算软件有理正岩土计算、电子表格（Excel）。

第四节　边坡设计

一、设计内容

（一）边坡形状

1. 直线形

坡高 10 m 以内，土质均匀的边坡，所谓一坡到顶。

2. 台阶形

（1）坡高大于 12 m，台阶高 8 ~ 10 m，台阶宽 2 m，困难条件下，石质边坡台阶宽可适当减少；

（2）对于由多层岩土构成的边坡，岩土界面处宜设台阶。

对于多层岩土边坡，可按不同坡率放坡。

（二）边坡排水系统

边坡排水系统有：

1. 坡顶截水沟。

2. 平台排水沟。

3. 竖向跌水沟、集水井。

4. 坡脚侧沟（道路边沟）。

5. 仰斜式排水孔：孔径 75 ~ 150 mm，仰角不小于 6°，内插钢塑软式透水管或速排龙。

钢塑软式透水管是以防锈弹簧圈支撑管体，形成高抗压软式结构，无纺布内衬过滤，使泥沙杂质不能进入管内，从而达到净渗水的功效。丙纶丝外绕被覆层具有优良吸水性，能迅速收集土体中多余水分。橡胶筋使管壁被覆层与弹簧钢圈管体成为有机一体，具有很好的全方位透水功能，渗透水能顺利渗入管内，而泥沙杂质被阻挡在管外，从而达到透水、过滤、排水一气呵成的目的。

（三）边坡绿化

1. 湿法喷播：以水为载体，喷播种子，适用于土坡。

2. 客土混植生喷播：以客土为载体，喷播混植生种子，适用于岩质边坡。

二、设计步骤

（一）收集道路平、纵、横设计图。

（二）收集边坡专项地质勘察资料。

（三）初拟设计边坡典型横断面图。

（四）上机计算，调整有关参数及初拟横断面图，形成计算书。

（五）绘图。

1. 边坡平面设计图：以道路平面图为基础，绘制边坡设计平面图，主要内容如下。

（1）边坡的平面投影，包括各级平台、边坡轮廓界面线和主要变化点的坐标、设计边坡的起止里程；

（2）排水系统及流向；

（3）支护类型的标注；

（4）图说内容：坐标系、边坡全长、排水系统的设置、支护结构类型与规格等不便用图表达的设计内容。

2. 边坡横断面设计图：以道路横断面图为基础，绘制边坡设计横断面图，主要内容如下。

（1）各级台阶高、平台宽及水沟、坡脚起坡点高程及其与线路中心的关系；

（2）原地面线及地层分界线；

（3）护坡结构类型及坡率的标注；

（4）锚索（杆）的竖向布置和长度及其与水平面的夹角；

（5）图说内容：护面结构材料和规格、锚杆（索）规格、纵向间距、孔径、设计承载力等不便用图表达的设计内容。

3. 各种大样图：锚索（杆）构造、护面结构构造、跌水沟等。

（六）主要工程数量统计。

（七）编写设计总说明，主要内容包括：

1. 前言：道路梗要，边坡位置、长度、最大高度。

2. 设计依据。

3. 设计标准与原则：边坡等级、稳定系数、生态环境和地质灾害意识。

4. 设计范围与规模：边坡设计起止点里程、总长、最大高度、台阶级数及分级高。

5. 工程地质条件和水文地质条件。

6. 边坡设计：

（1）边坡形状。

（2）边坡稳定分析与计算：失稳形态的推断、计算方法、计算结果。

（3）边坡支护结构：结构类型、构造、材料、规格、锚索（杆）设计承载力。

（4）边坡排水：各种水沟的规格、材料。

（5）边坡绿化。

7. 边坡监测：

（1）监测项目与内容。

（2）测点布置。

（3）监测频率与周期。

（八）质量验收：按《建筑边坡工程技术规范》和其他相关规范（程）执行。

三、边坡设计

（一）边坡形状

边坡拟采用多级，坡率分别为 1 ∶ 0.4、1 ∶ 0.5、1 ∶ 0.75、1 ∶ 1.0、1 ∶ 1.25 的台阶形状，单级台阶高原则上取 10.0 m，台阶宽 1.5 m ～ 2.0 m，台阶内侧设平台截水沟。

（二）边坡稳定分析与计算

1. 边坡失稳形态推断：边坡大部分由残积土和强、弱、微风化混合花岗岩组成，边坡失稳形态在岩质边坡中考虑结构面的影响，按折线滑面进行验算，在土层中按圆弧滑

动面控制。

2. 稳定计算方法：条分法—刚体极限平衡理论。

3. 典型断面稳定计算结果：采用理正岩土系列 5.0 版软件计算，采用锚拉格构加固后，边坡安全稳定系数计算结果大于 1.3。

（三）边坡支护结构

1. 线路左侧高边坡地段：边坡主要由残积亚黏土及强、弱、微风化混合花岗岩组成，未发现不良地质现象，初步判断无结构面整体稳定性问题，原则上采用允许坡率放坡，但坡高已大大超过 25 m，故高边坡部分采用全黏结锚杆 + 矩形格构护坡，一则可加固节理裂隙发育的坡面，二则有利于坡面绿化，防止坡面进一步风化，从而保证边坡的整体稳定性与安全性。

2. 线路右侧边坡：边坡主要由残积亚黏土及强风化混合花岗岩组成，且坡高在 10 m 左右，坡顶有放坡条件，故采用允许坡率放坡，坡面用浆砌片石人字骨架防护，以利稳定和绿化。

3. 坡高 5 ~ 11 m 的其他地段：边坡主要由残积亚黏土或人工填土及强风化混合花岗岩组成，坡顶无充分放坡条件，考虑到对生态环境和民房的保护，尤其是线路左侧，红线距民房只有 6 m，故采用坡率为 1 ∶ 0.25 的土钉墙形式，坡面为矩形格构，以利稳定和绿化。

（1）全黏结锚杆（土钉）：锚杆与水平面夹角 15°，孔径 110 mm，锚杆长 4 ~ 15 m；1 根 ϕ28 螺纹钢筋，锚杆间距 2.5 m × 3 m，土钉间距 1.5 m × 1.75 m，矩形布置；锚杆通长注浆，注浆强度等级 M30，注浆体材料 28 d 无侧限抗压强度不低于 25 MPa；单孔锚杆的设计承载力不小于 127 kN（1ϕ28 螺纹钢筋）。

（2）钢筋混凝土矩形网格护面：网格骨架断面尺寸 40 cm × 40 cm，嵌入坡面 5 cm，C25 混凝土现浇。

（四）边坡排水

1. 地面排水：边坡地面排水采用侧沟、平台截水沟、跌水沟和天沟排水。

（1）路侧边沟：位于坡脚或路肩边缘外侧，纵坡与道路一致，该部分内容由道路专业设计，底宽、沟深等详见道路专业图纸。

（2）平台截水沟：位于平台内侧，底宽 40 cm，沟深 40 cm，沟壁厚 30 cm，M7.5 浆砌片石砌筑，引向跌水沟并排至道路集水井。

（3）坡顶截水沟：位于坡顶以外 5 m，基本上沿等高线布置，底宽 40cm，沟深 40 cm，沟壁厚 30 cm，M7.5 浆砌片石砌筑，排往跌水沟引至道路雨水管的集水井或坡体外。

（4）跌水沟：踏步式跌水沟竖向设于坡面，采用 C25 素混凝土浇筑而成，间距 25 ~ 35 m，并与平台截水沟形成网络，将水排往路侧边沟集水井。

2. 地下水排水：由于边坡所在地段的地下水赋存条件较差，坡面均未全封闭，故一般不设地下水排水措施，施工开挖中如发现坡面某处有地下水渗流，可钻孔设置横向排水软管。

（五）边坡绿化

在矩形格网内客土喷混植生材料，由专业生态环境建设队伍实施，该部分详见有关的绿化景观设计图纸。

四、监测

边坡工程监测包括施工安全监测和支护效果监测。

（一）监测项目与内容

1. 坡顶 15 m 范围内地表裂缝数量、宽度和走向；

2. 坡面水平位移与沉降。

（二）监测点的设置

单个高边坡的监测剖面不少于 2 条，且具有代表性，并尽量与地勘横剖面靠近，每条剖面上的监测点不少于 3 个。

（三）监测期限与周期

1. 监测期限竣工后不少于 2 个雨季；

2. 监测周期：施工安全监测应从开工初期就执行，8 ~ 24 h 观测一次，雨季及气候恶劣时适当缩短周期；支护效果监测周期一般为 15 ~ 30 d。

五、质量验收

参照《建筑边坡工程技术规范》和《深圳地区建筑深基坑支护技术规范》执行。

六、施工要点及注意事项

（一）边坡工程实施前，应编制经总监理工程师认可的边坡工程施工组织设计。

（二）边坡开挖，应采取自上而下，分级，分段跳槽、及时支护的逆作法或部分逆作法施工，严禁无序大开挖作业。

（三）锚杆应自上而下逐排施作，开挖一排实施一排。锚杆注浆后，3 d 之内不得碰撞和悬挂重物。

（四）边坡分段跳槽施工的长度可取 20 m 左右，每段锚杆实施后，应立即浇筑钢筋混凝土网格，尽量缩短坡体的裸露时间。

（五）大、暴雨施工期，应对未完工的裸露边坡体及时进行遮盖。

（六）锚杆大面积施工前，应按《建筑边坡工程技术规范》附录C的要求进行基本试验。

（七）边坡工程开工时应结合永久排水措施做好现场临时排水系统，以免大雨毁坏施工现场；边坡施工期间应采取有效的环保措施，做到文明施工。

（八）采用信息施工法，及时调整、完善设计与施工。

第五节 锚拉格构的设计与计算

一、结构组成

锚拉格构主要由锚杆（索）和坡面格构梁组成。

（一）锚杆

1. 非预应力全黏结锚杆：杆体材料为 ϕ20 ～ ϕ32 螺纹钢筋，M35 水泥砂浆或水泥净浆全长灌注。

2. 预应力锚索：锚索采用高强度低松弛钢绞线，一孔锚索由若干束 ϕ15.2 钢绞线组成，一束钢绞线又由 7 根钢丝绞合成形。此外，锚索还包括专用锚具、夹片和连接器等。

3. 精轧螺纹钢。

（二）格构梁

格构梁一般由钢筋混凝土现浇而成，梁截面为矩形，梁单元可采用矩形或菱形。

二、适用条件

（一）非预应力全黏结锚杆：常用于土质边坡，锚杆长一般不超过 12 m，锚杆轴向承载力设计值不大于 240 kN。

（二）预应力锚索：常用于岩质边坡，其长度和承载力均大于非预应力全黏结锚杆。

三、其他有关问题

（一）预应力锚索锚固段长度通常取 4 ～ 10 m，当计算长度超过 10 m 时，宜采用二次注浆、改善锚头构造和直径等措施提高锚固力。理论分析与实测数据表明，当锚固段过长时，随着应力不断增加，靠近自由段的灌浆体首先开始屈服或破坏，然后，最大剪应力向深处转移，破坏也逐渐发展扩大，因此，并非锚固段越长越好。

（二）预应力锚索（杆）的自由段长度不应小于 3 ～ 5 m，以便将锚固力传至较深的岩土层，获得可靠的锁定力。

（三）锚索孔径应视锚固力大小而定，常用 ϕ100 ～ ϕ150。

（四）预应力锚索（杆）的间距应考虑群锚效应，间距小，应力重叠，锚固能力降低；间距大，出现应力跌落区，削弱了坡体与滑面的整体锚固效果。预应力锚索的间距一般常取 3 ～ 5 m。

（五）预应力锚索抗拉力（即锚索的承载力）的设计值应满足下列要求：

1. 等于或大于边坡下滑力设计值；

2. 等于或小于锚索材料的抗拉力设计值，一般可取材料抗拉强度标准值（相当于极限抗拉强度）的 1/2（钢筋可取 61/100）；

3. 等于或小于锚索的抗拔力（岩土与锚固体的黏结强度特征值）。

（六）预应力锚索的超张拉值可取锚索承载力设计值的 1.05 ～ 1.1 倍；锁定值可取锚索承载力设计值的 3/5 左右。

（七）锚杆（索）的防腐处理措施：

1. 预应力锚杆（索）的自由段经除锈、刷船底漆、沥青玻纤布缠裹不少于两层处理后装入套管中，套管两端用黄油充塞，外绕工程胶布固定；

2. 锚固段应除锈，砂浆保护层厚度不少于 25 mm；

3. 预应力锚索的外锚头经除锈、涂防腐漆后，应采用钢筋网罩、现浇细石混凝土封闭。

（八）格构梁的单元形状可采用矩形或菱形，单元大小按锚杆（索）的间距确定。

（九）理论上而言，格构梁的截面大小应根据锚固力的大小和坡面岩土地基承载力确定，同时，格构梁底的接触压应力应小于地基承载力。但是，由于预应力锚索格构与边坡体相互作用的复杂性，目前，尚无合适的格构梁底接触压应力计算方法。庆幸的是，梁底接触压应力的实测值还不到“理论”值的 1/10，故一般格构梁的截面不小于 300 mm × 300 mm 即可（锚固力较大时应按计算确定），采用 C25 混凝土现浇，梁底嵌入坡面。

（十）格构梁的截面大小还与其所受弯矩大小有关，一般而言，格构梁可按集中荷载下的弹性地基梁进行分析计算。理论分析表明，格构结点处（锚索作用处）为负弯矩（梁底受拉），跨中为正弯矩（梁顶受拉）。试验研究表明，上述弯矩分布规律只适合锚固力较大（500 kN 以上）、硬质岩体边坡情况，若锚固力较小（300 kN 以下）、边坡岩土体软弱，则格构梁表现为整体向坡内弯曲（梁底受拉）。因此，格构梁按对称构造配筋即可。

第二章　轻型支挡结构（上）

第一节　基本概念

一、轻型支挡结构的种类与构造

（一）桩板式挡土墙

桩板式挡土墙是靠埋入稳定地层中的桩来支挡土体的。在挖方或填方边坡中，桩板式挡土墙的构造要求略有不同。

对于挖方边坡，桩板式挡土墙一般由排桩和桩间挡土板构成，即先施工排桩至墙顶标高，然后在墙前开挖形成临空面，同时浇筑或安装挡土板。

对于填方边坡，桩板式挡土墙则由排桩、连系梁、立柱和挡土板构成，即先施工桩至接近地面某一标高，然后浇筑桩顶连系梁（冠梁），在连系梁上施工立柱，并逐层施工挡土板和碾压板后回填土。

（二）锚杆挡土墙

锚杆挡土墙是靠锚固于稳定地层中的锚杆来支挡土体的，主要由锚杆和墙面系构成。墙面系可以是钢筋混凝土肋柱和墙面板，也可以是格构梁。

锚杆挡土墙的施工程序是：由上而下逐层开挖边坡→坡面喷射混凝土（视需要而定）→钻孔设置锚杆→立模浇筑墙面系→其他。

（三）土钉墙

1. 结构组成

土钉墙在结构构造上与锚杆挡土墙是相似的，即由全黏结锚杆和墙面系组成。土钉墙的墙面系、施工程序也大致与锚杆挡土墙相同。

2. 与锚杆挡土墙的区别

土钉墙与锚杆挡土墙的布置不同，由此形成的加固机理也不同。

（1）土钉墙中的锚杆一定是沿锚杆通长注浆，形成所谓全黏结锚杆。土钉的布置，短而密，可使被加固的土体形成半刚性复合体，以确保其自身内部稳定；同时，此半刚性复合体又类似一假想的重力式挡土墙，可满足其外部稳定要求。土钉墙的墙面系不属于主要受力构件。土钉墙多用于稳定土坡或破碎、散体状岩质边坡。

（2）锚杆挡土墙中的锚杆不一定是全黏结锚杆，而往往是普通锚杆，分自由段和锚固段。自由段的砂浆体不起锚固作用，只起传递拉力的作用，即边坡的推力在坡面外锚头形成拉力后，通过自由段的砂浆体将其传到更深更稳定的地层中去，以稳定坡体。因此，锚杆挡土墙中的铺杆布置疏而长。

（3）土钉墙加固边坡机理分析：边坡开挖时，边坡表面应力释放，同时，坡面产生水平变形，从而导致坡体土中水平应力减少，小于开挖前的应力水平，如不及时支护或坡率过陡，则可导致坡体土中的应力状态达到主动极限平衡状态，进而破坏边坡；当采用土钉及时加固坡体后，由于土钉和土之间的相互作用约束了土体的变形，土中水平应力的减小也就受到限制，坡体处于弹性应力状态，从而能够保持边坡的稳定。

（四）加筋土挡土墙

1. 结构组成

加筋土挡土墙一般由帽梁、墙面、基础、拉筋、填料及排水系统构成。拉筋与填料交替铺设而成的复合体称为加筋体。

2. 加筋土挡土墙的受力分析

加筋土挡土墙的基本原理存在于筋－土之间的相互摩阻黏结之中，这种黏结一方面约束了加筋土体的侧向位移，提高了加筋土体的自立稳定性，同时又平衡了滑动土体所产生的侧向土压力，提高了加筋土体的内部稳定性。另一方面，这种黏结使被加固的土体形成了一个整体稳定性和整体刚度较高的类似重力式挡土墙的复合体，以抵挡加筋体后方填土的侧压力，确保了加筋土挡土墙的外部稳定。

（五）预应力锚索抗滑桩

预应力锚索抗滑桩由全埋式桩和预应力锚索组成，通过桩和锚索形成的整体机构来平衡滑坡推力。

（六）其他

1. 悬臂式和扶壁式挡土墙：参见国家建筑标准设计图集 04J008《挡土墙（重力式衡重式悬臂式）》（中国建筑标准设计研究院组织编制，中国计划出版社出版），在此不再赘述。

2. 锚定板挡土墙：锚定板挡土墙在填土中的侧向位移不容易得到保障，从而危及墙面立柱的稳定性，市政工程中笔者不推荐使用。

二、轻型支挡结构上的侧向土压力

（一）静止土压力

静止土压力是指墙不发生位移时，土体作用其上的侧压力。此时，墙后土体处于静止状态。

（二）主动土压力

主动土压力是土推墙向前位移，墙后土体达到主动极限平衡状态时，土体作用其上的侧压力。

（三）主动岩体压力

全、强风化岩石可按土压力公式计算，中、微风化岩石可按滑坡推力传递系数法计算，详见《土质学与土力学》一书。

（四）墙后地面有均布荷载作用时的主动土压力

基本思路：将均布荷载换算为等代填土高度，在墙顶形成一虚假墙背，然后按一般情况对待。

（五）浸水土压力的计算

1. 水对土压力的影响

（1）水的浮力可减轻土的重力；

（2）水会降低土的抗剪强度；

（3）水对墙背有静水压力或动水压力。

2. 实际计算处理

（1）对于地下水位以下的砂土应采用水土分算；对于液性指数 $I_L < 1$ 或透水性很差的黏性土可采用水土合算。

（2）水土分算时，地下水位以下的土取浮重度，c、ϕ 值取有效应力指标。

（3）水土合算时，地下水位以下的土取饱和重度，c、ϕ 值取总应力指标。

第二节 桩板式挡土墙的设计

一、适用条件及优点

（一）路堤式桩板墙能解决高填方路堤地段无法正常放坡的矛盾，从而能够减少房屋拆迁、少占农田等，具有较大的经济效益和社会效益。

（二）挖方地段的桩板式挡土墙可以用最小的墙高获得满意的建筑空间，并大大减少开挖量。

（三）适合软弱地基。若地基强度不足，可由桩的埋置深度予以补偿。

（四）建筑高度大。悬臂段墙高可达 15 m，如结合使用预应力锚索，墙高可达 25 m。

（五）施工简便、工期短、投资省是高大支挡结构选型的主要出路。

二、结构计算

（一）桩板式挡土墙桩背荷载

作用于桩板式挡土墙桩背的荷载为两桩中心距的侧向土压力或潜在滑坡推力。若采用侧向土压力，其值应乘以 1.1 ~ 1.3 的扩大系数作为荷载设计值。土压力和滑坡推力，二者取其大值。

（二）桩后荷载分布

桩后荷载沿墙高的分布图式可为三角形、梯形和矩形。一般土压力可用三角形或梯形；较密实的顺层滑坡体，上下运动速度大致相同，其推力分布可用矩形。

（三）桩的内力计算

1. 地面以上桩的内力计算

可按悬臂梁计算，固定端可选在地面以下约 1.5 m 处。

2. 地面以下桩的内力计算

（1）取地面以下桩的脱离体图，则桩顶荷载为桩在地面处的内力 M_0、Q_0。

（2）视地面以下的桩为弹性地基梁，土为弹性体，则桩侧土抗力，由“m”法可知为：

$\sigma_{zx}=mzx_z$

已知 $\sigma_{zx}=kx_z$，k=mz，k 为地基系数。

由此可得作用于弹性地基梁上的荷载强度为：

$q=\sigma_{zx}b_1$

式中：b_1——桩计算宽度。

（3）按不同的边界条件，求解上述方程，即可得桩在桩顶力作用下不同深度处桩横截面内的弯矩、剪力及位移，以此作为桩配筋依据，详见有关教科书。

（四）桩的整体滑动稳定计算

圆弧滑动条分法：详见有关基坑整体稳定计算，或边坡整体稳定计算。

（五）计算软件

1. 理正岩土系列软件 5.1 版—挡土墙设计—桩板式挡土墙。

2. 理正深基坑支护设计软件 Fspw5.3（排桩稳定与抗倾覆计算）。

3. 软件中所用弹性地基系数和地基系数随深度增加的比例系数 m 值详见《铁路路基支挡结构设计规范》或《公路路基设计规范》。

三、结构设计

（一）桩截面多为圆形，机械成孔（有条件时也可采用矩形截面，挖孔成桩）；桩直径一般为 1.0 m 左右，C25 及以上混凝土现浇；桩间距 3 ~ 5 m。

（二）桩的长度应伸入稳定地层中，桩的入土深度一般为 1.0 ~ 1.3h（h 为墙高），当不满足前述要求时，桩端伸入中风化岩层的长度不小于 3 m，或改为后拉锚桩结构。

（三）立柱截面一般为矩形或 T 形，立模现浇；立柱截面的长边（抗弯边）基本上与桩径相同，混凝土强度等级亦与桩同。

（四）连系梁高一般不小于 800 mm，梁宽等于或略大于桩径，桩和柱的主筋伸入连系梁的长度应满足锚固长度要求。

（五）挡土板的截面可为矩形、槽形或空心板，现浇或预制，板嵌入桩或与柱的搭接长度不小于板厚，板的厚度 160 ~ 250 mm，板内主筋不小于 ϕ12。

四、设计步骤

（一）收集欲设置桩板式挡土墙地段的道路平、纵、横断面图。

（二）收集欲设置桩板式挡土墙地段的工程地质资料。

（三）初拟桩板式挡土墙横断面图。

（四）上机计算，调整初拟横断面尺寸。

（五）绘图。

1. 桩板式挡土墙平面布置图

以道路平面图为基础。主要内容包括：

（1）桩的平面位置及编号，桩间距，桩中心线与道路中心线的关系。

（2）桩板式挡土墙起、止点里程，转折点的角度。

（3）排水系统及流向。

（4）主要构件名称的标注。

（5）图说内容：坐标系、挡墙总长度、施工顺序、桩板式挡土墙与相邻构筑物连接处理等。

2. 桩板式挡土墙立面展开图

以道路纵断面图为基础。主要内容包括：

（1）桩的立面布置及编号，桩间距、桩顶、桩底标高，连系梁和柱的标高。

（2）地质钻孔及地层分界线。

（3）道路纵断面线，设计地面线。

（4）主要构件名称的标注。

（5）图说内容：高程系统，对桩底持力层岩土性质的要求，连系梁变形缝间距要求等。

3. 桩板式挡土墙横断面图

以道路纵断面图为基础。主要内容包括：

（1）现有地面线，地层分界线。

（2）墙前开挖或墙后回填范围。

（3）桩板式挡土墙的侧视图及其主要构件名称和高程的标注。

（4）图说内容：对桩底持力层的要求，墙前开挖和墙后回填的要求，与相邻构（建）筑物的关系等不便用图表达的内容。

4. 各种大样图

（1）桩、板、柱、连系梁的配筋图，并反映相互连接关系和连接方法。

（2）水沟大样。

（3）墙面泄水孔设置结构大样。

（4）其他需要表达的大样。

第三节　锚杆挡土墙的设计

一、适用条件及优点

（一）适用于挖方地段的岩质边坡或残积土边坡。

（二）锚杆挡土墙能减少土石方开挖量，并能调动边坡的自立稳定性以获得满意的建筑空间。

（三）施工灵活、简便，对于稳定性较差的边坡，可采用从上往下、分层开挖、分层支护的“逆作法”施工程序。

（四）结构体积小，节约用地，省圬工，具有较好的社会效益和经济效益。

（五）如联合使用预应力锚索，可最大限度地约束边坡的侧向位移，确保坡顶建筑物的安全。

二、结构计算

（一）作用于锚杆挡土墙竖向肋柱上的荷载为肋柱中心距范围内的水平土压力，水平土压力在肋柱上的分布，按经验法可简化为：

$q= E_{ax} \cdot L/0.9H$（kN/m）

式中：L——肋柱间距（m）；

H——肋柱高（m）。

（二）将锚杆挡土墙的竖向肋柱视为支承于锚杆刚性节点上的连续梁或简支梁，若假定肋柱的底端为自由端，且只有两层锚杆时，可按简支梁求解肋柱的支点反力和内力（弯矩和剪力）；否则，应按连续梁计算。支点反力求得后，即可算出锚杆所受轴向拉力。

三、结构设计

（一）多级锚杆挡土墙每级高度不宜超过 8 m，上下级之间应留 2 m 宽平台，肋柱间距一般为 3 ~ 5 m。

（二）锚杆挡土墙的墙面可为格构梁、板肋式墙面或墙板式墙面。格构梁的竖梁或板肋式墙面的竖肋的断面一般为矩形，最小尺寸为 300mm × 300mm，板的厚度为 200 ~ 250 mm。墙板式墙面内应设暗肋，暗肋配筋按暗柱处理。肋、板均采用 C25 或 C30 混凝土现浇。肋柱主筋不小于 ϕ16，板内主筋一般为 ϕ12@150 ~ 200 mm。

（三）肋柱可设独立基础或条形基础，基础厚度为 300 ~ 500 mm，C15 混凝土现浇。

（四）锚杆挡土墙的竖向变形缝间距宜为 25 m 左右，变形缝处的肋间距可适当缩小。

（五）墙面板应设泄水孔。

（六）锚杆设于肋柱上，可为两层或多层，第一层锚杆宜低于柱顶 1.5 ~ 2 m，上下层锚杆间距不宜小于 2.5 m。锚杆在肋柱上的布置应尽量使肋柱的受力均匀，即肋柱“支承点”的弯矩、反力大致相等。

（七）锚杆钢筋一般为 $\phi 25$ ~ $\phi 32$，钻孔直径为 110 ~ 130 mm；锚索钢绞线常用 $1\times 7\phi 15.2$。

（八）锚孔注浆采用孔底注浆法，水泥砂浆强度不低于 M30。

四、设计步骤

（一）参见上节桩板式挡土墙。

（二）非预应力全黏结锚杆大样图与土钉相同。

第四节　土钉墙的设计

一、适用条件及优点

（一）适用于土质或较破碎软弱岩质挖方边坡。

（二）无须大型钻机，由上而下分级开挖、分级钻孔设土钉，无须搭设施工平台，施工简便，造价低。

（三）施工时，对环境干扰小，适宜在城市地区采用。

（四）结合微型桩或钢管桩使用，可最大限度地减小土钉墙的侧向位移。

（五）松散砂土、未完成自重固结的填土、软塑黏土以及有丰富地下水水源的条件下，不应单独采用永久性土钉支护。

土钉的内部稳定包括土钉钢筋的抗拉力、土钉的抗拔力和土钉墙的整体圆弧滑动稳定三部分内容。

土钉墙内部整体滑动稳定一般采用圆弧法检算，其计算原理是在分子的抗滑力中增加了土钉的抗滑力。

（六）土钉墙的外部稳定计算

1. 将土钉及其加固范围内的土体视为一假想重力式挡土墙，按重力式挡土墙验算其抗倾覆、抗滑动及地基承载力。

2. 由于假想重力式挡土墙的宽度等于土钉的长度，因此土钉的长度有时会由外部稳定条件控制。

二、结构设计

（一）单级土钉墙的高度不应大于 10 m，一般为 6 ~ 8 m，多级土钉墙的总高度不宜大于 18 m，上下两级之间设 2 m 宽平台。

（二）土钉的长度应满足圆弧滑动破裂面和外部稳定要求。土钉长度沿墙高的布置可下短上长，最短不应短于 0.5 倍墙高，且不得小于 3 m，以满足假想重力式挡土墙底宽对地基承载力的要求。土钉墙的实测资料表明，墙顶水平位移往往大于墙脚处的位移，因此，土钉长度可取 1.0 ~ 1.2 倍墙高，以约束坡顶土体的水平位移。

（三）土钉的间距不应大于 2 m，一般为 0.75 ~ 1.5 m。实测资料表明，墙后土压力沿墙高的分布为上下小、中间大，因此，有规范主张，墙高中部土钉宜适当加密。

（四）土钉的锚筋一般采用钢筋，钢筋直径为 20 ~ 32 mm，较软弱土质中也可采用 ϕ42 钢花管。钻孔直径为 110 ~ 130 mm，钉孔注浆采用 M30 水泥浆或水泥砂浆。

（五）临时性土钉墙，如基坑开挖，可采用网喷混凝土墙面，厚度 100 mm，C20 混凝土，钢筋网间距 150 ~ 200 mm，钢筋直径 6 ~ 8 mm。

（六）为美观计，永久性土钉墙不宜采用网喷混凝土墙面，可采用菱形格构梁或板肋式墙面，C25 混凝土现浇，构造配筋。

（七）土钉墙顶 2 m 范围内应设防水封闭层和截水沟，若采用封闭式墙面，墙面应设泄水孔。

三、施工设计出图

（一）平面图：以道路平面图为基础，示出墙的平面位置，起、止点里程，排水系统及流向等。

（二）立面展开图：墙高，墙面结构及标注，高程等。

（三）横断面图：道路中心线，路面标高，墙的横断面结构及标注，排水沟位置等。

（四）大样图：土钉大样，墙面结构大样等。

1. 坡面绿化形式是在钢筋混凝土菱形格构网内客土、植草，或喷播混植生，在生态袋上播种、植草，具体详见有关专业的绿化图纸。

2. 伸缩缝设置：沿坡面纵向每 20~30 m 左右设置一道，缝宽为 2 cm，内填塞沥青麻絮或沥青木板，沿内外顶三方填塞深度不小于 15 cm。

3. 菱形格构主筋净保护层迎水面厚度为 40 mm，在菱形格构角点处，顶层主筋向下弯折通过流水凹槽。

（五）土钉说明

1. 本图尺寸均以 mm 计。

2. 本工程土钉采用 HRB335，直径 25 mm 的钢筋。

3. 注浆材料用水灰比为 0.40 ~ 0.45 的浆液，浆体强度不小于 30 MPa，注浆压力为 0.2 ~ 0.4 MPa。

4. 土钉钻孔直径 110 mm，倾角 12°，土钉孔底端留 0.5 m 超长段，土钉在横竖肋位置混凝土保护层厚度不应小于 20 mm。

5. 土钉全长范围内每间隔 2 m 设一道定位装置，每道均设 3 个定位支架。

6. 土钉墙主要施工工序：开挖土方、清理坡面→施工土钉钻孔→安放土钉并进行孔内注浆→注浆完毕待砂浆达一定强度后浇筑混凝土肋→放置井字形钢期并与土钉焊接牢固→完成后浇部分的混凝土、封闭土钉→再进行下一级施工直到设计标高。

7. 其他未尽事宜参见有关规范。

第三章　轻型支挡结构（下）

第一节　加筋土挡土墙的设计

一、用途与类型

在公路工程中，加筋土挡土墙（Mechanically Stabilized Earth Wall）一般用于填筑路肩墙和路堤墙。

常见的加筋土挡土墙类型有下列几种：

（一）单墙面式加筋土挡土墙：这是加筋土挡土墙的基本类型，适用于线路通过陡坡地段的路肩墙和路堤墙。

（二）双墙面式加筋土挡土墙：当场地受限，填方无放坡条件时或作为立交引道时，宜采用双墙面式加筋土挡土墙。双墙面加筋土挡土墙的拉筋尾部重叠时，应用5cm厚的填土隔开，避免直接接触。

（三）台阶式加筋土挡土墙：高填方地段，当采用单级加筋土挡土墙的高度很高时（如10 m以上），宜将加筋土挡土墙分级，修建成台阶状。

二、构造

公路加筋土挡土墙一般由帽梁、墙面、基础、拉筋、填料及排水系统构成。拉筋与填料交替铺设而成的复合体称为加筋体。

（一）加筋体

加筋体的断面形式一般有矩形、倒梯形、正梯形或正倒梯形的复合。断面形式的选择应根据墙高、地质地形条件等因素。

墙高在5 m以内宜采用矩形断面，即拉筋长度在墙高范围内均等长，这种断面形式是根据最小拉筋长度的要求提出来的。试验表明，最小拉筋长度应为3 m，否则有被拔出的可能，因此为简便计，可采用全墙高等长度加筋的布置形式。

在斜坡地段填筑加筋土体时，由于地形条件限制和减少开挖量，可采用倒梯形断面，即拉筋长度沿墙高上长下短。这种断面形式符合库仑破裂面的情况，即破裂面与水平面成（45° +ϕ2）角度，根据加筋土的后拉锚原理，只有伸出破裂面后方的加筋长度才是有效锚固长度，这种破裂面形成的滑动楔体上宽下窄，因此，加筋的长度也就随填土深度的增加而减短。

在宽敞的填方地段，可用正梯形断面，即拉筋的长度沿墙高上短下长。这种断面形式是根据传统的重力式挡土墙的断面形式提出来的，也就是说，将加筋体视为墙背仰斜的重力式挡土墙，该重力式墙体本身是稳定的，破裂面向后位移至加筋体以外，按传统土压力理论（沿墙高呈三角形分布），这种“重力式挡土墙”的断面是上小下大。

当单级加筋土挡土墙的高度较高时，为节省筋材而又安全稳定，复合形断面加筋体便应运而生，它既满足破裂面形状上宽下窄的要求，又满足土压力上小下大的要求。

（二）帽梁

帽梁在标高上可起到协调加筋土挡土墙墙顶与线路纵坡的作用，同时，帽梁背后不铺设拉筋也为地下管线预留了空间。

帽梁一般为圬工结构，采用浆砌条石砌筑或 C20 混凝土现浇。

帽梁顶宽一般为 60 cm，正梯形断面，高度视墙后管线铺设要求而定，一般不大于 1.5 m。帽梁顶部应设人行防护栏杆。

（三）墙面系

1. 功能与类型

墙面系是指墙面板构件的形式及其连接方式。根据加筋土挡土墙的基本原理，加筋土挡土墙是一种自立稳定性较高的复合体，其横向土压力主要由筋土之间的摩擦阻力平衡，而不单靠墙面支挡。墙面系的主要功能是挡住紧靠墙背附近的填土和保护土工合成材料拉筋免遭日光照射，因此墙面板的强度满足构造要求及其在运输堆码中的受力要求即可。

墙面系的选择应根据墙的高度、拉筋与墙面的连接方式而定，以能最大限度地控制墙面侧向变形和协调周围环境景观为原则。

墙面系一般可采用组合模块式（Prefabricated Modular Blockfacing）、新型格宾（石笼）式（Gabion Facing）。

2. 组合模块式墙面

在加筋土技术传入我国初期，即 20 世纪八九十年代，加筋土挡土墙的墙面厚度只有 15 cm 左右。工程实践表明，这种墙面往往会产生“鼓肚”变形，尤其是墙较高时，这种变形最终会导致墙面垮塌。因此，本书推荐采用大厚度组合模块式墙面。

组合式模块墙面由预制素混凝土模块联锁组砌而成。

单个模块外形尺寸一般为：长 50 ~ 150 cm，高 30 ~ 60 cm，厚 25 ~ 40 cm；模块可以实心或空心内填土；模块混凝土等级不低于 C25。模块的构造形式繁多，可根据造型、受力及墙面稳定性而定。

模块在高度方向应设键或槽以及销钉孔，以增强墙面的整体稳定性。模块之间一般为干砌，以适应柔性结构的变形要求。组合式模块墙面与拉筋的连接方式分为刚性连接和摩擦连接。所谓刚性连接是指拉筋从组合模块之间绕过，其连接破坏方式为拉断；摩擦连接是拉筋铺设于上、下模块之间，其连接破坏方式为拔出。北美国家 6 m 高度左右的加筋土挡土墙多采用摩擦连接，我国刚性连接的加筋土挡土墙的高度已突破 10 m，两种连接方式的力学参数一般应根据具体情况通过实验确定。

3. 格宾（石笼）式墙面

格宾（石笼）式墙面由塑裹镀锌钢线笼箱组砌而成。格宾式墙面可抵抗 4 ~ 5 m/s 的水流冲刷，适宜于护岸墙。

石笼墙作为一种护坡支挡结构形式已经有半个多世纪了，过去由于“铁丝”的质量问题，防腐蚀寿命差，故对石笼的应用有所顾忌。

由于塑裹合金钢丝的问世，美国、意大利等国家采用这种钢线制作石笼，并命以新的名称——格宾（Gabion），修建了大量的格宾护坡（岸）墙。尤其在盛产石料和漂卵石的地区，格宾墙有很好的经济效益。既然格宾可单独做墙，那么减少其断面尺寸用来做加筋土挡土墙面也就顺理成章了。格宾式加筋土挡土墙对软弱地基上的河岸防护有独特的经济、技术价值。目前我国已有多家塑裹合金钢丝生产厂可解决格宾的制作问题。合金钢丝是在出炉前柔和了锌、稀土、铝、钼等合金成分，然后经机器编制成六边形绞和钢丝网片，最后在现场组合成笼箱。

格宾笼箱长 2 ~ 4 m，宽 1.0 ~ 1.5 m，高 1.0 m，中间设隔板。塑裹合金钢线的钢丝直径为 2.2 ~ 3.5 mm，含锌量不小于 240 g/m²。合金钢丝比低碳钢丝更耐腐蚀，使用寿命为 50 年以上。格宾笼内填坚硬石块，尺寸不小于笼箱网孔大小，石块棱角可凸出网孔。格宾箱墙面与拉筋采用摩擦连接。

4. 墙面系的竖向设计

墙面一般为直立形，也可采用 1 ∶ 0.05 ~ 1 ∶ 0.3 的内倾坡形，但严禁外倾。

加筋土挡土墙墙面是由模块砌筑而成的，因此其高度必须为模块高度的模数，但该模数往往不能与线路高程相协调，为此，墙面顶部可按线路纵坡要求做成台阶形，墙顶以上采用现浇（砌）帽梁将高程补齐，使其与线路纵坡一致。

调查表明，自 20 世纪 80 年代以来，各地修建的高大加筋土挡土墙（高度 10 m 以上）均有不同程度的变形，有的已达到令人不安的状况，当然，在局部坍塌事故中，高大加筋土挡土墙所占比例也大一些。因此，为慎重起见，单级墙高不宜大于 12 m。多级加筋土挡土墙中，每级高度以 6 m 为宜，每级台阶宽不小于 2 m。

（四）地基基础

墙面底部应设置基础，基础襟边宽度不小于 15 cm，基础厚度不小于 40 cm。基础的埋置深度：

1. 一般情况下，土质地基不小于 60 cm，岩石地基可适当减小。

2. 受水流冲刷时，冲刷线以下 1 m。

3. 受冻胀影响时，冰冻线以下 0.25 m。

4. 位于较陡斜坡上的墙面基础的埋置深度应满足下列要求：

岩石地基：$1\text{m} \geqslant h \geqslant 0.6\text{m}$

非岩石地基：$1.5\text{m} \geqslant h \geqslant 1\text{m}$

墙址处地面有纵坡时，可结合地形将基础做成台阶形，但基顶高程必须满足墙面模块高度的模数要求。

位于软弱地基上的加筋土挡土墙，当地基承载力不满足要求时，应进行地基处理。值得指出的是，这里所说的地基，不仅仅指墙面板基础下的地基，而且还包括加筋体下的地基。处理方法可选用换填砂石垫层、排水固结、桩承加筋土垫层等。换填范围应包括加筋体底部下一定范围的地基土。

（五）填料

填料为加筋土结构的主体材料。选择填料的基本原则是要保证填料与拉筋之间有足够的摩擦力，并在结构中不产生孔隙水压力，因此，加筋土的填料一般为砂性土，坡、残积土均可。我国建成的加筋土工程均贯彻了就地取材的方针，采用当地的土作为填料，一般要求最大颗粒不得大于 150 mm，以利压实。此外，采用土工合成材料作拉筋时，填料中不能含有铜、镁等金属离子。腐殖土、淤泥和生活垃圾不能作为加筋土的填料。

（六）拉筋

拉筋是与填料产生摩擦阻力，并承受水平拉力作用而维持结构物内部稳定的重要构件，为此，要求拉筋具有足够的抗拉强度，不易脆断，且柔性好，延伸率低，同时与填料能产生较大的摩阻力。目前国内多采用土工格栅作为拉筋，土工格栅对土的加劲机理存在于下列 3 种筋—土相互作用之中：

1. 格栅表面与填料的摩擦作用；

2. 填料对格栅肋的被动阻抗作用；

3. 格栅孔眼对填料的“锁定”作用。

上述 3 种作用在加筋土体中各自发挥的程度将随格栅的种类、开孔的大小、土颗粒级配等因素而定，总的趋势是摩擦力大于被动阻力，摩擦力约占 80% 以上。

与前述薄墙面板一样，加筋土技术传入我国初期，加筋土挡土墙的加筋材料大多采用土工带。土工带的布置方式是筋带与面板采用结点成束栓接，结点为行列式布置，结点水平间距一般为 0.5 ~ 0.75 m，竖向间距为 0.3 ~ 0.5 m。由于筋带成束，这种行列式布置导致结点之间的无筋区上下整个连通，形成所谓“无筋巷道”，这种无筋巷道有时可高达整个加筋土体的 40% 以上，致使薄薄的墙面板承受很大的素土侧压力，从而导致墙面产生“鼓肚”变形。也就是说，这种筋带布置方式不能充分发挥加筋效应。在加筋土构筑物的设计中，筋—土之间要有足够的接触面积，接触面积越多，则筋—土之间的相互作用就发挥得越充分，加筋土体所受侧向约束就越大，加筋土体的自立稳定性也就越高。传统的筋带布置方式忽视了筋土接触面积的考量。因此，本书不推荐条带式加筋，加筋材料应采用土工格栅或土工布，呈席垫式满铺，以消除“无筋巷道”,这样能极大地增加筋—土接触面积，充分发挥加筋效应，提高加筋土体的自立稳定性。

（七）沉降缝

设置沉降缝主要是为了适应地基的不均匀沉降要求，因此，地质、地形条件变化处以及墙高突变处，应从帽梁至基础底设置沉降通缝。沉降缝宽约 2 cm，沉降缝间距：土质地基一般为 10 ~ 20 m，岩石地基可适当增大，但必须满足面板或模块长度的模数要求。

（八）防水与排水措施

1. 因地制宜按构造物要求选用适当的排水措施，必要时，加筋体顶面可采用黏土或灰土层作防渗封闭处理。

2. 拱涵顶的加筋土挡土墙可采用现浇混凝土补平拱顶标高。

三、加筋土挡土墙的计算内容

（一）将加筋土体视为假想重力式挡土墙的外部稳定计算，即：

1. 加筋土体沿地基的滑移。

2. 加筋土体的倾覆。

3. 加筋土体底面地基承载力验算。

（二）加筋土的内部稳定计算——拉筋的抗拔和断裂验算。

（三）加筋土的局部稳定计算——墙面模块的滑脱与墙面整体稳定。

（四）内部稳定计算——拉筋的抗拔和断裂验算

1. 拉筋要有足够的长度，在拉力作用下不至于从土体中拔出，因此，拉筋伸出破裂面以外的有效锚固长度 L_{bi}，对席垫式满铺拉筋而言，可根据 1 m 宽度内（即加筋土挡土墙纵向 1 m 长）拉筋上下两面所能发挥的摩擦力求得。

值得指出的是，拉筋长度的最终取值应满足前述加筋体结构构造要求，即墙高大于 3 m 时，土工格栅拉筋的长度不应小于 4/5 墙高，且不小于 5 m。

2. 拉筋不仅要有足够的长度确保拉筋不会产生拔出破坏，而且还要有足够的强度保证拉筋不会被拉断。

（五）工程算例

加筋土挡土墙的外部稳定和内部稳定计算可利用理正岩土系列软件进行计算，本书不赘述。现以某高填方路堤式组合模块墙面加筋土挡土墙为例。若墙后每层拉筋的抗拉力取 32 kN/m（设计极限值为 80kN/m），则高度为 11 m、宽度为 0.5 m 的组合模块墙面的稳定系数为 1.98，满足工程要求。

四、工程例图

（一）加筋土挡土墙平面布置图以道路平面图为基础，绘制加筋土挡土墙平面布置图，主要内容包括：

1. 墙面基础中心线，起止点、拐点里程或坐标及其标注（为施工提供放线依据）。

2. 加筋体底层宽度、长度及其标注。

3. 图说内容：坐标系统、挡土墙总长度、基础开挖注意事项等。

（二）加筋土挡土墙立面展开图

沿基础中心线绘制地面线纵断面图（含地层结构分界线），以此图为基础绘制加筋土挡土墙立面展开图。主要内容包括：

1. 挡土墙的正面投影轮廓，起止点里程，挡墙分段长，主要结构层的高程及其标注。

2. 基础高程及其纵向台阶变化尺寸。

3. 图说内容：高程系统、对分段长和台阶基顶高差的要求、基础埋深和地基承载力要求等。

（三）加筋土挡土墙横断面图

以道路横断面图为基础，绘制不同加筋土体形状的横断面图，主要内容包括：

1. 主要结构组件名称的标注、高程，墙高。

2. 不同层面加筋土体的高、宽（拉筋长度）及基础高、宽。

3. 图说内容：各组件材料及圬工强度等级等。

4. 土工格栅与墙面砌块连接安装图

（1）图中尺寸均以 mm 为单位。

（2）插筋孔孔径 d=25 mm，插筋为 ϕ20，要求伸入地基梁（C15 片石混凝土基础）内 40 cm。

（3）土工格栅与墙面砌块安装顺序：

填土→压实基床→安砌块 A→铺土工格栅→堆压袋装土→安物块 A1→在下层格栅上填土、碾压→回折上层土工格栅→安砌块 B（B1）→从填土开始重复上述步骤。

（4）插筋不得在砌块之间断开，应在块中对接。

（5）塑料土工格栅的极限抗拉力≥ 80 kN/m，破断延伸率≤ 10 V。

（6）土工格栅横向不允许搭接，纵向搭接宽度为 15 cm 左右。

第二节　预应力锚索抗滑桩的设计

一、特点与用途

抗滑桩与预应力锚索联合使用，可大大改善悬臂式抗滑桩的受力及变形状况，从而减小抗滑桩的截面和埋置深度，具有显著的工程意义和经济价值，因此，被广泛用于滑坡治理工程、深基坑支护工程或挖方高边坡预加固设计。

二、结构计算

（一）预应力锚索抗滑桩将其视为一整体受力机构，尚无令人满意的计算模式。

（二）实用锚拉抗滑桩计算模型：目前，较常用的方法是将抗滑桩视为一弹性地基梁，该梁的下端嵌固于岩质滑床下，上端支承于锚索弹性支座上并令锚拉点桩的位移与锚索的伸长相等。作用于该地基梁上的外荷载为滑坡推力或土压力，外荷载在桩上的分布，可分别假定为矩形、三角形或梯形。

（三）将桩的位移边界条件代入上述有限元方程，即可得桩各点的位移和内力，其中所得内力 – 弯矩即为抗滑桩配筋的依据。

三、结构设计

（一）锚拉桩的桩位应设在滑坡体较薄、锚固段地基强度较高的地段。桩间距宜为 4 ~ 10 m，中间主滑轴附近桩间距可小一些，主滑轴两侧的桩间距可大一些。

（二）桩截面宜为矩形，抗滑方向的截面高度不宜小于 1.25 m，采用矩形截面桩时应严格完善有关挖孔桩的施工安全设计。

（三）锚拉桩在滑面以下的锚固深度应根据地层条件通过计算确定，初步设计可按滑面以上桩长的 1/4 ~ 1/3 长度拟定。

（四）桩身混凝土强度不小于 C25。桩内主筋可采用束筋，每束钢筋不多于 3 根。当配置单排钢筋有困难时，可设置 2 ~ 3 排钢筋。箍筋直径不小于 14 mm。

（五）锚拉桩上应预留锚索孔，锚索孔距桩顶不小于 0.5 m。

第三节　困难地段道路轻型支挡结构的设计

一、道路拓宽地段的叠合式高路堤墙

（一）应用

在市政道路拓宽改造中，由于建（构）筑物密集，高填方路堤往往会遇到无法放坡的难题，叠合式路堤墙为解决这一难题提供了出路。

（二）结构构造

叠合式路堤墙主要由上、下两种不同的墙型叠合而成。

1. 上墙：钢筋混凝土悬臂墙，墙高 3 ~ 6 m，按常规要求设计。

2. 下墙：柱板式加筋土挡土墙，柱高 10 m 左右，柱断面为 T 形，柱下为桩基础，桩直径 1.2 ~ 1.5 m，桩间距 2.5 ~ 4.0 m。桩、柱之间用连系梁转换，柱中部设有一道由 3 根钢拉杆和现浇锚碇板梁构成的后拉锚系统，柱板后填筑土工格栅加筋土，加筋土体底部为 C20 混凝土垫层，垫层宽与加筋体底宽相同，垫层厚不小于 0.8 m。加筋体的宽度可按路堤总高度拟定。

（三）计算

钢筋混凝土悬臂墙和加筋土挡土墙已是目前较普遍采用的支挡结构，其设计计算方法现行规范、手册均有载入。这两种墙型叠合以后关键问题是下墙的稳定分析与计算，其内容包括加筋土体基底应力和柱板墙结构受力计算。

1. 作用于叠合墙的力

（1）上墙背土压力 E_{a1}；

（2）下墙背土压力 E_{a2}；

（3）上墙顶填土自重 G_1；

（4）上墙自重 G_2；

（5）下墙自重 G_3；

（6）混凝土垫层自重 G_4；

（7）后拉锚设计拉力 T。

锚碇板埋深大于 10 m，假定其容许抗拔能力

[p]=150 kPa，则 T=150×1.2×l=180 kN。

2. 柱板墙计算

下墙为柱板式墙，可借助理正岩土计算软件中的抗滑桩进行计算，参数输入时，不考虑滑坡推力，只考虑库仑土压力。值得指出的是，该柱板墙后为反包式土工格栅加筋土体，且未直接接触 T 形柱（有反滤层隔开），理论上而言，这种加筋土体本身是一个自立稳定性结构，其施加于柱板墙上的侧向力很小。铁三院 1993 ~ 1997 年对京九线饶阳加筋土挡土墙进行试验，累计观测 21 次，测得 7 m 高（基顶以上）反包式有纺土工布加筋土挡土墙的墙面板所受到的侧压力为墙背土压力的 10.2%。具体计算时，可采用加大柱板墙后土体的内摩擦角予以处理，即可取路堤填土侧压力的 50% 的值所对应的内摩擦角进行计算，计算结果作为桩的配筋依据，桩顶计算位移可控制在 1/200 桩悬臂长之内。

另外，下墙的加筋土体也给悬臂式挡墙提供了良好的地基条件，一般而言，粗粒土填料加筋土的承载力可取 250 kPa。

3. 全墙整体稳定性分析

由于叠合墙处于路基拓宽部分的填土中，因此有必要考虑其整体滑移问题。假定整体稳定为圆弧滑动，则借助理正岩土计算软件中的复杂土层土坡稳定计算程序，可求得危险潜在滑动面的最小稳定系数，规范要求最小稳定系数不小于 1.3。

二、软土地基上的加筋土挡土墙

在软土地基上修建支挡结构物，即便是对地基进行处理，也应采用轻型支挡结构为宜，尤其是当挡墙高度较大、软土层较厚时，轻型支挡结构几乎是唯一出路。就软土地段填方体的轻型支挡结构而言，加筋土挡土墙具有较多的优越性，以下结合工程实例，介绍一个软土地基上 20 m 高填方的加筋土挡土墙的设计。

某场地自上而下的地层为：

（1）人工填土：由含砾质粉土堆填而成，稍湿，松散，层厚 1.8 ~ 7.5 m。

（2）砾砂：饱水，松散 ~ 稍密，流塑，层厚 0.6 ~ 6 m，平均埋深 4.6 m，承载力特征值 110 kPa。

（3）砾质黏性土：稍湿，可塑 ~ 硬塑，为花岗岩风化残积土，层厚 4.0 ~ 23.4 m，承载力特征值 220 kPa。

钻孔未达基岩，地下水埋深 2.0 m。场地地质条件表明，地表以下 5.2 ~ 10.6 m 均为软弱土层，地基承载力远满足不了 20 m 高填方的要求。解决方案只有进行地基处理和采用轻型支挡结构——加筋土挡土墙。

（一）地基处理

1. 处理方法

地基处理采用刚性桩复合地基，由下述 3 部分组成：

（1）钢筋混凝土管桩：打入管桩外径 300 mm，桩间距 2.5m × 2.5 m，方形布置，桩长 9 ~ 14 m。

（2）帽板：打入管桩的直径小，桩间距也较大，对加固土的影响范围有限，为增大其影响范围，同时也为了增大与加筋土垫层的接触面积，打入管桩的顶端设有长宽各 0.9m、厚 35 cm 的钢筋混凝土帽板，截桩后嵌入桩顶。

（3）加筋土垫层：共设两层加筋土垫层，每个加筋土垫层由 3 层塑料土工格栅及粗粒土填料组成，单个垫层厚 80 cm。

2. 刚性桩复合地基的计算

计算内容包括：

（1）单桩承载力的验算。

（2）帽板的抗冲切承载力验算。

（3）桩间土承载力验算。

（4）复合地基承载力计算。

（二）加筋土挡土墙

加筋土挡土墙按第二章第五节内容进行设计。其计算内容包括：

1. 加筋土体沿地基的滑移。

2. 加筋土体的倾覆。

3. 地基承载力验算。

4. 拉筋的抗拔和断裂验算。

5. 墙面模块的滑脱与整体稳定。

三、陡坡地段的后拉锚柱板墙

（一）应用

当自然坡面的坡度陡于 1 ∶ 2（坡角 ≥ 27°）、且覆盖土层较厚、路肩填方高度在 8 m 左右时，可采用后拉锚挖孔桩柱板墙，以保证支挡结构基础有足够的埋置深度和长期稳定性。

（二）结构构造

后拉锚挖孔桩柱板墙由下列主要部件组成：挖孔桩、预应力锚索（视地层条件而定）、连系梁、T 形柱、挡土板、钢拉杆、锚旋板（视 T 形柱高度而定）。具体设计可按第二章

第二节内容执行。值得指出的是，钢拉杆的设置应待墙后填土夯填至拉杆高程以上 20cm 后，挖槽就位，同时对拉杆要作防锈处理。

第四章 软弱地基处理

第一节 加筋土垫层法与人工硬壳层理念

加筋土垫层法是近几年来软土地基处理技术中出现的一种新型垫层法，与传统的非加筋土垫层相比，它有一系列的优点：（1）提高了垫层的承载力；（2）增大了压力扩散范围，从而降低了垫层底面的压力；（3）能减小建筑物的不均匀沉降；（4）整体上能限制地基土的剪切和侧向挤出变形；（5）加筋布置形式得当，如采用闭合式的立体形布置时，还可形成人工硬壳层。公路路堤实验研究与工程实践表明，当软土地基表层存在人工“硬壳层”时，高达 3 ~ 5 m 的路堤可不作深层处理，也可满足稳定要求，同时沉降也被控制在允许范围内。

深圳地区的软土地基往往缺失硬壳层，地表多为松散至稍密的人工填土层，厚度变化较大，具高压缩性，承载力较低，不宜直接用作路基持力层，但其工程性质又稍优于下卧软土层（淤泥或淤泥质土），因此当下卧软土层不太厚时（3 ~ 5 m），可利用这一填土层将其部分改造成人工硬壳层，而不作深层处理。

一、工艺特点

人工硬壳层比较经济适用的做法可采用加筋土垫层，即挖除部分地表浅层软弱土—原土补充碾压或重锤夯实数遍—填筑加筋土垫层（人工硬壳层）至路面基层底标高。

加筋土挡墙是利用加筋土技术修建的一种支挡结构物，是通过筋带与填土之间的摩擦作用，改善土体的变形条件和提高土体的工程性能，从而达到加固、稳定土体的目的。本书介绍的是某度假酒店挡土墙的选型和设计过程，应用的恰好是加筋土挡土墙结构和振动沉管碎石桩地基处理技术。为了提高地基土强度，需加快土中水的排泄，并可达到缩短工期，减少工后沉降。利用高填土自身的重量作为地基加载、地基中设置砂石桩作为排水压实固结通道，和土工加筋砂石垫层相结合的新型复合地基处理方法加固地基土，使地基土满足上部结构的要求。在填土中加筋可有效地提高土体的地基承载力，减少地基竖向沉降量，提高填土层的整体稳定性。

二、原理与作用

原理尚在研究、探索之中，一般认为硬壳层具有板体支撑效应。根据加筋土的“准黏聚力”原理，即加筋砂土力学性能的改善，是由于新的复合土体（加筋砂）增加了一个“黏聚力”，这个黏聚力不是砂土原有的，而是加筋的结果，其表达式可根据土的极限平衡条件求得。

拉筋转化为“准黏聚力”后，加筋土具有较高的强度和刚度，承载力可达 200 kPa 以上，变形模量可达 30 MPa。为此，可将加筋土体视为一支撑在地基上的准板体，用以抵抗路堤和地基的剪切破坏，从而使路堤和地基的整体稳定性得到保障，同时沉降也被控制在允许范围内。

为了提高地基土强度、加快土中水的排泄，缩短工期，减少工后沉降，利用工程高填土自身的重量作为地基加载、采用普通砂石井排水压实固结和土工加筋砂石垫层相结合的新型复合地基处理方法加固地基土，使地基土满足上部结构的要求。

场地中分六个区域布置振动挤密砂石井，待砂石井质量检查合格后，在砂石井顶标高上沿整个场地铺设 2.0 m 厚加筋土垫层。在整个场地范围内周边区域加筋带网格间距为 300 mm × 300 mm，中间区域网格间距为 400 mm × 400 mm。密实的砂石井在软弱砂土中置换了同体积的软弱砂土，在承受外荷载时即发生压力向砂桩集中现象，减小了砂石井周围土层承受的压力，使地基强度显著提高，同时砂石井可以起到排水作用，加快地基的固结沉降速度。同时加筋土垫层的施工过程即可完成堆载预压，基本上消除了地基的沉降。

试验与工程实践证实，地基中设置砂石井作为排水压实固结通道和土工加筋砂石垫层相结合的新型复合地基处理方法，能有效地提高地基土的承载力，均化应力，调整地基不均匀沉降、增加地基的整体稳定性等作用，该新型复合地基处理与常规地基处理方法相比，劳动力及机械投入可节约 60% ~ 80%，工期可缩短两倍。

加筋土挡土墙是利用加筋土技术修建的一种支挡结构物，加筋土是一种在土中加入筋带的复合土，它利用筋带与土之间的摩擦作用，改善土体的变形条件和提高土体的工程性能，从而达到稳定土体的目的。加筋土挡土墙由填料、在填料中布置的筋带以及墙面板三部分组成，砂性土在自重或外力作用下易产生严重的变形或坍塌。若在土中沿应变方向埋置具有挠性的筋带材料，则土与筋带材料产生摩擦，使加筋土犹如具有某种程度的黏聚性，从而改良了土的力学特性。

堆山时，填土较高，且高填土上部为建筑物，如果高填土出现不均匀沉降、裂缝，将会造成较为严重的后果。在填土中加筋可有效地提高土体的地基承载力，减少地基竖向沉降量，提高填土层的整体稳定性。故须对垫层采用加固处理，经过经济技术分析，决定采用对砂砾石垫层进行加筋强化处理。设计在整个堆山范围内，填土至 5.5 m，8.0 m，11 m，15 m 及 16.5 m 标高时，在场地范围内铺设 1.5 ~ 2.5 m 厚的加筋土垫层。每层垫层顶标高与上部建筑物基底标高距离大于 500 mm 时，根据空间增加加筋垫层层数，每层 500 mm；若距离小于 500 mm 时，用填料铺设，保证每个建筑物基底下均铺设加筋土垫层。

加筋土挡墙主要由墙面板、拉筋组成，它是依靠填料与拉筋间的摩擦力拉住墙面板，以承受面板后的土的压力，保证加筋土结构的稳定。其主要优点是对地基要求低、结构简单、施工方便。同时，加筋土挡土墙可以节约占地，减少土方量，降低造价，美化环境等。加筋土属于柔性结构，可承受较大的地基变形，当挡土高于 8 m 时，传统挡墙形式的运用受到很大限制，而加筋土挡墙单级墙高即可达到 12 m，多级设置后常达到 30 m；其稳定性高，比其他类型的挡土墙抗震性能好。墙面板和其他构件可预制，现场可用机械（或人工）分层拼装和填筑。节省劳力、缩短工期。加筋土面板薄、基础尺寸小，与钢筋混凝土挡土墙相比，可减少造价一半左右，且墙越高其经济效益越佳。外形美观。挡墙的总体布置和墙面板的图案可根据需要进行造型调整。

三、适用条件

适用于地表以下人工填土层或素土层厚度不小于 2.8 m、软土层厚度不大于 5 m、路堤填方高度不大于 3 m 的路段。

四、设计

（一）垫层厚度：0.5 ~ 1.5 m，一般要求 $H \leq 1.5 D_1$。

（二）垫层宽度：等于路堤底宽加 1.0 ~ 1.5 m。

（三）垫层填料：

1. 砂砾、碎石：有一定级配，含泥量不大于 5%，粒径不大于 100 mm。

2. 石粉渣：含粉量不超过 10%，最大粒径不大于 40 mm。

3. 素土：采用砂质黏土或烁质黏性土，有机质含量小于 5%。

（四）加筋材料：

1. 塑料土工格栅：单向，抗拉力不小于 80 kN/m，质量不小于 900 g/m²，沿路堤纵向搭接长度为 15 cm。

2. 有纺土工布：通过实验确定采用与否。

3. 加筋层距：30 ~ 50 cm。

（五）垫层压实度：符合路基规范要求，一般为 93% ~ 96%。

（六）原土夯实：地表填土层往往密实度较松散，可采用重型压路机或重锤对开挖后的坑底进行夯实，以补充硬壳层的厚度；锤重 15 kN，落距 4 ~ 5 m，锤底直径 1.15 m，满夯多遍。若地下水位较高，应采用片石层垫底，以便于夯实。

（七）加筋土垫层底不得直接接触淤泥。

五、计算

（一）稳定（圆弧滑动法）：加筋土垫层的黏聚力后，假定 ϕ 值不变，即可采用理正边坡稳定分析中的复杂土层土坡稳定计算程序进行计算。计算中可根据需要调整加筋土垫层厚度。

稳定计算包括堤身与地基两者的整体稳定，因此同公路路基中的高填方路堤一样，稳定计算通过，强度问题亦得到保障，剩下的问题就是压缩变形——沉降计算。

（二）沉降：采用分层总和法，按公路路基设计相关规范执行，在此不再赘述。

六、绘图

平、纵、横断面图及加筋布置大样图。

七、质量检验

（一）每一压实层均应检测压实度，检测方法可采用环刀法或灌水（砂）法。

（二）交工面完成后，应按路基施工规范中有关土质路堤施工质量标准进行检验，其中交工面的弯沉值要求不宜大于 330（1/100 mm）。

第二节　堆载预压、塑料带排水固结法

一、工艺特点

在加固地段插打塑料排水带，然后利用路堤填土按一定速率逐级对地基预压，使地基强度逐渐提高，同时完成预加荷载下的地基沉降量。

有时为缩短工期，可采用超载预压（堆载大于路堤设计高度），待地基固结度和沉

降速率满足设计要求后，挖去超载部分，整平至交工面（路床顶面）。

二、原理与作用

在预压荷载作用下，地基土中的孔隙水通过塑料带排出加固体外，从而导致土中孔隙水压力逐渐消散，有效应力增长，压缩变形增加，即部分沉降提前完成，以达到在设计荷载下，工后沉降量小于容许值。以上过程用有效应力原理描述，即为

$\Delta p=\Delta \sigma+\Delta u$

式中：Δp——由于加载，地基中某点的总应力增量；

$\Delta \sigma$——由于加载，地基中某点的有效应力增量；

Δu——由于加载，地基中某点的孔隙水压力增量；

若时间趋向无穷大，则$\Delta u=0$，即$\Delta p=\Delta \sigma$，土体便产生压缩变形Δs。

三、适用条件

适用于处理路堤高度不大、工期较富裕的深厚饱和黏性土（淤泥、淤泥质土、冲填土等）地基。

四、设计计算

（一）塑料排水带的平面布置

1. 布置方式：正三角形或正方形。

2. 单根排水带有效影响的圆直径 d_e：三角形，d_e=1.05 s；正方形，d_e=1.13 s。其中 s 为排水带间距。

3. 排水带的等值砂井直径 D_p：

$DP=\alpha(b+\delta)/\pi$

式中：b——带宽（常用 100 mm）；

δ——带厚（常用 4 mm）；

α=0.75 ~ 1.0（常用 1.0）。

4. 排水带间距可按井径比 n 确定：

$n=d_e/D_p=15\sim22$

排水带间距满足：1.0 m ≤常用间距＜ 2.0 m。

5. 平面布置范围：超出建（构）筑物基础外边缘 4 ~ 6 m。

（二）排水带的竖向设计深度

1. 沉降量控制：打穿软土层。

2. 稳定性控制：穿越最危险圆弧滑动面 2.0 m。

（三）砂垫层设置

1. 厚度＞ 400 mm。

2. 材料：中、粗砂，含泥量＜ 5%。

3. 砂垫层中盲沟间距不大于 50 m，主、横盲沟交叉处设集水井。

4. 有条件时，可在地基加固边界设置与盲沟相通的排水明沟。

五、实用设计步骤

（一）确定预压荷载大小（预压高度）

预压荷载大小等于路基底面压应力，即路堤设计高度 + 预压沉降量 + 路面结构层厚度，三者之和产生的基底压应力。超载大小应根据工期和要消除的沉降量通过计算确定，一般不超过设计荷载的 30%。

（二）确定第 1 级容许施加荷载（或分级填土高）

1. 每天竖向沉降量 10 ~ 20 mm；

2. 每天边桩位移不超过 4 ~ 6 mm；

3. 孔隙水压力增长值与荷载增长值之比小于 0.6。

六、卸载标准

（一）实测沉降量达到要求；

（二）实测推算的固结度满足要求；

（三）实测沉降速率满足要求；

（四）实测地基土的抗剪强度满足要求。

七、原位监测

（一）监测内容

1. 地表沉降；2. 边桩位移；3. 深层沉降与位移；4. 孔隙水压力。

（二）监测点的布置

一般路段沿纵向每 100 ~ 200 m 设置 1 个监测断面。

八、绘图

（一）平面图：以道路平面图为基础，示出堆载加固范围。

（二）纵断面图：以道路纵断面图为基础，示出排水带底高程、原地面高程、砂垫层顶面高程、碾压土层厚度、堆载顶面（按路基填土碾压）高程、预压沉降量、交工面高程、超载顶面高程、桩号等。

上述高程参数的相互关系如下：

1. 砂垫层顶面高程：按砂垫层厚度不小于 0.5 m 确定，相当于场平高程。

2. 堆载顶面（按路基填土碾压）高程 = 砂垫层顶面高程 + 碾压土层厚度。

3. 交工面高程 = 堆载顶面（按路基填土碾压）高程 – 预压沉降量。

（三）横断面图：以道路横断面图为基础，示出排水带的横向布置范围，以及与纵断面相对应的高程内容。

（四）排水盲沟平面与断面图（包括布置图与大样）。

（五）排水带平面布置大样图。

（六）监测平、断面布置图。

（七）施工程序图。

（八）总说明：包括排水系统、加压系统、监测系统以及其他常规内容。

九、质量检验

（一）塑料排水带的性能指标检测。

（二）根据堆载预压监测资料对加固效果进行评价。

第三节　强夯法

一、工艺特点

将 10 ~ 40 t 的重锤提升 10 ~ 20 m 的高度，反复夯击地基，使地基土压实和振密，以达到提高地基土强度、降低压缩性的目的。

强夯法也称动力固结（Dynamic Consolidation Method）或动力压实法（Dynamic Compaction Method），这种方法是反复将很重的锤（一般为 8 ~ 40 t）提到一定高度（一般为 8 ~ 20 m，最大可达 40 m）后使其自由落下，给地基以冲击和振动能量。由于锤的冲击使得在地基土中出现强烈的冲击波和动应力，可以提高地基土的强度，降低土的压缩性，改善砂性土的抗液化条件，消除湿陷性黄土的湿陷性，另外还可提高土层的均匀程度，减少将来可能出现的不均匀沉降。强夯法起源于古老的夯实方法，它是在重锤夯实法的基础上发展起来的一项近代地基处理新技术，但是强夯法与重锤夯实法在很多方面又有着很大的差异，这些差别包括加固原理、加固效果、适用范围和施工工艺等方面。

强夯技术的开发和应用始于粗粒土，随后在低饱和度的细粒土中得到一定应用。迄今为止，强夯法已成功而广泛地用于处理各类碎石土、砂性土、湿陷性黄土、人工填土、低饱和度的粉土与一般黏性土，特别是能处理一般方法难以加固的大块碎石类土及建筑、生活垃圾或工业废料组成的杂填土。实践表明，对于上述土类为主体的大面积的地基处理，强夯法往往被作为优先、有时甚至是唯一的处理方法予以考虑，且具有以下的特点：

（一）适用各类土层：可用于加固各类砂性土、粉土、一般黏性土、黄土、人工填土，特别适宜加固一般处理方法难以加固的大块碎石类土以及建筑、生活垃圾或工业废料等组成的杂填土，结合其他技术措施亦可用于加固软土地基。

（二）应用范围广泛：可应用于工业厂房、民用建筑、设备基础、油罐、堆场、公路、铁道、桥梁、机场跑道、港口码头等工程的地基加固。

（三）加固效果显著：地基经强夯处理后，可明显提高地基承载力、压缩模量，增加干重度，减少孔隙比，降低压缩系数，增加场地均匀性，消除湿陷性，膨胀性，防止振动液化。地基经强夯加固处理后，除含水量过高的软粘土外，一般均可在夯实后投入使用。

（四）有效加固深度：单层 8000 kN · m 高能级强夯处理深度达 12 m，多层强夯处理深度可 24 ~ 54 m，一般能量强夯处理深度在 6 ~ 8 m。

（五）施工机具简单：强夯机具主要为履带式起重机。当起吊能力有限时可辅以龙门式起落架或其他设施，加上自动脱钩装置。当机械设备困难时，还可以因地制宜地采用打桩机、龙门吊、桅杆等简易设备。

（六）节省材料：一般的强夯处理是对原状土施加能量，无须添加建筑材料，从而节省了材料，若以砂井、挤密碎石工艺配合强夯施工，其加固效果比单一工艺高得多，而材料比单一砂井、挤密碎石方案少，费用低。

（七）节省工程造价：由于强夯工艺无须建筑材料，节省了建筑材料的购置、运输、制作、打入费用，仅需消耗少量油料，因此成本低。北京乙烯工程挤密碎石桩造价 200 元 /m^2 以上，强夯仅需 25 元 /m^2；茂名 30 万吨乙烯工程，回填土地基原采用分层碾压，没有达到设计的加固效果，如采用挤密碎石桩加固费用要 250 元 /m^2 以上，最后采用强夯工艺仅需 30 ~ 50 元 /m^2，且加固效果更好，工期较大缩短。

（八）施工快捷：只要工序安排合理，强夯施工周期最短，特别是对粗颗粒非饱和土的强夯，周期更短。一般与挤密碎石桩、分层碾压、直接用灌注桩方案比较更为快捷，因此间接经济效益更为显著。

二、原理与作用

强夯法加固地基的机理至今尚未形成成熟和完善的理论。比较一致的看法如下：

（一）对于非饱和土而言，是基于动力压密的概念，即冲击型动力荷载使土体中的孔隙体积减小，土颗粒靠近，土体密实，从而提高其强度。所以，强夯法又可称为动力压密法（Dynamic Compaction）。

（二）对于饱和土而言，是基于动力固结模型，即在强大的夯击能作用下，土中孔隙水压力急剧上升，致使土体中产生裂隙，土的渗透性剧增，孔隙水得以顺利排出，土体出现固结，压缩变形和强度同时增长。所以，强夯法又可称为动力固结法（Dnamic Consolidation）。

三、适用范围

强夯法适用于杂填土地基、素填土地基、填海地基、可液化砂土地基等，对于饱和黏土（淤泥质黏土）地基，往往采用在夯坑内填块石，形成强夯置换墩。

四、强夯设计

强夯设计主要是确定下列强夯参数。

（一）有效加固深度 H

可按下式估算：

$$H \approx \alpha (Mh/10)^{0.5}$$

式中：M——锤重（kN），100 ~ 250 kN；

h——落距，8 ~ 25 m；

α——经验系数，一般采用 0.4 ~ 0.7。

（二）夯击能

1. 单击夯击能：锤重与落距的乘积，取决于欲加固的深度。

2. 单位夯击能：整个加固场地的总夯击能（即锤重 × 落距 × 总夯击数）除以加固面积，它影响整体加固效果，可通过试验确定，粗粒土可取 1000 ~ 3000 kN · m/m²，细粒土可取 1500 ~ 4000 kN · m/m²。

（三）夯击次数

按现场试夯得到的夯击次数与沉降量关系曲线确定，同时应满足下列条件：

1. 夯击能在 3000 kN · m 以下时，最后两击平均夯沉量不大于 50 ~ 70 mm；

2. 夯击能大于 3000 kN · m 时，最后两击平均夯沉量不大于 80 ~ 100 mm；

3. 夯坑周围地面隆起量不大于 1/4 夯沉量体积。

（四）夯击遍数

原则上应根据地基土的性质而定，一般夯击 2 遍，最后以低能量满夯一遍。

（五）间隔时间

两遍夯击之间应有一定的时间间隔，透水性差的黏性土 2 ~ 4 周，砂土等粗颗粒土可连续夯击。

（六）夯点布置与夯击间距

夯击点布置可取等边三角形或正方形，间距可按夯击间距和夯击遍数确定，第一遍夯击间距 4 ~ 9 m，以后各遍的间距与第一遍相同。

（七）强夯处理范围

由于基础底面应力扩散作用，强夯处理范围应大于基础范围，一般应超出路基边缘外 3 m。

（八）强夯设计理论及施工参数研究

强夯法经过 30 多年的发展，在实践中已经被证实是一种较好的地基处理方法，但到目前为止还没有一套很成熟完善的设计计算理论和方法，国内外的一些强夯计算公式大多是半经验半理论的，使用起来差异很大，因此对于强夯加固地基的设计施工参数的研究具有十分重要的意义。

强夯加固地基的目的在于根据场地土的不同特性加以处理，以提高地基的承载能力和消除不均匀变形或消除地震液化，或消除湿陷性等。加固后的地基应达到事先规定的指标值，因而对不同的地基和工程有不同的加固要求。例如：

1. 对高填土地基，加固后以满足需要的地基容许承载力和消除不均匀变形为主。

2. 对地震液化地基，加固后应消除液化。

3. 对湿陷性黄土地基加固，要求消除湿陷性，强夯加固后地基湿陷系数 $\delta < 0.015$ 时为消除湿陷性。

4. 对于软弱土地基加固，着重于提高地基土强度和减少变形。

（九）强夯设计步骤

强夯法虽然已在工程中得到广泛的应用，但有关强夯机理的研究，特别是饱和土强夯加固机理国内外至今尚未取得满意的结果，由于各地土的力学性质差别很大，国内外很多专家、学者大多按不同的土类来研究强夯机理并推导出相应的设计计算方法。常规做法大多是根据土质情况按经验进行设计，再根据试夯结果加以调整，具体分以下几步：

1. 首先查明场地地质情况（用钻探或原位测试方法）和周围环境影响，以及工程规模的大小及重要性；

2. 根据已查明的资料、加固用途及承载力与变形要求，初步计算夯击能量，确定加固深度，然后选择必要的锤重、落距、夯点间距、夯击次数等；

3. 根据已确定的施工参数，制订施工计划和进行强夯布点设计及施工要求的说明；

4. 施工前进行试夯，并进行加固效果的检验测试（动力触探、静力触探、标准贯入、

静载荷试验和波速等原位测试以及钻探取样试验等），通过对加固效果测试资料的分析，确定是否需要修改原强夯设计方案。

（十）强夯法主要施工设备选择

强夯法施工的主要设备主要包括：夯锤、起重机、脱钩装置等三部分。

1. 夯锤

（1）夯锤锤重

根据有效加固深度来选用。有效加固深度在 4 ~ 10 m 时，可选择 10 ~ 18 t 重的夯锤施工；若地基加固深度大于 10 m 时，应选择大于 18 t 的重锤施工比较适合。

（2）夯锤形状和尺寸选择

夯锤按照形状主要分为四种：方锤、圆柱锤、倒圆台锤和球形锤。方锤的底面为正方形，它的优点是锤形和基础的形状比较一致，缺点是落点不容易控制，需要人工导向，即便是这样，夯锤也常常发生旋转，损失不少能量，从而降低强夯效果；圆柱锤即上下底面具有相等直径的夯锤。它的优点是落点准确，不用人工导向，虽然锤形和基础的形状不一致，但可以通过布点布置形式来弥补这一不足，比如采取正三角形或梅花形布点；倒圆台锤即上底直径大，下底直径小（一般下底直径比上底直径小 20 ~ 40 cm）的夯锤。它除具有圆柱形夯锤的特点外，对减小由于冲击扰动使地基土表面出现的松散区域有所减轻，对减轻强夯所引起的振动也有一定的效果；球形锤即底面为球面的夯锤，它可以是球冠，也可以是球缺。使用球形锤施工，地基土的面波传播大为减弱，能量吸收较好，夯锤对地基土的瞬间应力作用更有效，避免了脱钩后夯锤发生的倾斜现象，减少了能量损失，空气阻力减小。

从大量的工程实践可以看出，夯锤的底面一般选择为圆形或方形，由于圆形定位方便，重合性好，采用较多。锤底面积宜按照土的性质确定，一般来说，砂质土和碎石填土采用底面积为 2 ~ 4 m^2 的小面积夯锤较为合适，第四系黏性土采用底面积为 3 ~ 4 m^2 的夯锤，对于淤泥质土采用 4 ~ 6 m^2 的大面积夯锤。锤的底面宜对称设置若干与顶面贯通的排气孔，孔径可取 25 ~ 30 cm，以减少起吊锤时的吸力和夯锤着地前的瞬时气垫的上托力。

2. 起重设备

根据国内实际情况，起重设备宜采用带有脱钩装置的履带式起重机或采用三角架、龙门架。当直接用钢丝绳悬吊夯锤时，起重机的起重能力应大于夯锤的 3 ~ 4 倍，当采用自动脱钩装置时，起重能力取大于 1.5 倍的夯锤重量。

3. 脱钩装置

在强夯设备中，脱钩系统是关键。现有设备大多采用自动脱钩装置，即当起重设备将夯锤吊到规定的高度时，利用吊车上副卷扬机的钢丝吊起锁卡焊合件，使夯锤自由落下对地面进行夯击。当锤重超出吊机卷扬机的能力时，就不能用单缆锤施工工艺，只有利用滑轮组并借助脱钩装置来起落夯锤。

（十）强夯设计施工参数选择

1. 有效加固深度

强夯法的有效加固深度既是选择地基处理方法的重要依据，又是反映处理效果的重要参数，我们一般根据工程的规模与特点，结合地基土层的情况，确定强夯处理的有效加固深度，依此选择锤重和落距。

2. 夯击能

夯击能分为单击夯击能和单位夯击能，而我们所说的夯击能一般是指单击夯击能。单击夯击能即夯锤锤重（M）和落距（h）的乘积；而单位夯击能即施工现场单位面积上所施加的总夯击能，单位夯击能应根据地基土的类别、结构类型、荷载大小和要求处理的深度等综合考虑，并通过现场试夯确定，根据我国目前工程实践，在一般情况下，对于粗颗粒土单位夯击能可取 1000 ~ 3000 kN · m，细颗粒土为 1500 ~ 4000 kN · m。

采用强夯法加固地基时，合理地选择夯击设备及夯击能量，对提高夯击效率很重要。夯锤锤重（M）和落距（h）决定着夯击能的大小，是影响强夯有效加固深度的重要因素。单击夯击能过大时，不仅浪费能源，对于饱和软粘土有可能反而降低强度；单击夯击能太小时，土体中的水分不易排出，不能达到预期的加固效果，甚至可能出现橡皮土。综合比较单击夯击能的选取应在不破坏土体结构的前提下，根据设计加固范围内土体的控制指标的要求，尽可能地取大值。这时，不仅土体中的水分能有效地排出，同时可减少夯击次数，将加固场地的单位面积夯击能控制在较小的水平上，大大提高强夯施工的效率。进行强夯法施工设计时，单击夯击能应根据现场工程地质条件和工程使用要求，根据工程要求的加固深度和加固后需要达到的地基承载力来确定单击夯击能。

在确定强夯的单击夯击能后，接下来就是选定合适的夯锤锤重和落距。如果夯锤太重，则落距小，夯锤在加固地基土时没有足够的冲击速度，不足以破坏地基土的结构，达不到理想的强夯效果；如果夯锤太轻，虽然其冲击速度较大，但其惯性大大减小，也达不到理想的强夯效果，因此锤重和落距的搭配问题就显得很重要。

曾庆军等人从强夯机理及碰撞理论的角度分析，并结合工程实际，得出以下结论：夯锤质量越大，往深层土传的能量越多，反之则少，即轻锤高落距主要加固浅层土，重锤低落距主要加固深层土。杨建国等人综合利用土体动力学理论，结合弹塑性有限元分析，得出了在同等能量条件下，轻锤高落距的加固深度和影响范围小于重锤低落距，但轻锤高落距对地面土体的加密效果大于重锤低落距，比较适合于后期对地表振松区的处治。山西晋中路桥建设有限公司在各项强夯实践中证明：在单击夯击能、锤底面积、锤形、制锤材料、夯点布置等完全相同，地基土性质基本相近的情况下，夯锤重量与落距之比 M ：h=1 ~ 1.4 时，强夯的效果较好。

3. 夯击次数

夯击次数是强夯设计中的一个重要参数，夯击次数与地基加固要求有关，因为施加于单位面积上的夯击能大小直接影响加固效果，而夯击能量的大小是根据地基加固后应达到的规定指标来确定的，夯击要求使土体竖向压缩最大，侧向移动最小。国内外一般每夯击点夯 5 ~ 20 击，根据土的性质和土层的厚薄不同，夯击击数也不同。我国《建筑地基处理技术规范》中指出夯击次数一般通过现场试夯确定，常以夯坑的压缩量最大、夯坑周围隆起量最小为确定的原则。可从现场试夯得到的夯击次数与夯沉量的关系曲线确定，并同时满足下列条件：

（1）最后两击的平均夯沉量不宜大于下列数值：当单击夯击能小于 4000 kN · m 时为 50 mm；当单击夯击能为 4000 ~ 6000 kN · m 时为 100 mm；当单击夯击能大于 6000 kN · m 时为 200 mm；

（2）夯坑周围地面不应发生过大的隆起；

（3）不因夯坑过深而发生提锤困难。

五、强夯设计

（一）平面图

以道路平面图为基础，示出强夯平面范围、起止里程、控制点坐标、夯击能大小、夯点布置大样图等。

（二）纵断面图

以道路纵断面图为基础，示出道路设计线、原地面线、场地平整线或垫层顶面线（起夯面）、交工面等高程线。

（三）横断面图

以道路横断面图为基础，示出路基断面、强夯外边线、原地面线、场地平整线或垫层顶面线（起夯面）、交工面等高程线。

（四）主要说明内容

1. 强夯参数的确定：见前述。

2. 质量检验与验收。

3. 施工注意事项：强夯加固顺序，先深层后浅层；重视低能量满夯工序，避免表层土松弛；加强检测，做好施工记录。

六、质量检验与验收

（一）室内试验

比较夯前、夯后土的物理力学性质指标的变化。

（二）原位测试

十字板试验、标准贯入试验、静力触探试验、荷载试验、表面波谱分析法等。

（三）验收

检验深度大于设计处理深度。检验点不少于 3 点，每增加 1000 m^2，增加一检验点。

第四节　水泥土搅拌桩法

一、工艺特点

水泥土搅拌桩法是通过搅拌机械，将水泥与地基软土强制搅拌成桩柱体，这种桩柱体具有半刚性体的特性，若干桩柱体与周围的软土体构成强度较高、变形较小的复合地基，可以达到软土地基加固的目的。

二、原理与作用

（一）水泥土搅拌桩的竖向增强体作用。通过搅拌，水泥固化剂与软黏土产生一系列的物理化学反应，在软土地基中形成刚度较大的水泥土桩柱体，从而使地基土得到加固。

（二）水泥土搅拌桩与桩周土共同承担构（建）筑物荷载，形成非均质、各向异性的人工复合地基，人工复合地基的强度和沉降显然优于原未加固土地基。

水泥土搅拌桩系指利用水泥（或石灰）等材料作为固化剂，通过特制的搅拌机械，在地基深处，就地将软土和固化剂强制搅拌，由固化剂和软土间产生一系列的物理和化学反应，使软土硬结成具有整体性、水稳定性和一定强度的水泥土搅拌桩。这种水泥土搅拌桩与桩周土一起组成复合地基，从而提高地基承载力，减少地基沉降。

水泥土搅拌桩最早在瑞典研制成功，国内 1977 年由冶金部建筑研究总院和交通部水运规划设计院进行了室内试验和机械研制工作。1980 年在软土地基加固工程中首次获得成功应用，此后在全国软土地基加固工程中，特别是在道路工程中推广开来。

水泥土搅拌桩法具有施工简单、快速、振动小等优点，能有效地提高软土地基的稳定性，减少和控制沉降量。水泥土搅拌桩现已发展成一种常用的软弱地基处理方法，主要适用于加固饱和软黏土地基。

大量工程实践表明，水泥土搅拌桩在具备较多优越性的同时，也暴露出其应用上的弊端。主要表现在成桩质量难以保证、处理深度偏浅，以至于在应用中发生了不少工程事故，造成工程界对水泥土搅拌桩处理软土地基的效果产生了怀疑，许多地方采取慎用、甚至限用的措施。目前，水泥土搅拌桩存在的主要问题有以下几个方面：

1. 水泥浆沿桩体垂直分布不均匀

由于土压力、孔隙水压力沿桩体的垂直变化，以及土压力、孔隙水压力、喷浆压力的相互作用，造成水泥浆沿钻杆上行，冒出地面。因此，水泥土搅拌桩往往存在桩体上部水泥含量较高，越往下水泥含量越少。这使水泥土搅拌桩的有效桩长和有效处理深度大大减小，同时也制约了水泥土搅拌桩的应用范围。

2. 桩体搅拌不够均匀

由于搅拌叶片的同向旋转，很难把水泥土充分搅拌均匀，造成水泥土中有大量土块和水泥浆块，影响了桩体的强度。

3. 水泥土搅拌桩的有效桩长和有效处理深度大大减小，限制了水泥土搅拌桩的应用。

（三）双向水泥土搅拌桩技术

针对目前水泥土搅拌桩施工中存在的上述问题，在充分研究水泥土搅拌桩的加固机制和影响水泥土深层搅拌桩成桩质量和桩身质量因素的基础上，经过多年探索，研制出双向水泥土搅拌桩及其施工工艺，同时研制了施工机械，并在南京河西地区软土地基加固中进行了成功试验。

双向水泥土搅拌桩是指在水泥土搅拌桩成桩过程中，由动力系统带动分别安装在内、外同心钻杆上的两组搅拌叶片，同时正、反向旋转搅拌水泥土而形成的水泥土搅拌桩。

该装置对现行水泥土搅拌桩成桩机械的动力传动系统、钻杆以及钻头进行改进，采用同心双轴钻杆，在内钻杆上设置正向旋转搅拌叶片并设置喷浆口；在外钻杆上安装反向旋转搅拌叶片，通过外钻杆上叶片反向旋转过程中的压浆作用和正、反向旋转叶片同时双向搅拌水泥土的作用，阻断水泥浆上冒途径，把水泥浆控制在两组叶片之间，保证水泥浆在桩体中均匀分布和搅拌均匀，确保成桩质量。

双向水泥土搅拌桩的施工工艺和常规水泥土搅拌桩的施工工艺基本相似。具体操作步骤如下：

1. 整平场地；

2. 定位、放线：水泥土双向搅拌桩采用梅花形或方形布置；

3. 搅拌机定位：起重机悬吊搅拌机到指定桩位并对中；

4. 切土下沉：启动搅拌机，使搅拌机沿导向架向下切土，两组叶片同时正、反向旋转切割、搅拌土体，搅拌机持续下沉，直到设计深度；

5. 提升搅拌：开启送浆泵向土体喷水泥浆，搅拌机提升，两组叶片同时正反向旋转搅拌水泥土，直到地表或设计标高以上 50 cm，完成水泥土双向搅拌桩单桩施工。

（四）现场试验研究

1. 试验场地

试验场地位于南京市河西地区滨江大道的某一施工段。场区表层为近期人工杂填土及耕植土（素填土），其下均为长江淤泥、冲积之软土及粉土、砂性土。土层自上而下分述如下：（1）层：素填土，可塑—软塑，层厚 0.4 ~ 1.2 m；（2）层：勃土，可塑—软塑，层厚 0.5 ~ 1.2 m；（3）层：淤泥质粉质勃土，流塑，层厚 10 ~ 12 m，该层为高压缩性软土；（4）–1 层：淤泥质粉质勃土，流塑，层厚 4.6 ~ 15.6 m，该层为高压缩性软土；（5）–2 层：淤泥质粉质黏土，软塑—流塑，该层分布不均匀，层厚 0.8 ~ 6.6 m，土质差。

2. 现场施工

现场试验用桩 8 根，其中常规水泥土搅拌桩 4 根，双向水泥土搅拌桩 4 根。常规水泥土搅拌桩采用 4 搅 2 喷工艺施工，双向水泥土搅拌桩采用 2 搅 1 喷工艺施工。试验桩长均为 9 m，掺灰比为 14%，桩径为 500 mm。

施工过程显示：双向水泥土搅拌桩施工中没有发生丝毫冒浆现象，地面隆起少量松散土体，土体中未发现有水泥浆存在；而常规水泥土搅拌桩施工中全部出现冒浆现象，大量水泥浆冒出地表，同时地面隆起约为双向水泥土搅拌桩 2 倍的水泥土。由此可以看出，双向水泥土搅拌桩施工工艺能够保证水泥土搅拌桩桩体中总的水泥掺入量。

3. 桩身强度对比研究

现场对两种水泥土搅拌桩进行钻芯取样，并进行了标准贯入试验。龄期为 29 d。

标准贯入试验显示，双向水泥土搅拌桩沿桩体垂直各深度标准贯入击数变化基本在 21 ~ 24 击；而常规水泥土搅拌桩的变化很大，桩身上部和下部的标准贯入击数相差 3 ~ 4 倍，在桩身 6 m 以下大都低于 10 击。由此可以看出，双向水泥土搅拌桩施工工艺能够保证水泥浆在桩体中均匀分布，能够保证水泥土搅拌桩施工质量。而常规水泥土搅拌桩桩体水泥浆分布很不均匀，离散性较大，难以保证水泥土搅拌桩施工质量。

双向水泥土搅拌桩芯样的无侧限抗压强度基本集中在 0.6 MPa 附近，且沿桩身分布均匀；而常规水泥土搅拌桩芯样的无侧限抗压强度则分散在 0.1 ~ 1.6 MPa 之间，桩深 2 m

以内芯样的无侧限抗压强度可达到 1 MPa 以上，而在桩深 6 m 以下芯样的无侧限抗压强度较低，有的甚至和原状土的强度差不多。由此进一步反映出水泥土双向搅拌桩优越的工程特性，避免了传统施工工艺的缺陷，能够保证水泥土搅拌桩的工程质量，提高水泥土搅拌桩深层处理效果。

三、适用范围

水泥土搅拌桩的应用要考虑两个主要问题，一是地基土的可搅拌性，如高液限软土就不宜搅拌；二是地基中的水和土质条件对水泥是否有害，如有机质含量高、pH 值较低的软土加固效果就很差。一般而言，水泥土搅拌桩适用于处理淤泥、淤泥质土、粉土等黏性土地基。

四、水泥土的工程性能

（一）水泥土的物理性质

水泥土的重度、含水率、渗透系数等物理性质均与水泥掺入比有关，但变化范围不大，与天然软土相比，约在 7% 以下。

（二）水泥土的力学性质

水泥土的无侧限抗压强度、抗剪强度、压缩模量等力学性质与水泥掺入比、龄期、土质条件等因素有关，且变化较大，一般应通过试验测定。

五、设计与计算

（一）桩径：常用 500 ~ 700 mm。

（二）桩间距：根据置换率确定，一般为 1.0 ~ 1.5 m。桩的平面布置可为等边三角形、正方形或格栅形。

（三）水泥宜选用 42.5 普通硅酸盐水泥，水泥掺入比在 17% 左右。

（四）桩长：一般应穿透软土层，进入持力层 0.5 m。

（五）置换率：

置换率的大小取决于所要求的复合地基承载力的大小，一般应大于 17%。

（六）桩顶褥垫层：级配中粗砂或碎石加筋土垫层，厚度 0.3 ~ 0.5 m，宽度应超出最外排桩 1 m。

（七）沉降计算：搅拌桩复合地基的沉降包括复合土层的压缩变形和桩端下未加固土层的压缩变形。

六、设计出图

（一）平面图

以道路平面图为基础，标示出搅拌桩加固范围，包括起止里程、桩平面布置大样等。

（二）纵断面图

以道路纵断面为基础，分段标示出桩底标高、桩顶标高、场地平整标高（应比设计桩顶高 0.3 ~ 0.5 m）等内容。

（三）横断面图

以道路横断面为基础，绘制典型搅拌桩布置横断面图。

（四）大样图

桩顶加筋土垫层等。

（五）施工注意事项

1. 施工桩顶应高出设计桩顶 0.3 ~ 0.5 m，施工桩顶垫层时将高出部分挖除；

2. 搅拌桩全面施工前，应进行工艺桩试验，以确定各项施工工艺参数，如工作压力、电力强度、钻进和提升速度等；

3. 当浆液达到出浆口后，应喷浆座底，即原位喷浆搅拌 30 s。

七、质量检验

（一）施工过程中检查的重点：水泥用量、桩长、搅拌头转数和提升速度、复搅次数等。

（二）成桩 7 d 内，用轻便触探仪取样观察，同时进行触探试验，检测频率为 10%。

（三）钻芯取样（28 d 后），进行室内试验。

（四）进行单桩或复合地基荷载试验（28 d 后）。

低强度、高可压缩性和低渗透性是软土已知的工程特性。如果直接在软土地基上修建工程，容易引起承载力不足、沉降过大或者沉降长期不稳定等问题，影响结构物的正常使用。因此在上部结构施工之前，需要首先对软土地基进行相应处理，以提高其承载能力并减少压缩性。

一般的地基处理方法可以分为四种：均质地基、多层地基、桩基和复合地基。下面分别对这四种地基处理方式做一个简要介绍。

1. 均质地基：均质地基是指通过相应的地基处理，使得天然地基在较大面积和深度范围内得到整体改善，应用最广的就是预压法。预压法是指人为地在地基上施加外部荷载，使得天然土体在附加荷载的作用下产生固结压实，增强土体的力学性质。预压法最早采用的方式是堆载联合砂井，后来为了解决部分地区砂料紧张的问题，又引进了竖向排水板作为地基的排水体。随着技术的发展，为了避免上部堆载在地基中引起的剪应力对土体产生破坏，又发明了真空预压的方法。由于人工施加的附加荷载能够传递至地基较深的范围，因此可以认为天然地基在上部结构附加荷载所能作用的范围内被均匀加固了，故称为均质地基。对于预压法地基的研究主要集中在其排水固结特性上：Carrillo，

Barron，Tang 和 Onisuka，Wang 和 Jiu，Indraratna 等，Walker 和 Indraratna，赵维炳，谢康和和刘加才等均针对砂井或者塑料排水板处理地基的固结问题开展了研究。现有关于砂井或者塑料排水板处理地基的固结问题的研究已经较为成熟，能够综合考虑土体径竖向渗流、土体分层、涂抹区和土体非线性等因素对固结速率的影响。但是，预压法对土体的力学性质提高有限，而且预压工期较长，因此对于沉降控制严格或者工期较为紧张的工程并不适用。

2. 多层地基：多层地基一般指的就是双层地基。通过夯实或者换填的方法，可以使得地基较浅深度范围内的土体性质得到改善。此时，得到改良的这部分土体厚度与上部结构附加荷载作用深度相比较小。改良土体与下部天然土体的力学性质差异较大，地基呈现明显的分层性质，因此称之为多层地基。在上部大面积荷载作用下，土体中附加应力的影响深度往往很大。而多层地基的加固深度范围有限，无法有效控制地基较深范围处的承载力和沉降。所以对于上部荷载数值和作用面积较大的情况下，多层地基法并不适用。

3. 桩基：桩基的应用历史十分悠久。随着技术的发展，桩的形式从最初的木桩发展到今天钢桩和钢筋混凝土桩等，桩长也由几米发展至上百米。在桩基础中，上部荷载首先通过承台传递给桩体，桩体再通过侧摩阻力传递给桩周土体（摩擦桩）或者通过桩端端承力传递给下卧层土体（端承桩）。如果荷载传递介于两者之间，则称之为摩擦端承桩。需要注意的是，在桩基础中，土体表层是不承担竖向荷载的，即上部荷载首先全部由桩体承担。

4. 复合地基：复合地基是指在土体中加入竖向或者水平向增强体，使得土体和增强体共同承担上部荷载。竖向增强体一般是指各类型的桩，而水平向增强体主要是指土工格栅等。许多研究已经表明，复合地基是一种快速经济的地基处理方法，能有效增加地基承载力并控制沉降，在世界范围内被广泛采用。复合地基的主要特点是增强体与土体共同承担上部荷载。以桩体复合地基为例，通过垫层的调节作用，土体表面和桩体均能承担一部分上部荷载，随着深度的增加，土体和桩体之间再发生荷载传递。由于土体和桩体共同承担上部荷载，因此能充分发挥这两者的承载能力。这也是复合地基与桩基最重要的区别所在。

根据桩体自身的材料特点，可以将其分为散粒体桩、刚性桩和柔性桩三种。挤密砂桩和碎石桩都属于散粒体桩的范畴，此时桩体不具有强度，需要桩周土的围箍作用才能成桩。根据圆孔扩张理论，Brauns，Wong，Huges 和 Withers 给出了碎石桩的承载力计算方法。而且由于散粒体桩的孔隙比较大，因此渗透系要远大于桩周软土。所以采用散粒体桩进行地基处理时能大大加快地基的固结速率。针对散粒体桩的固结问题，卢萌盟等，王瑞春等，Han和Ye，Xie，等考虑了复合地基的应力集中效应、桩体渗透阻力和涂抹区渗透系数变化规律等因素，在等应变条件下对散粒体桩的固结控制方程进行了推导。当桩身材料具有一定胶结能力但刚度不是很大的桩型称为柔性桩，柔性桩的常见类型有水泥土搅拌桩、灰土桩和口石灰桩。刚性桩是指桩身强度较高的桩型，常见的有预制混凝土桩、CFG桩和PTC桩。

随着复合地基技术的推广，各种不同类型的桩都被发明并应用至实际工程中，比如说：钉子桩、X型桩、钉形搅拌桩、H形桩、锥形桩、钟形桩和现浇薄壁管桩等。这些新桩型均利用各自不同的方法进行桩身结构形状或者桩体刚度调节，以获得更高的桩土侧摩阻力或者竖向抗压强度。

本书所研究的对象是混凝土芯水泥土搅拌桩。它是在水泥土搅拌桩施工完毕后插入混凝土芯而形成的一种复合桩型。混凝土芯水泥土搅拌桩结合了预制混凝土（刚性桩）和水泥土搅拌桩（柔性桩）的优点。

八、混凝土芯水泥土搅拌桩研究概述

（一）应用及发展概况

水泥土搅拌桩和预制混凝土桩是两种常用的桩型，它们分别属于柔性桩和刚性桩的范畴，并且有着各自的优缺点。

首先对水泥土搅拌桩进行讨论。水泥土搅拌桩是通过搅拌桩头对软土进行搅拌，同时喷射浆液（湿喷工法）或者干粉（干喷工法），使得软土与固化剂能够得到充分拌匀。软土与固化剂之间会发生一系列的物理化学反应，使得软土的物理力学性质得到提高，形成类似柱状的竖向增强体。水泥土搅拌桩施工简便，价格低廉，对周围环境影响较小，因此应用较为广泛。但是，随着对水泥土搅拌桩的深入研究后发现，水泥土搅拌桩存在着无法避免的缺点：第一，由于水泥土搅拌桩的桩体是由软土加固后形成的，因此桩身强度较低，压缩性较大。当上部荷载较大时，桩体容易被压碎或产生较大压缩量，无法满足承载力和沉降的控制要求；第二，对于水泥土搅拌桩这种柔性桩，存在着“有效桩长”的概念，即桩土间侧摩阻力只在有效桩长的范围内存在，超过有效桩长的部分桩土间并不存在侧摩阻力。所以，当上部荷载增加时，有效桩长范围内的桩土侧摩阻力不断增加直至桩土间发生剪切破坏，而有效桩长以下的范围内的桩土侧摩阻力得不到发挥，对于桩体承载力的提高无法产生贡献。

同样，混凝土预制桩也存在着它的优缺点。混凝土预制桩是指在工厂或者现场进行预制成桩之后，利用静压或者动压的方法将桩体插入软土而对地基进行加固的一种方法。

混凝土预制桩的成桩质量较易控制，施工周期短，而且承载力和沉降控制较好。但是，混凝土预制桩的造价较高。而且，桩土所能提供的极限侧摩阻力相比混凝土的竖向抗压强度来讲较小，往往在上部荷载作用下，桩土之间已经发生了剪切破坏，但桩身还远远未达到其抗压强度极限值，所以容易造成材料的浪费。

软土地基处理的理想效果是在较小沉降时能提供足够高的承载力，同时又能充分发挥基础材料的强度，即用经济有效的处理方法来满足设计的要求。因此，需要发明一种新桩型，使其能够有效回避水泥土搅拌桩和混凝土预制桩的缺点，并发挥其各自的优点。混凝土芯水泥土搅拌桩的发明灵感最初来源于SWM工法。SWM工法是指首先利用机械将固化剂与软土进行搅拌，形成连续的水泥土地下连续墙，然后在地下连续墙内插入H型钢。利用SWM工法进行基坑开挖时，水泥土地下连续墙的止水效果良好，同时插入的H型钢则能有效抵抗土体的侧向压力。因此SWM工法也可以看作一种复合结构，在这种复合结构中，水泥土搅拌桩和H型钢各自发挥了自身的优点，从而保证了基坑开挖的顺利进行。基于这种复合结构的思想，在水泥土搅拌桩施工完毕后，利用静压机械将预制混凝土芯插入水泥土搅拌桩中就形成一种新的复合桩型。它结合了刚性桩抗压强度高和水泥土搅拌桩大表面积的优点，是一种经济有效的地基处理桩型。

在我国，首次进行混凝土芯水泥土搅拌桩的试验研究是在1994年。沧州市机械施工有限公司和河北工业大学将钢筋混凝土空心电线杆插入水泥土搅拌桩内，形成一种组合桩型，并开展了载荷板试验。他们将这种组合桩型称为“旋喷复合桩工法”。

在1998年，上海现代技术设计集团江欢成设计事务所、上海市基础工程公司及江阴建筑安装总公司机械施工分公司等单位，在上海市万里小区进行了6根混凝土芯水泥土复合桩（即砼芯水泥土搅拌桩）的试验，施工时采用了SMW工法的施工设备。

1999年初，由天津大学、沧州市机械施工有限公司、河北工业大学和天津质检站等单位组成课题研究组，开展对水泥土搅拌桩与钢筋混凝土电线杆组合桩工法的系列试验和应用研究，先后在天津大学六里台小广场、杨村国税局住宅和红桥房地产交易大厦等三处工地进行了三批共4 ~ 5根原型桩的对比试验工作，初步掌握了该桩型的工作特性、设计方法、施工工艺和检测方法。

2000年开始，南京大学组成了混凝土芯水泥土搅拌桩专题研究小组，把插入混凝土芯（包括预制混凝土桩、预应力管桩和钢筋混凝土电线杆等）的水泥土搅拌桩定名为“混凝土芯水泥土搅拌桩”，简称砼芯桩，英文名为“Concrete-CoredDCMPile”，简称CCDCMPile。

混凝土芯水泥土搅拌桩的主要施工流程分为三步：（1）混凝土芯预制；（2）水泥

土搅拌桩外壳施工；（3）静压插入混凝土芯。在进行混凝土芯预制和水泥土搅拌桩外壳施工时，其技术要点可以参照建筑桩基技术规范和建筑地基处理技术规范的相关要求。而在进行混凝土芯插入时，则需要保证混凝土芯与水泥土搅拌桩外壳具有一定的同轴度，以有利于桩身荷载的有效传递。针对这一难题，江苏省交通规划设计院和南京大学联合发明了一种新型混凝土芯水泥土搅拌桩机。该新型桩机将静压桩机和水泥土搅拌桩桩机有效结合在一起。当水泥土搅拌桩施工完毕后，通过导槽把静压装置中的导向架恰好移位至水泥土搅拌桩的中心，进行混凝土芯的压入。有效保证了混凝土芯与水泥土搅拌桩外壳的同轴度，提高了混凝土芯水泥土搅拌桩的施工效率和施工质量。

2. 研究现状

董平等，董志高等利用静载试验结合弹塑性有限元方法，研究了混凝土芯水泥土搅拌桩在竖向荷载下的力学性质，提出了荷载的“双层扩散模式”（荷载混凝土内芯扩散至搅拌桩外壳再扩散至桩周土）。他们通过载荷板试验表明混凝土芯水泥土搅拌桩能很好的提高地基承载力；利用有限元计算得到混凝土芯轴力传递到复合桩端不超过总荷载的 7%，所以可以认为混凝土芯水泥土搅拌桩为纯摩擦桩。但是并未系统地对混凝土芯、水泥土搅拌桩外壳和桩周土的应力进行测试，而且对芯长比（L_C/L_D，L_C 和 L_D）分别为混凝土芯和水泥土搅拌桩外壳长度）和含芯率（$A_C/(A_D+A_C)$）对混凝土芯水泥土搅拌桩工作特性影响的讨论较少。

李俊才等利用载荷板试验结合 ABAQUS 有限元软件，分析了素混凝土劲性水泥土复合桩的桩土荷载分担规律和混凝土芯的竖向应力传递规律。同样并未考虑芯长比和含芯率对于素混凝土劲性水泥土复合桩荷载传递规律的影响，也未讨论水泥土搅拌桩外壳和桩周土中的荷载传递规律。

陈颖辉等和鲁忠军等根据昆明谷堆村和天津大学六里台小操场北侧的混凝土芯水泥土搅拌桩载荷板试验结果，以含芯率 0.25 为界限，将混凝土芯水泥土搅拌桩的破坏分为急进破坏和渐进破坏两种，并认为混凝土芯水泥土搅拌桩的最佳含芯率为 0.25。同时提出当芯长比小于 0.75 时，混凝土芯水泥土搅拌桩为纯摩擦桩；而当芯长比大于 0.75 时，混凝土芯水泥土搅拌桩为摩擦端承桩，并据此给出了混凝土芯水泥土搅拌桩的承载力计算方法。但是，陈颖辉等在确定最佳含芯率的时候并未考虑芯长比的影响。实际上，芯长比控制了桩土侧摩阻力发挥长度，因此含芯率和芯长比是相互影响的，不能撇开芯长比单独提出最佳含芯率的概念。研究中给出的是混凝土芯水泥土搅拌桩的单桩承载力计算公式，无法考虑复合地基中土体的承载作用。

许晶著等基于桩土的双曲线位移模式，给出了混凝土芯水泥土搅拌桩的单桩沉降计算方法。但存在以下不足：（1）未考虑混凝土芯与水泥土搅拌桩外壳之间的侧摩阻力，直接将混凝土芯与水泥土搅拌桩外壳当作等应变进行考虑；（2）仅考虑了桩头处施加竖向荷载的边界条件，无法考虑桩头和土体表面共同承担上部荷载这种更普遍的情况。

张慧等根据天津大学建筑设计院的试验资料，建立了三维有限元分析模型，讨论了混凝土芯水泥土搅拌桩中混凝土芯的荷载传递规律和内外芯的荷载分担比。数值模拟的讨论重点仍然是单桩特性，没有对桩周土的荷载分担传递特点进行研究。

吴习之等将载荷板试验的 P-S 曲线假设为双曲线形式，并据此推导了混凝土芯水泥土搅拌桩的应力分担比。但是该推导结果是基于小面积刚性载荷板试验，对于实际复合地基的大面积受力情况并不适用。

岳建伟，吴迈，付宝亮，凌光容等也通过现场试验和数值模拟方法，分析了混凝土芯水泥土搅拌桩的单桩承载特性和荷载传递规律。但是讨论仍然是局限于单桩，未对桩土共同作用的复合地基情况进行研究。

江强等通过总结江阴市东方明珠小区二期、上海青浦赵巷水务所综合楼两处工程实例，对混凝土芯水泥土搅拌桩的施工工艺和经济效益进行了研究。

陈昆等利用数值模拟的方法，讨论了混凝土芯水泥土搅拌桩中混凝芯长度对承载力的影响。建议混凝土芯的长度取水泥土搅拌桩外壳长度减去 1 ~ 2 m，这样能够保证桩土侧摩阻力的发挥长度。该文献的分析结果同样是针对单桩。

第五节　水泥土高压旋喷桩法

一、工艺特点

将带有特殊喷嘴的注浆管插入设计土层深度，然后将水泥浆以高压流的形式从喷嘴内射出，用以切割土体并使水泥浆与土搅拌混合，经过从下向上不断喷射注浆，最终形成具有较高强度的水泥土圆柱体，从而使地基土得到加固。因此，高压旋喷桩和搅拌桩都是水泥土桩，只是成桩方法和工艺不同，搅拌桩有单头、双头之分，而旋喷桩则有单管（喷浆）、二管（喷浆和气）、三管（喷浆、水、气）以及多重管等不同类型。此外，旋喷桩尚可定喷、摆喷以形成止水帷幕。

二、原理与作用

对于地基加固而言，旋喷桩、搅拌桩都是形成复合地基，其原理与作用大致相同，在此不再赘述。

三、适用范围

当欲加固的地基土无法使用搅拌桩时，如地基土不具有搅拌性、加固深度超过 15 m、加固场地上方有障碍物时，可考虑采用高压旋喷桩。高压旋喷桩机高度较小、钻孔小（7 ~ 9 cm）、加固深度可达 30m，可广泛应用于淤泥、淤泥质土、粉土、人工填土、碎石土地基的加固，

四、设计

（一）对于软基加固而言，常用单管旋喷，旋喷桩直径 D 一般取 600 mm；

（二）旋喷桩的平面布置形式可采用方形或正三角形，桩间距 2.5d 左右，桩长一般应穿透软土层；

（三）旋喷注浆压力宜大于 20 MPa，水灰比常取 1.0，外加剂的掺入量应通过试验确定，每米桩长水泥用量约 250 kg（东莞市港口大道试验数据）；

（四）桩顶褥垫层：级配中粗砂或碎石加筋土垫层，厚度 0.3 ~ 0.5 m，宽度应超出最外排桩 1 m；

五、设计出图

（一）出图内容

可参照前述搅拌桩设计出图。

（二）施工注意事项

1. 旋喷桩的施工参数（浆液配比、旋喷压力、提升速度等），一般应通过桩工艺试验确定。

2. 废弃泥浆应妥善处理，做好环境保护。

六、质量检验

与前述搅拌桩法相同。

七、高压旋喷桩工程特性

（一）软土地基处理方法的发展历史及现状

我国地域辽阔，有各种成因的软土层，如沿海地区滨海相沉积土、江河中下游的三角洲相沉积土、湖泊湖相沉积土等，其分布范围广，土层厚度大。这类软土的特点是含水量高，孔隙比大，抗剪强度低，压缩系数高，渗透系数小，沉降稳定时间长。由于这类软土承受外荷载的能力很低，如不作处理，是不能用作荷载大的建筑物的地基的，否

则将导致地基和建筑物的下沉、倾斜和破坏。但是，在这类软上地区分布着大量的城市、村镇和工业区，根据工业布局和城市发展规划，常需要在这类软土地基上进行建筑，因此必须对这些地基进行处理。

软土地基的处理方法应依实际土质情况而定，以前通常采用挖除置换、长桩穿越和人工加固等措施。

1. 挖除置换法：就是把一定厚度的原位土挖除，换回优质素上、砂土、二八灰土、三七灰土或砂砾石土。但要挖除深厚的软土层实属不易，尤其是地下水位较高的情况下，更是困难。况且在一般情况下，本地区缺乏良质土砂，需要从远处运土，不但困难，而且不经济：如遇下雨，无法施工，则影响施工进度。

2. 长桩穿越法：主要采用混凝土灌注桩、混凝土预制桩或人工挖孔混凝土桩（当条件允许时）穿透软土层，作为建筑物基础。此方法施工技术性强、质量控制难度大，对一般建筑物来说造价过高。

3. 人工加固法：主要有砂桩、灰桩、土桩、强夯、压力灌浆、深层搅拌等几种。在这些方法中，砂桩、灰桩、土桩都需要挖孔，并且在多数情况下软土难以人工成孔，特别是有地下水时，根本无法做桩；强夯施工振动大，对周围建筑物有影响，故在多数情况下受到限制；灌浆法施工工艺要求严格，易于漏浆，对地面造成一定污染，因此多数情况不易采用；深层搅拌法则是将固化剂注入地基土中，与原位土搅拌混合形成具有一定强度的桩体和复合地基。在深层搅拌法中，固化剂的注入有两种形式，一是浆液灌注，二是粉体喷射。

我国于 20 世纪 70 年代末引进高压旋喷注浆技术，处理软土地基效果非常明显，尤其是它能成倍地提高地基的承载力，正越来越多地被人们所采用。

用高压旋喷法加固地基，不但最大限度地利用原位土与固化剂充分混合，形成复合地基，提高承载能力，而且施工简便，成本低廉；无不良影响，其发展前景十分乐观。由于我国应用高压旋喷技术时间不长，实践经验不足，技术数据不全面，规范标准尚不完整，有待在今后的实践中不断补充和完善，得到进一步发展。

（二）高压旋喷桩主要优点及适用范围

所谓高压旋喷注浆法是利用钻机等设备，把安装在注浆管底部侧面的特殊喷注，置入土层预定深度后，用高压泥浆泵等高压发生装置，以 20MfPa。左右的压力，把浆液从喷嘴中喷射出去，冲击破坏土体。同时借助注浆管的旋转和提升运动，使浆液与土体上崩落下来的土搅拌混合，经过一定时间凝固，便在土中形成圆柱状的固结体，即旋喷桩。

1. 高压旋喷桩的主要优点

（1）设备简单，施工方便：只须钻机及高压泥浆泵等简单设备就可施工，操作简单，移动灵活，只需在土层中钻一 ϕ50 的小孔，便可成直径为 400 ~ 800rrm 的桩体。

（2）桩体强度高：据有关资料报道，在亚粘土中，桩径为 800 mm 的桩，桩长 10 m，允许承载力可达 90 ~ 130 t。当浆液为水泥浆时，黏性土桩体抗压强度可达 5 ~ 10 MPa，砂类土桩体抗压强度可达 10 ~ 20 MPa。

（3）有稳定的加固效果和较好的耐久性能，而且施工速度快，打入桩、混凝土灌注桩相比较，工期约可缩短 1/3 ~ 1/2。

（4）料源广阔：一般采用 325 或 425 普通硅酸盐水泥即可，掺入适量外加剂，以达到速度、高强、抗冻、耐蚀和浆液不沉淀等效果。

此外，还可以在水泥中加入适量的粉煤灰，这样即利用了废料，又降低了成本。

（5）生产安全，无公害：高压设备上有安全阀或自动停机装置，当压力超过规定时，阀门便自动开启泻浆、降压或自动停机。旋喷桩所使用的钻机及高压泥浆泵等机具振动很小，噪音也较低，不会对周围建筑物带来振动的影响和产生噪音公害，水泥浆也不存在污浊水域、毒化饮用水源的问题。

2. 高压旋喷桩的适用范围

（1）适用的土质种类：旋喷桩主要适用于软弱土层，如第四纪的冲积层、洪积层、残积层及人工添土等，实践证明，砂类土、黏性土、黄土和淤泥都能进行旋喷加固，一般效果较好。

（2）适用工程范围：由于旋喷桩具有上述优点，因而在工业与民用建筑的地基处理及加固、矿山井巷工程、矿井防治水，加固路基及桥基、治理滑坡及流砂等工作中得到广泛应用。

近年来大量的工程实践效果表明，高压旋喷桩是软土地基加固处理中富有生命力的一种新方法。它技术先进，安全可靠，能明显地节省投资、缩短工期，而且均地适应性强，并已列入有关规范。国家颁布了行业标准《建筑地基处理技术规范》（建设部）；有些省份也颁发了地方标准，如浙江省标准《建筑软弱地基基础设计规范》。这标志着该施工技术已基本成熟，加固效果也得到公认，进入了全面推广应用阶段。然而，这些标准是基于数年来有限的工程资料得出来的，有其时间上的局限性和地域上的局限性。而且标准都较简单，一些参数取值范围较大，给设计和施工参数的确定带来了较大的人为因素和不确定性，致使在工程实践中，一方面由于过分保守的设计，造成巨大的浪费，另一方面又给工程带来了隐患。为了更好地推广应用这一新技术及弥补规范的不足，推动我国建筑地基处理技术的发展，本书结合本单位工程实践及在郑州地区高（层）重（载荷）建筑桩基检测中获得的第一手资料，对高压旋喷桩的物理特性及复合地基沉降特征作初步研究，希望能对这一技术的进一步推广应用作些有意的工作。

八、高压旋喷桩的成桩机理和施工工艺

旋喷注浆是近年来发展起来的一项土体加固新技术。它是利用工程钻机，将旋喷注浆管置于预定的地基加固深度，通过钻杆旋转，徐徐上升钻头，将预先配置好的浆液，用一定的压力从喷嘴中喷射液流，冲击土体，把土和浆液搅拌成混合体，随后凝聚固结，形成一种新的有一定强度的人工地基。这一整套地基加固方法，称为旋喷注浆加固地基技术，简称旋喷技术。

旋喷注浆加固地基的深度，主要取决于钻机设备的适应性能（不仅仅是机械性能）：土体固结的半径，主要取决于旋转时喷射的搅动半径；土体加固的强度，主要取决于浆液与土质的性质和凝固过程。这三方面因素，既有相互配合又有相互制约的特征。要掌握这项新技术，首先要从这三大因素着手，然后进一步掌握三大因素的相互关系。施工前，必需根据工程的具体条件和技术状态来选择喷射的各种性能参数。施工过程中，还要不断的取样进行分析，以保证工程质量，满足设计要求。这样，才能收到应有的技术经济效果。

（一）旋喷注浆的成桩作用

1. 高压喷射流对土体的破坏作用

高压喷射流破坏土体的效能，随着土的物理力学性质的不同，在数量方面有较大的差异。喷射流破坏土体的机理比较复杂，出现旋喷的现象，可以分析其主要作用。

高压喷射流破坏土体的作用，可用以下主要因素予以说明。

（1）喷流动压

高压喷射流冲击土体时，由于能量高度集中地冲击一个很小的区域，因而在这个区域内及其周围的土和土结构之间，形成强大的压应力作用，当这些外力超过土颗粒结构的破坏临界值时，土体便受到破坏。

当喷射流介质密度和喷注截面积一定时，则喷射流的破坏力和速度的平方成正比，而喷射压力越高，则流速越大。因此用增加高压泵的压力，是增大高速喷射流的破坏力最合理的方法。

（2）喷射流的脉动负荷

当喷射流不停地脉冲式冲击土体时，土粒表面受到脉动负荷的影响，逐渐积累起残余变形，使土粒失掉平衡，从而促使了土的破坏。

（3）水流的冲击力

由于喷射流断续地锤击土体，产生冲击力，促进破坏的进一步发展。

（4）空穴现象

当土体没有被射出孔洞时，喷射流冲击土体以冲击面上的大气压力为基础，产生压力变动，在压力差大的部位产生孔洞，呈现出空穴的现象。在冲击面上的土体被蒸气泡的破坏压所腐蚀，使冲击面破坏。此外，在空穴中，由于喷射流的激烈紊流，也会把较软弱的土体掏空，造成空穴扩大，使更多的土颗粒遭受剥离，使土体遭受破坏。

（5）水楔效应

当喷射流充满土层时，由于喷射流的反作用力，产生水楔。喷射流在垂直于喷射流轴线的方向上，楔入土体的裂隙或薄弱部分中，这时喷射流的动压变为静压，使土发生剥落加宽裂隙。

（6）挤压力

喷射流在终了区域，能量衰减很大，不能直接冲击土体使土粒剥落，但能对有效射程的边界土产生挤压力，对四周土有压密作用，并使部分浆液进入土粒之间的空隙里，使固结体与四周土紧密相依，不产生脱离现象。

（7）气流搅动

在水或浆与气的同轴喷射作用下，空气流使水或浆的高压喷射流从破坏的土体上将土粒迅速吹散，使高压喷射流的喷流破坏条件得到改善，阻力大大减少，能量消耗降低，因而增大了高压喷射流的破坏能力。

2. 旋喷成桩注浆

由于高压喷射流是高能高速集中和连续作用于土体上，压应力和冲蚀等多种因素总是同时密集在压应力区域内发生效应，因此，喷射流具有冲击切割破坏土体并使浆液与土搅拌混合的功能。

单管旋喷注浆使用浆液作为喷射流；二重管旋喷注浆也以浆液作为喷射流，但在其外围裹着一圈空气流成为复合喷射流；三重管旋喷注浆以水汽为复合喷射流并注浆填空。三者使用的浆液都随时间逐渐凝固硬化。

旋喷时，高压喷射流在地基中把土体切削破坏。其加固范围就是以喷射距离加上渗透部分或压缩部分的长度为半径的圆柱体。一部分细小的土粒被喷射的浆液所置换，随着液流被带到地面上（俗称冒浆），其余的土粒与浆液搅拌混合。在旋喷动压、离心力和重力的共同作用下，在横断面上土粒按质量大小有规律地排列起来，小颗粒在中部居多，大颗粒多在外侧或边缘部分，形成了浆液主体、搅拌混合、压缩和渗透等部分，经过一定时间便凝固成强度较高渗透系数小的固结体。随着土质的不同，横断面的结构多少有些不同。由于旋喷体不是等颗粒的单体结构，固结质量不太均匀，通常中心的强度低，边缘部分强度高。

固结体的物理力学性能和化学稳定性（一般指抗压强度、抗折强度、容重、承载力、渗透系数和耐久性等），与使用的浆液材料种类及其配方有密切关系。

对大砾石和腐殖土的旋喷固结机理有别于砂类土和黏性土。在大砾石中，喷射流因砾石的体大量重，不能切削颗粒或者使其移动和重新排列，充斥周围的空隙。鉴于喷注的旋转，能使喷射流保持一定的方向性，浆液向四周挤压，其机理接近于所谓的渗透理论的机理，因而形成圆柱形加固的地基。对于腐殖土层，旋喷固结体的形状及它的性质，受植物纤维的粗细长短、含水量及土颗粒多少的影响很大。对纤维细短的腐殖土旋喷时，完全和在黏性土中的旋喷机理相同。然而对纤维粗长而数量多的腐殖土旋喷时，纤维质富于弹性，切削较困难。但由于孔隙多，喷射流仍能穿过纤维体，形成圆柱形固结体。但纤维质多而密的部位，浆液少，固结体的均匀性较差。

固结体的形状与喷注移动的方向和持续喷射的时间有密切关系。当喷注边旋转边提升，便形成圆柱状或异型圆柱状固结体。当喷注一面喷射一面提升，便形成壁状固结体。

（二）旋喷注浆施工工艺

1. 施工程序

单管、二重管和三重管三种旋喷注浆方法所注入的介质数量和种类是不同的，但它们的施工步骤则大体一致，都是先把注浆管插入预定地层中，白下而上进行旋喷作业。施工步骤为钻机就位、钻孔、插管、旋喷作业、冲洗等。

（1）钻机就位

旋喷注浆施工的第一道工序就是将使用的钻机安置在设计孔位上，使钻杆头对准孔位的中心。同时为保证钻孔达到设计要求的垂直度，钻机就位后，必须作水平校正，使其钻杆轴线垂对准钻孔中心位置。

（2）钻孔

钻孔的目的是为将旋喷注浆喷嘴插入预定的地层中。钻孔方法很多，主要视地层中地质情况、加固深度、机具设备等条件而定。

通常单管旋喷多使用 70 型或柄型旋转震动钻机，钻进深度可达 30 米以上，适用于标准贯入度小于 40 的砂类土和黏性土层，当遇到比较坚硬的地层时宜用地质钻机钻孔。一般在二重管和三重管旋喷施工中，采用地质钻机钻孔。

（3）插管

插管是将旋喷注浆管插入地层预定的深度，使用70型或76型钻孔机钻孔时，插管与钻孔两道工序合二而一，钻孔完毕，插管作业即完成。使用地质钻机钻孔完毕，必须拔出岩芯管，并换上旋喷管插入预定深度。在插管过程中，为防止泥砂堵塞喷注，可边射水、边插管，水压力一般不超过1 MPa。如压力过高，则易将孔壁射塌。

（4）旋喷作业

当旋喷管插入预定深度后，立即按设计配合比搅拌浆液，指挥人员宣布旋喷开始时，即旋转提升旋喷管。值班技术人员必须时刻注意检查注浆流量、风量、压力、旋转提升速度等参数是否符合设计要求，并且随时做好记录，记录作业过程曲线。

（5）冲洗

当旋喷提升到设计标高后，旋喷即告结束。施工完毕应把注浆管等机具设备冲洗干净，管内机内不得残存水泥浆。通常把浆液换成水，在地面上喷射，以便把泥浆泵、注浆管软管内的浆液全部排出。

（6）移动机具

把钻机等机具设备移到新孔位下。

2. 旋喷工艺

土的种类和密实度、地下水、颗粒的化学性电气性等因素，虽对旋喷注浆不再像静压注浆那样有质的影响，但却在一定程度上有量的关系。

为在复杂的众多的影响因素影响下，取得较为理想的旋喷效果，应根据施工过程中出现的问题，因地制宜，适时采取必要的措施扬长避短进行处理。

（1）旋喷深层长桩固结体

从当前施工情况来看，旋喷注浆施工地基，主要是第四纪冲积层。由于天然地基的地层土质情况随深度变化较大，土质种类、密实程度、地下水状态等都有明显的差异。在这种情况下，旋喷深层长桩固结体时，若只采用单一的固定旋喷参数，势必形成直径不匀的上部较粗下部较细的固结体，将严重影响旋喷固结体的承载或抗渗作用。因此，对旋喷深层长桩，应按地质剖面图及地下水等资料，在不同深度，针对不同地层土质情况，选用合适的旋喷参数，才能获得均匀密实的长固结体。

在一般情况下，对深层硬土，可采用增加压力和流量或适当降低旋转和提升速度等方法。

（2）重复喷射

由旋喷机理可知，在不同的介质环境中有效喷射长度差别很大。对土体进行第一次旋喷时，喷射流冲击对象为破坏原状结构土。若在原位进行第二次喷射（即重复喷射），则喷射流冲击破坏对象业已改变，成为浆土混合液体。冲击破坏所遇到的阻力减小，因此在一般情况下，重复喷射有增加固结体直径的效果，增大的数值主要随土质密度而变。松散土层的复喷效果往往不及比较密实的土层明显。其主要原因是由于土质松软第一次旋喷时已接近最大破坏范围，重复喷射时，介质环境改变不多，因此增径率较低。

一般说，重复喷射有增径效果，由于增径率难以控制和影响施工速度，因此在实际中不把它作为增径的主要措施。通常在发现浆液喷射不足影响固结质量时或工程要求较大的直径时才进行重复喷射。

（3）冒浆的处理

在旋喷过程中，往往有一定数量的土粒随着一部分浆液沿着注浆管管壁冒出地面。通过对冒浆的观察，可以及时了解土层状况、旋喷的大致效果和旋喷参数的合理性等。根据经验，冒浆（内有土粒、水及浆液）量小于注浆量20%者为正常现象，超过20%或完全不冒浆时，应查明原因并采取相应的措施：

①若系地层中有较大空隙引起的不冒浆，则可在浆液中掺加适量的速凝剂，缩短固结时间，使浆液在一定土层范围内凝固。另外，还可在空隙地段增大注浆量，填满空隙后再继续正常旋喷。

②冒浆量过大的主要原因，一般是有效喷射范围与注浆量不相适应，注浆量大大超过旋喷固结所需的浆量所致。

减少冒浆量的措施有三种：

A. 提高喷射压力；

B. 适当缩小喷注孔径；

C. 加快提升和旋转速度。

对于冒出地面的浆液，经过滤、沉淀除去杂质和调整浓度后，予以回收再利用。

当前，回收再利用的浆液中难免没有砂粒，故只有三重管旋喷注浆法可以利用冒浆再注浆。

（4）控制固结形状

固结体的形状，可以调节喷射压力和注浆量，改变喷注移动方向和速度予以控制。

根据工程需要，可喷射成如下几种形状的固结体：

A. 圆盘状—只旋转不提升或少提升。

B. 圆柱状—边提升边旋转。

C. 大底状—在底部喷射时，加大压力做重复旋喷或减低喷嘴的旋转提升速度。

D. 糖葫芦状—在旋喷过程中加大压力，加快喷注的旋转提升速度。

E. 大帽状—旋转到顶端时加大压力或做重复旋喷，或减低喷注旋转提升速度。

此外还可以喷射成墙壁状——只提升不旋转。

（5）消除固结体顶部凹穴。

当采用水泥浆液进行旋喷时，在浆液与土搅拌混合后的凝固过程中，由于浆液析水作用，一般均有不同程度的收缩，造成在固结体顶部出现一个凹穴。四穴的深度随土质、浆液的析出性、固结体的直径和全长等因素而不同，一般深度在 0.3 ~ 1.0 m。单管旋喷的凹穴深度最小，约 0.3 ~ 0.5 m；二重管旋喷次之；三重管旋喷最大，约 0.6 ~ 1.0 m。

这种凹穴现象，对于地基加固或防渗堵水，是极为不利的，必须采取措施予以消除。目前通常采用以下几种措施：

①对于新建工程的地基：当旋喷完毕后，开挖出固结体顶部，对凹穴灌注混凝土或直接从旋喷孔中再次注入浆液填满凹穴为止。

②对于既有构筑物地基：

目前采用两次注浆的办法较为有效，即旋喷注浆完成后，固结体的顶部与构筑物基础的底部之间有空隙，在原旋喷孔位上进行第二次注浆，浆液的配方应采用不收缩或具有膨胀性的材料。国外有一种掺加铝粉的配方：1000 升水泥浆液中，水泥为 983 千克，铝粉 29 千克，水为 688 千克。

3. 旋喷操作要点

旋喷注浆的特点之一，就是操作简便，如果有完善的施工计划，就能使复杂的工作单一化。只要认真进行旋喷操作，现场施工人员几乎不会因个人水平的差异而影响到旋喷质量。

旋喷操作的要点如下：

（1）旋喷前要检查高压设备和管路系统，其压力和流量必须满足设计要求。注浆管及喷注内不得有任何杂物。注浆管接头的密封圈必须良好。

（2）垂直施工时，钻孔的倾斜度一般不得大于 1.5%。

（3）在插管和旋喷过程中，要注意防止喷注被堵，在拆卸或安装注浆管时动作要快。水、气、浆的压力和流量必须符合设计值，否则要拔管清洗再重新进行插管和旋喷。使用双喷注时，若一个喷注被堵、则可采取复喷方法继续施工。

（4）旋喷时，要做好压力、流量和冒浆量的量测工作，并按要求逐项记录。钻杆的旋转和提升必须连续不中断。拆卸钻杆继续旋喷时，要注意保持钻杆有 0.1 m 的搭接长度，不得使旋喷固结体脱节。

（5）深层旋喷时，应先喷浆、后旋转和提升，以防注浆管扭断。

（6）搅拌水泥时，水灰比要按设计规定，不得随意更改。在旋喷过程中应防止水泥浆沉淀，使浓度降低。禁止使用受潮或过期的水泥。

（7）施工完毕，立即拔出注浆管，并彻底清洗注浆管和注浆泵，管内不得有残存水泥浆。

（三）旋喷注浆材料的特性

1. 旋喷浆液应具备的特性

根据旋喷工艺的要求，浆液应具备以下特性：

（1）有良好的可喷性

旋喷浆液通过细孔径的喷注喷出，所以浆液应有较好的可喷性。若浆液的稠度过大，则可喷性差，往往导致喷注及管道堵塞，同时易磨损高压泵，使旋喷难以进行。

在我国，目前基本上采用以水泥浆为主剂，掺入少量外加剂的旋喷方法。施工中水灰比一般采用 1 ∶ 1 ～ 2 ∶ 1 就能保证较好的喷射效果。试验证明：水灰比越大，可喷性越好，但过大的水灰比会影响浆液的稳定性。

浆液的可喷性可用流动度或黏度来评定。

（2）掺入少量外加剂能明显地提高浆液的稳定性

常用的外加剂有：膨润土、纯碱、三乙醇胺等。

（3）气泡少

若旋喷浆液带有大量的气泡，则固结体硬化后就会有许多气孔，从而降低旋喷固结体的密实度，导致固结体弯曲度及抗渗性能降低。

为了尽量减少浆液的气泡，选择化学外加剂时要特别注意。

如外加剂冰，虽然能改善浆液的可喷性，但带来许多气泡，消泡时间又长，影响固结体质量。因此，旋喷浆液不能使用起泡剂，必须使用非加气型的外加剂。

（4）调剂浆液的胶凝时间

胶凝时间是指从浆液开始配制起到和土体混合后逐渐失去其流动性为止的这段时间。旋喷浆液的胶凝时间由浆液的配方、外加剂的掺量、水灰比和外界温度而定。一般从几分钟到几小时，可根据施工工艺及注浆设备来选择合适的胶凝时间。

（5）有良好的力学性能

旋喷浆液和土体混合后形成的固结体，一般是作为构筑物的承重桩或止水帖幕，要求它具有一定的力学强度。若强度低，则不可能满足工程的需要。

影响抗压强度的因素很多，如材料的品种、浆液的浓度、配比和外加剂等。

（6）无毒、无臭

浆液对环境不污染及对人体无害，凝胶体为不溶和非易燃易爆之物，浆液对注浆设备、管路无腐蚀性并容易清洗。

（7）结石率高

固化后的固结体有一定的粘接性，能牢固地与岩石、砂粒、粘土等粘结。固结体耐久性好，能长期耐酸、碱、盐及生物细菌等腐蚀。并且不受温度、湿度的变化而变化。

2. 各种旋喷浆液的主要性能

随着近代工业的发展，适于旋喷注浆的材料越来越多，从总的来说可分为化学浆液和以水泥为主剂的浆液两类。就其性能而言，化学浆液较水泥浆液理想，但其价格比水泥贵，来源亦少，所以限制了化学材料的大规模使用。水泥浆液虽存在一些缺点，但它具有料源广、价格便宜、强度高等优点，因此研究和改善水泥浆液的性能仍具有很大的经济意义和现实意义。

以水泥为主（包括添加适量的外加剂），用水配制成的浆液，称为水泥系浆液。

（1）水泥浆液的比重与水灰比的关系

浆液比重是浆液浓度的一种表示方法，又可用浆液的水灰比来表示。因为浆液比重与水灰比有着直接的关系，在注浆过程中要检验或了解已制成浆液的水灰比的实际情况，就是通过测定浆液比重来完成的。

（2）水泥浆液搅拌时间与结石强度的关系

在旋喷注浆过程中，为保持水泥浆呈均匀状态，须连续搅拌。实践表明，搅拌超过一定时间后，不仅延长浆液的凝固时间，影响固结体凝结，情况严重的甚至会发生浆液不凝的危险。

水灰比不同所需的搅拌时间亦不同，但有一个共同规律，即搅拌时间超过 4 小时后，结石强度都开始下降。因此，旋喷施工时为保证浆液的质量，凡是搅拌超过 4 小时的浆液，应经专门试验，证明其性能尚可满足使用要求。若浆液稠度增大，力学性能降低，不能满足工程要求时，一般均视为废浆，不能再作注浆材料。

（3）水泥浆液的水灰比与析水率和结石率的关系

析水现象是由于水泥浆中水泥颗粒的沉淀而引起的。水泥浆液凝结后，所析出的水的体积与浆液体积的比称为析水率。由于水泥种类、水泥颗粒级配、浆液浓度以及凝结所需要的水量不同，析水率也有所不同。

结石率又称结石系数或结石体积系数，它是指浆液析水后所成的结石体积占原浆液体积的百分数。

（4）水泥浆水灰比与黏度的关系

水泥浆的水灰比与黏度有密切的联系，一般说水灰比越大，浆液的黏度越小。当水灰比超过1 ∶ 1时，粘黏度变化不大。但水灰比小于1 ∶ 1时，随着水灰比的减少，黏度急速增加。

九、高压旋喷桩的现场荷载试验

高压旋喷桩的单桩承载力以及复合地基承载力，是高压旋喷桩的重要工程参数，设计、施工及检测单位对此都极为关注。承载力参数可通过理论计算和现场荷载试验两种方式获得，而现场荷载试验是最为可靠的方法。现场荷载试验方法分为静荷载试验和动荷载试验。本章将对荷载试验方法、单桩及复合地基承载力的确定方法做简要介绍，最后结合工程实例，对高压旋喷桩的承载力做出评价。

（一）高压旋喷桩荷载试验方法

1. 单桩静载荷试验方法

（1）试验方法：采用慢速维持荷载法，即逐级加载，每级荷载达到相对稳定后加下一级荷载。

（2）加载分级：每级加载为预估极限荷载的1/15 ~ 1/10，第一级按2倍加载分级加荷。

（3）沉降观测：每级加荷后间隔5、10、15分钟观测一次，以后每隔15分钟观测一次，累计1小时后每隔30分钟观测一次。

（4）沉降相对稳定标准：每1小时的沉降不超过0.1 mm，并连续出现两次，认为已达到相对稳定，可加下一级。

（5）终止加载条件：当出现下列情况之一时，即可终止加载。

①某级荷载作用下，桩的沉降为前一级荷载作用下沉降量的5倍；

②某级荷载作用下，桩的沉降大于前一级荷载作用下沉降量的2倍，且24小时未达到相对稳定。

（6）单桩竖向极限承载力的确定：

①根据沉降随荷载的变化特征确定极限承载力：对于陡降型Q–s曲线，取Q–s曲线发生明显陡降的起始点；

②根据沉降量确定极限承载力：对于缓变型Q–s曲线，取s=40 ~ 60 mm对应的荷载；

③根据沉降随时间的变化特征确定极限承载力：取s–lgt曲线尾部出现明显向下弯曲的前一级荷载。

（7）单桩竖向极限承载力标准值的确定。

2. 复合地基静载荷试验方法

（1）试验方法：采用慢速维持荷载法，即逐级加载，每级荷载达到相对稳定后加下一级荷载。

（2）加载分级：每级加载为预估荷载的 1/12 ～ 1/8，第一级按 2 倍加载分级加荷。

（3）沉降观测：每级加荷后观测一次，以后每隔 30 分钟观测一次。

（4）沉降相对稳定标准：每 1 小时的沉降不超过 0.1 mm，认为已达到相对稳定，可加下一级。

（5）终止加载条件：当出现下列情况之一时，即可终止加载。

①沉降急剧增大、土被挤出或压板周围出现明显的裂缝；

②累计沉降量已大于压板宽度或直径的 10%。

（6）复合地基基本值的确定：

①当 Q–s 曲线上有明显的比例极限时，取该比例极限所对应的荷载；

②当极限荷载能确定，而其值又小于对应比例极限荷载值的 1.5 倍时，取极限荷载的一半；

③取 s/b 或 s/d=0.004 ～ 0.0l 所对应的荷载。

3. 高应变试验方法

高应变动力试桩是用瞬态高应力应变状态来考验桩，揭示桩土体系在接近极限阶段时的实际工作性能，从而对桩的合格性做出正确评价的一种有效方法。其原理是：

（1）用动态的冲击荷载代替静态的维持荷载进行试验，冲击下的桩身瞬时动应变峰值和静载试验至极限承载力时的静应变大体相当，因此，实际是一种快速的载荷试验。

（2）实测时采集桩顶附近有代表性的桩身轴向应变（或内力）和桩身运动速度（或加速度）的时程曲线，再用一维波动方程进行分析，进行推算桩周及桩的阻力分布（包括静阻力和动阻力）和桩周土的其他力学参数；在充分的冲击作用下，就能获得岩土对桩的极限阻力。

（3）根据岩土极限阻力分布，计算单桩极限承载力。

（4）据岩土阻力分布和其他力学参数，进行分级加载的静载模拟计算，求得静载试验下的 Q–s 曲线，最终确定单桩的极限承载能力。

十、高压旋喷桩复合地基的沉降量

（一）基本概念

建筑物的地基变形不应超过地基变形允许值，否则建筑物将会遭到不同程度的损坏。其他类型建筑物的地基变形允许值，可依上部结构对地基变形的适应能力和使用上的要求确定。

根据《建筑地基基础设计规范》的规定，在考虑地基变形时，应注意以下两点：

1. 由于建筑地基不均匀、荷载差异很大、体型复杂等因素引起的地基变形，对砌体承重结构，应由局部倾斜指控制：对框架结构和单层排架结构，应由相邻柱基的沉降差控制；对多层或高层建筑和高耸结构，应由倾斜值控制。

2. 在必要的情况下，需要分别预估建筑物在施工期和使用期的地基变形值，以便预留建筑物有关部分之间的净空，考虑连接方法和施工顺序。此时，一般建筑物在施工期间完成的沉降量，对砂土可认为其最终沉降量已基本完成，对低压缩黏性土可认为已完成最终沉降量的 50% ~ 80%，对中压缩黏性土可认为已完成 20% ~ 50%，对高压缩黏性土可认为已完成 5% ~ 20%。

旋喷桩加固地基的建筑物同样存在地基变形问题，同时凡是旋喷桩加固的地基，土质都比较松软，承载力低，压缩性较大，故应进行地基变形的控制。通常需要在建筑物周边设置沉降观测点，对建筑物变形进行监控。

在进行旋喷桩加固地基设计时，一般应进行总沉降量计算。因建筑物的类别、型式，地基情况、承载方式等是多种多样的，所以其允许沉降量值的准确确定有一定难度。因而进行地基总沉降量计算，不单单是验算是否满足允许沉降量的规定，更主要的是根据计算出的总沉降量认真分析判断对建筑物的影响程度，以便在进行建筑物结构设计时加以考虑，妥善对待。

用旋喷桩加固的地基不同于浅基础，它是把桩群及其未加固的桩间土作为一个实体基础来考虑的，所以建筑物的天然地基不是建筑物基础底面土层，而是桩端下的土层。因此，根据建筑物沉降的基本原理，其总沉降量包括实体基础本身的沉降和实体基础下土层的沉降两部分。所以总沉降量的计算，就是要计算出这两部分沉降量的总和。

（二）沉降量的计算方法

地基的沉降量是由于地基的压缩变形产生的。地基变形的计算方法很多，对于旋喷桩复合地基来说，笔者认为应该以《建筑地基处理技术规范》中推荐的地基变形的计算方法为准。该规范明确规定，旋喷桩复合地基的变形包括桩群体的压缩变形和桩端下处理土层的压缩变形。

桩及桩间土形成了建筑物的假想实体基础，它直接作用在桩端下的土层上。该土层在施工前受土的自重压力，这种压力所产生的变形过程早已完成，故可保持自身稳定。在施工后，除土的自重压力外，由于上部荷载作用而产生了新的附加压力，这种附加压力引起土层新的变形，导致基础沉降。由于作用的附加压力随着深度的增加而减小，则土的压缩性随着深度的增加而降低。通常只考虑基础以下一定深度范围内的压缩量对建筑物所产生的危害，在这个深度以下土层的压缩量小到可以忽略不计，这个深度以内的土层称为压缩层。故基底以下土层压缩变形的计算就是该压缩层的压缩量（或称沉降量）的计算。

如果我们把实体基础当作一般型式的建筑物基础来看待，那么实体基础以下土层的压缩变形 s2 的计算方法应依据结构型式和上部荷载类别按国家标准《建筑地基基础设计规范》的有关规定选用计算方法。这里仅列出分层总和法计算地基压缩变形的公式，可适用于一般房层和构筑物的变形计算。

第六节　桩承加筋土垫层法——刚性桩复合地基

近年来，刚性桩复合地基以其加固深度大、效果显著、施工质量易于保证等优点得到较大的发展，但刚性桩复合地基的结构组成随构筑物基础形式的不同而有所区别。就软弱地基上的路堤而言，国内外工程实践表明，桩承加筋土垫层结构是比较合适的选择。然而，对于桩承加筋土垫层复合地基的计算内容、加筋垫层的设置、影响其承载力的因素以及最终沉降量的计算等，目前国内外均无较成熟的认识。本节从工程实用角度出发，对桩承加筋土垫层复合地基的计算内容和方法做了一些初步探讨。

一、构造与工艺

桩承加筋土垫层法适用于路堤的深厚软弱地基处理，它由刚性桩、桩帽板、加筋土垫层和路堤填土构成。刚性桩，可以预制，也可就地成孔灌注。帽板同样可预制，也可就地挖坑现浇。加筋土垫层由单层或多层土工格栅与粗粒土或石粉渣交替铺设而成。

二、原理与作用

桩承加筋土垫层结构属复合地基体系，即垫层下的桩、土通过垫层共同承担路堤荷载。

（一）刚性桩：既是荷载的承担者，又是地基土改善的促进者。若是打入桩，当桩沉入土中时，桩周的非饱和土得到挤密，桩周挤压力迫使塑性变形区的土粒产生侧向位移，使土的孔隙率减小，密度增大，从而改善土的物理力学性质。若是灌注桩，则桩对含水量很高的黏性土或淤泥质土有置换作用，坚固的桩体取代了与之体积相等的软弱土，桩的强度和抗变形能力大大高于桩间软弱土。因此，由刚性桩构成的复合地基的承载力和抗变形能力显然会高于原来天然地基土的承载力和抗变形能力。

（二）帽板：在刚性桩复合地基中，相对土而言，桩的承载力很高，桩要承担路堤荷载的 70% ～ 80%。然而，桩的截面积一般都不大，桩距也比较稀疏，因此调动桩承载力发挥的有效而经济的办法就是在桩顶设帽板。帽板可调整桩的承载能力，使由摩阻力和端阻力确定的承载力与由桩身强度确定的承载力两者比较接近，以取得较好的经济效益。

（三）加筋土垫层：对于柔性基础——填土路堤下的刚性桩复合地基，除在桩顶设帽板以外，还应在帽板顶铺设刚度较大的垫层。该垫层不仅可以增加桩土应力比，充分调动桩体的承载潜能，而且还可减少地基沉降，防止桩体向上刺入土体。因此土工格栅加筋土垫层应该是最合适的选择。

三、适用范围

桩承加筋土垫层结构属刚性桩复合地基，适用于各类深厚软弱地基的处理。其加固深度可达 30 m（这是搅拌桩无法相比的），造价大大低于高压旋喷桩，单桩承载力远高于柔性桩，成桩方法选择面广，可预制沉桩、可沉管灌注、可钻孔（或套管跟进）灌注。因此，桩承加筋土垫层复合地基具有较大的发展前途。

四、设计

（一）桩型选择：根据已有的工程实例，可供选择的桩型有预应力管桩、钻孔灌注桩、沉管素混凝土桩、塑料套管混凝土桩、树根桩等，桩径 200 ～ 400 mm。

（二）桩长：穿透软弱土层到达相对较好土层 0.5 m 左右，以充分形成桩、土共同承担荷载的复合地基。

（三）桩距：原则上应根据所要求的复合地基承载力而定，一般为 6 ～ 8 倍的桩径。桩的平面布置采用正方形。

（四）帽板：帽板尺寸可通过计算确定，一般边长为 0.6 ～ 0.9 m，厚度不应小于 250 mm。采用钢筋混凝土预制或现浇，板顶周边线应倒成圆角，以改善土工格栅受力。此外，帽板与桩应有可靠连接。

（五）桩顶垫层：在路堤填土荷载下，桩承加筋土垫层结构中的垫层不同于刚性基础下复合地基的褥垫层。对路堤荷载而言，它是不可缺的，而且还应有较大的刚度，不仅能抵抗桩的刺入，而且还有能在桩间形成“拱膜”效应的能力，因此垫层要有足够的厚度，一般不小于 400 mm。垫层材料采用碎卵石土或水泥稳定石粉渣，其压实度不小于 93%。垫层中的加筋材料——土工格栅应不少于 2 层，加筋层数应随垫层厚度而变，加筋层距为 300 ～ 500 mm。土工格栅的抗拉力不小于 80 kN/m，单位质量不小于 900 g/m^2。

五、计算

桩承加筋土垫层复合地基必须满足以下几个条件：

（一）复合地基承载力满足设计要求；

（二）单桩承载力必须大于帽板上的荷重；

（三）加筋土垫层底面的应力必须小于桩间土的承载力；

（四）此外，尚要考虑帽板的抗冲切能力和复合地基的沉降变形。

1. 加筋土垫层底面应力计算

“桥跨”于桩间的加筋土垫层在上部路堤荷载的作用下，会产生弯沉。若对垫层中的拉筋的伸长率加以控制，则垫层会将部分荷载传给桩，以减少桩间土的受力。根据吉罗德（Giroud）、波勒帕特（Bonaparte）有关加筋土地基的拱－膜理论，“桥跨”于地基裂隙上的土工合成材料，在外荷及覆盖土层自重作用下也会产生弯沉。弯沉的结果是，土中出现拱效应，部分荷载被传到弯沉区以外；同时，合成材料被拉紧，起张拉膜作用，从而能承受法向荷载。当弯沉到一定程度，合成材料刚好与坑底接触时，荷载便由合成材料和坑底土共同承担，由静力平衡条件可得作用于坑底土的法向力。

2. 影响复合地基承载力和垫层底面应力的因素

（1）影响复合地基承载力的因素

桩径与复合地基承载力成正比，当桩径为 0.3 m 时，复合地基承载力为 124.13 kPa，0.8 m 时为 304.26 kPa，地基承载力提高 1.5 倍。而桩距与复合地基承载力成反比，桩距为 1.8m 时，复合地基承载力为 197.35 kPa，2.4 m 时为 124.13 kPa。也就是说，桩距增大 0.6 m，地基承载力降低 37%。在实际工程中，可根据土层条件，作多种组合比较，以求得桩径、桩距和承载力的最佳效果。帽板的长宽变化，对地基承载力没有影响。

（2）影响垫层底面应力的因素

影响加筋土垫层底面应力的主要因素是土工格栅的层数。当只有 1 层土工格栅时，垫层底部的应力为 102.75 kPa，如将土工格栅的层数增加到 3 层时，垫层底部的应力可减少一半，为 51.94 kPa。

3. 沉降计算

软土地基的总沉降量，一般由主固结沉降、瞬时沉降（侧向变形）和次固结沉降组成。为简便计，可只计算主固结沉降，然后，乘以经验系数（沉降系数）即可。

六、计算实例

桩承加筋土垫层法加固软土地基，采用 D300 预制管桩，桩距 1.8 m，正方形布置，核心桩长 14 m，周边桩长 10.5 m。碎石加筋土垫层厚 0.5 m，内铺土工格栅 2 层，要求单层格栅发挥的拉力 T=32 kN，相应的延伸率 e=0.03。桩顶帽板尺寸为 900 mm × 900 mm × 300 mm，路面均布荷载 q=30 kPa，路堤填土重度 γ=19 kN/m^3。

七、设计出图

（一）平面图

以道路平面图为基础，绘制地基处理范围（界点坐标）、桩布置大样（桩间距等）、道路里程以及必要的说明（桩类型、规格、预估桩总量）。

（二）纵断面图

以道路纵断面为基础，绘制场地平整高程线（即桩顶高程线）、垫层顶面线、桩底高程线、道路设计高程线等。

（三）典型横断面图

以道路横断面图为基础，绘制桩的横向布置、垫层厚度、桩帽板、路基断面等。

（四）大样图

包括桩帽板配筋图、桩与帽板的连接图、垫层内土工格栅的布置（包括搭接部位）以及土工格栅和垫层材料的规格等。

八、质量检验

（一）施工质量检验主要应检查施工记录、桩数、桩位偏差、垫层厚度、土工材料铺设质量和桩帽施工质量等。

（二）复合地基竣工验收时，荷载试验数量宜为总桩数的 0.5% ~ 1%，且单体工程的试验数量不应少于 3 点。除采用复合地基载荷试验外，还应根据所采用的桩体种类来确定其他检验项目。

（三）抽取一定比例的桩数，对成桩质量和桩体完整性进行检测，预制桩应提供出厂质量报告。

（四）土工合成材料质量应符合设计要求，外观无破损、无老化、无污染、无褶皱，搭接宽度和回折长度符合设计要求，抽检比例不少于 2%。

（五）桩帽施工质量检验项目主要有轴线偏位、平面尺寸、厚度、混凝土强度等，抽检比例不少于 2%。

我国的结构设计方法经历了由容许应力法、单一安全系数法到极限状态法的演变过程。岩土工程与结构工程同属土木工程的两个分支，二者密不可分，大部分岩土工程设计问题就是工程结构设计问题，如桩基础、抗滑桩、锚杆挡土墙、深基坑支护、高边坡加固等，无一不是与岩土体有关的结构问题，因此，岩土工程设计也应遵循工程结构设计方法。但岩土工程由于自身的固有特点及复杂性，如材料性能的不确定性、多变性，岩土体的复杂性，计算模式的不确切性，设计信息的有限性等，其设计方法又难以与结构设计方法同步发展，尚无法像工程结构设计那样，普遍采用真正的极限状态设计法。所以，目前岩土工程设计方法仍然是传统的容许应力法、单一安全系数法以及近几年出现的建立在定值法基础上的极限状态法—准极限状态法同时并用。

第五章　地基与基础

第一节　概　述

工业与民用建筑、道路、桥梁、港口码头等工程结构。其全部荷载都将通过各种形式的基础传递到地基上。承担工程结构全部荷载、受工程结构影响的地层称为地基，向地基传递荷载的下部结构称为基础。

远古人类在史前建筑活动中，就已创造了自己的地基基础工艺。我国西安半坡村新石器时代遗址和殷墟遗址的考古发掘中，就发现有土台和基础；20 世纪 70 年代于钱塘江南岸发现的河姆渡文化遗址中可见 7000 年前打入沼泽地带木构建筑下土中排列成行的、以石器砍削成形的木质圆桩、方桩和板桩；由著名的隋朝石匠李春所建、现位于河北省赵县的赵州桥将桥台基础置于密实的砂土层上，1300 多年来据考证沉降仅几厘米；北宋初期著名木工喻皓在建造开封开宝寺木塔时，特意使建于饱和土上的塔身稍向西北倾斜，以利用当地多西北风的特点，考虑在风的长期作用下自身复正，从而解决建筑物地基沉降问题。

随着社会生产力的发展，高层建筑、水库、码头、铁路等现代工程的出现，以及土力学基本理论的建立，地基及基础科学技术作为土木工程设计建造理论的一个重要组成部分。在其计算理论、工程实践中逐步获得了充分发展，并进一步推动了土木工程的建设。

第二节　地基土的分类及工程特性

地基的主体成分为土，土是岩石经风化、剥蚀、搬运、沉积形成的固体矿物、水和空气的集合体。

一、土的生成

土的形成作用与成因类型，严格来说，是由地质作用生成的。地质作用是指由于受到某种能量（外力、内力、人为）的作用，从而引起地壳组成物质、地壳构造、地表形态等不断地变化和形成的作用，是土生成的根本原因和动力。

地质作用可分为：内力地质作用，由地球自转的动能和放射性元素的蜕变产生的热能所引起；外力地质作用，由太阳的辐射能和地球的重力势能所引起。内力与外力地质作用彼此独立又相互依存，前者对地壳的发展占主导地位。

总之，地质作用形成了各种成因的地形，造就了岩浆岩、变质岩、沉积岩，也生成了土。

对土的生成贡献最大的地质作用是风化作用，包括物理风化、化学风化和生物风化。物理风化主要指雨雪、冰川、风、热胀冷缩、冻融交替等对岩石的剥蚀破坏作用，它不改变颗粒矿物成分，只改变其大小和形状。化学风化主要指水解、离子交换、氧化还原等作用，它使颗粒细化，并改变其矿物成分。生物风化主要指微生物、植被等对岩石的破坏作用。

岩石经风化剥蚀作用而形成的碎散颗粒（土），有的存留在原地，有的则进一步经自然力的搬运而在别处沉积。这就形成了性质千差万别的各种土。

二、土的工程分类

（一）分类原则

对土体进行工程分类。根据分类名称可大致判断土的工程性质，并对地基的性状做出相应评价。目前，国内外尚无统一的土分类标准，不同部门的分类方法也不同。但一般应遵循以下原则：

1. 工程特性差异的原则。即划分的土类之间应有质或量的显著差别。

2. 以成因和地质年代为基础的原则。因为土的性质受之控制。

3. 分类指标易测定的原则。即分类采用的指标既要综合反映土的主要性质，又要容易测定。

（二）分类体系

土的工程分类体系，目前国内外主要有两种。

1. 建筑工程系统的分类体系：侧重于把土作为建筑地基和环境，以原状土为主要对象。如我国国家标准《建筑地基基础设计规范》《岩土工程勘察规范》以及英国基础试验规程等的分类。

2. 材料系统的分类体系：侧重于把土作为建筑材料，用于路、坝等工程，以扰动土为主要对象。如我国国家标准《土的工程分类标准》、水电部分类法、公路路基土分类法和美国材料协会的土质统一分类法等。

（三）我国对土的分类

我国对土的工程分类法以分类体系中第 1 类较为常用。就《建筑地基基础设计规范》和《岩土工程勘察规范》的分类主要按土的工程性质（强度与变形特征）及地质成因的关系分为以下 5 类。

1. 按沉积年代分类：老沉积土（第四纪晚更新世 Q_3 及以前沉积的土，一般呈超固结状态，具有较高的结构强度）、一般沉积土（第四纪全新世 Q_4 前沉积的土）、新沉积土（Q_4 以来沉积的土。一般呈欠压密状态，结构强度较低）。

2. 按地质成因分类：残积土、坡积土、洪积土、冲积土、淤积土、冰积土和风积土。

3. 按有机质含量分类：无机土、有机质土、泥炭质土、泥炭。

4. 按颗粒级配、塑性指数分类：碎石土、砂土、粉土、黏性土。

5. 按特殊性质分类：一般土、特殊土。

其中。碎石土是指粒径大于 2 mm 的颗粒含量超过全重 50% 的土，分为漂石、块石、卵石、碎石、圆砾、角砾。砂土是指粒径大于 2 mm 的颗粒含量不超过全重 50% 且粒径大于 0.075 mm 的颗粒超过全重 50% 的土，分为砾砂、粗砂、中砂、细砂、粉砂。粉土是指粒径大于 0.075 mm 的颗粒含量不超过全重 50% 且 $I_p \leq 10$ 的土。分为砂质粉土（粒径小于 0.005 mm 的颗粒含量不超过全重 10% 的粉土）、黏质粉土（粒径小于 0.005 mm 的颗粒含量超过全重 10% 的粉土）。黏性土是指 $I_p > 10$ 的土，按沉积年代分为老黏性土、一般黏性土、新近沉积的黏性土（欠固结）；按 I_p 分为粉质黏土（$10<I_p \leq 17$）、黏土（$I_p > 17$）。I_p 表示土处于可塑状态的含水量变化范围的指数。特殊土是指特殊地理环境（区域）或人为条件下形成的具有特殊性质的土，需进行人工处理加固方可用作地基。

三、土的工程特性

土与其他建筑材料相比，具有下列三个显著的工程特征。

（一）压缩性高

反映材料压缩性高低的指标弹性模量 E（土称变形模量随着材料的不同而有极大的差别，例如：钢筋 E=210 000 MPa；C20 混凝土 E=20 000 MPa；卵石 E=50 MPa；饱和细砂 E=10 MPa。

一般将变形模量大于 15 MPa 的土体称为低压缩性土，变形模量为 4 ～ 15 MPa 的称为中压缩性土，变形模量小于 4 MPa 的称为高压缩性土。

（二）强度低

许多建筑物地基的破坏、人工和自然斜坡的滑动以及挡土墙的移动和倾倒等，都是由于土内的剪应力超过其本身的抗剪强度而引起的。因此，土的强度主要是指土的抗剪强度。与其他建筑材料相比，土体的抗剪强度低。

（三）透水性大

土体颗粒之间有无数孔隙，因此土体的透水性很大，地下水能够在土体之间流动。

第三节　工程地质勘察

由于各类工程结构或以岩土为材料，或与岩土介质接触并相互作用，因此进行工程设计与施工的首要前提是对与工程有关的岩土体进行深入了解。通过工程勘察，查明相关岩土体的空间分布及工程性质，并对工程所在场地的地基稳定性、建筑适宜性以及不同地段的地基承载力和变形特征等做出评价，为建筑物的基础设计与施工提供依据。

一、工程地质勘察的任务

工程勘察是一门建立在地质学、岩土力学、测试技术和现代信息技术等学科基础上的综合性科学技术，其内容包括野外地质测绘技术、现场勘探取土与原位测试技术、室内试验技术、资料分析评价技术等几个方面。通过工程地质调查和测绘、勘探及取土试样、原位测试、室内试验、现场检验和检测。最终根据以上几种或全部手段，对场地工程地质条件进行定性或定量分析评价，编制满足不同阶段所需的成果报告文件。工程地质勘察完成的主要任务有以下几个方面：

（一）对若干可能的建筑场地或建筑场地不同地段的建筑适宜性进行技术论证，对公路和铁路各线路方案和控制工程的工程地质和水文地质条件进行可能性分析。

（二）为工程设计提供场地地层分布、地下水以及岩土体工程性状参数。

（三）对工程施工过程中可能出现的各种工程问题（如开挖、降水、沉桩等）做出预测，并提出相应的防治措施和合理施工方法的建议。

（四）对地基做出工程性质评价，对基础方案、岩土加固与改良方案或其他人工地基设计方案进行讨论和提出建议，根据设计意图监督地基施工质量。

（五）预测由于场地及邻近地区自然环境的变化对建筑场地可能造成的影响，以及工程本身对场地环境可能产生的变化及其对工程的影响。

（六）为现有工程安全性的评定、拟建工程对现有工程的影响和事故工程的调查分析提供依据。

（七）指导工程在运营和使用期间的长期观测工作，如建筑物的沉降和变形观测等。

二、工程地质勘察的阶段

工程地质勘察应与设计相配合。视不同的行业、工程类型大小及重要性、地质条件的复杂程度以及不同的设计阶段，所勘察内容的侧重点不同。工程地质勘察按先后顺序可分为：可行性勘察（简称选址勘察）、初步勘察（简称初勘）、详细勘察（简称详勘）和施工勘察。当场地条件简单或已有充分的工程地质资料和工程经验时，可以简化勘察阶段，跳过选址勘察，有时甚至将初勘和详勘合并为一次性勘察。

（一）选址勘察

选址勘察的目的是为了得到若干个可选场址方案的勘察资料。主要任务是对拟选场址的场地稳定性和适宜性做出评价，以便方案设计阶段选出最佳的场址方案。所用的手段主要侧重于搜集和分析已有资料，并在此基础上对重点工程或关键部位进行现场勘察，了解场地的地层、延性、地质构造、地下水及不良地质现象等工程地质条件。对倾向于选取的场地，如果工程地质资料不能满足要求，可进行工程地质测绘及少量的勘探工作。

（二）初步勘察

初勘是在选址勘察的基础上，在初步选定的场地上进行的勘察，其任务是满足初步设计的要求。初勘阶段也应搜集已有资料，在工程地质测绘与调查的基础上，根据需要和场地条件进行有关勘探和测试工作，带地形的初步总平面布置图是开展勘察工作的基本条件。初勘应初步查明：工程地段的主要地层分布、年代、成因类型、岩土的物理力学性质。对于复杂场地，因成因类型较多，必要时应做工程地质分区和分带（或分段）；场地不良地质现象的成因、分布范围、性质、发生发展的规律以及对工程的危害程度，提出整治措施的建议；地下水类型、埋藏条件、补给径流排泄条件、可能的变化及侵蚀性；场地地震效应及构造断裂对场地稳定性的影响。

（三）详细勘察

经过选址和初勘后场地稳定性问题已解决，为满足初步设计所需的工程地质资料亦已基本查明。详勘的任务是针对具体建筑地段的地质地基问题所进行的勘察，以便为施工图设计阶段和合理地选择施工方法提供依据，为不良地质现象的整治设计提供参数。详勘以勘探、室内试验和原位测试为主。

（四）施工勘察

施工勘察指的是直接为施工服务的各项勘察工作，不仅包括施工阶段所进行的勘察工作，也包括施工完成后可能要进行的勘察工作（如检验地基加固的效果），但并非所有的工程都要进行施工勘察，仅在下面几种情况下才需要进行：对重要建筑的复杂地基，须在开挖基槽后进行验槽；开挖基槽后，地质条件与原勘察报告存在不符；深基坑施工需进行测试工作；研究地基加固处理方案；地基中溶洞或土洞较为发育；施工中出现斜坡失稳，需进行观测及处理。

以上说明了各勘察阶段所要侧重解决的问题，总的说来，场地稳定性是选址阶段所要侧重解决的问题，场地工程地质条件的均匀性是初勘阶段的重点，具体工程地段的评价和选择施工方法是详勘的重点，且后一勘察阶段总是在前面勘察阶段工作的基础上进行的。

岩土工程勘察从开始到结束，包括编写勘察纲要（勘查工作的设计书）、进行工程地质测绘与调查、进行勘探和测试工作、长期观测工作、岩土工程分析评价、形成勘察报告等几个步骤。一份完整的岩土工程报告由以下 4 个部分组成。

1. 绪论：说明勘察工作任务、要解决的问题、采用方法及取得的成果，并应附实际材料图及其他图表。

2. 通论：阐明工程地质条件、区域地质环境，论述重点在于阐明工程的可行性。通论在规划、初勘阶段中占有重要地位，随勘察阶段的深入，通论比重减少。

3. 专论：是报告书的中心，着重于工程地质问题的分析评价、对工程方案提出建设性论证意见，以及对地基改良提出合理措施。专论的深度和内容与勘察阶段有关。

4. 结论：在论证基础上，对各种具体问题做出简要、明确的回答，并指出存在的问题和解决的途径以及进一步研究的方向。

三、工程地质勘察的方法

工程地质勘察的方法包括岩土体的勘探、岩土试样的室内试验以及原位测试等。

（一）岩土体的勘探

岩土体的勘探方法可以分为直接、半直接和间接勘探三大类。直接勘探是指用人工或机械开挖的探井、探槽、竖井、平洞以及大口径钻孔；半直接勘探包括各类较小口径的取样钻探；间接勘探则包括触探和工程地球物理勘探。实际工程中，为获得准确的地质勘探结论，通常将多种勘探方法结合使用。

（二）室内试验

从野外进行勘察取样后，需对岩土试样进行室内试验，以获取岩土的各项性能参数。岩土体的试样分为两类：一类是“扰动土样”，要求其固相组分有充分的代表性，而对其结构扰动、水分变化等不予控制，主要用于岩土分类定名，或研究岩土作为材料的有关特性；另一类是“原状土样”，除了要求固相组分具有代表性以外，还要求结构不受扰动，密度、含水量不发生改变，主要用于研究岩土的各项物理力学性能。对岩土体的取样，需考虑两个方面的问题：

1. 合理地确定取样的位置和数量。所取试样既要满足随机抽样的原则，也要反映土体趋势性的变化，同时满足样本数量的要求。

2. 选用合适的取样技术，保证所取试样符合试验要求。

室内试验主要包括试样的密度试验、土粒比重试验、颗粒分析试验、界限含水量试验、砂的相对密度试验、回弹模量试验、渗透试验、固结试验、黄土湿陷性试验、三轴压缩试验、无侧限抗压强度试验、直接剪切试验、反复直剪强度试验等。

3. 原位测试

原位测试是在土原来所处的位置对土的工程性质进行测试，目的在于获得有代表性的、反映现场实际条件的设计参数，包括岩土层分界线、地下水埋深等地质剖面的几何参数，岩土原位初始应力状态和应力历史，强度参数、固结变形特性参数、渗透性参数等岩土工程参数。

原位测试与室内试验相比各有优缺点。实际工程勘察中通常将二者结合使用，以达到相互补充，真实全面反映岩土工程特性的目的。

常用的原位测试方法包括载荷试验、静力触探试验、动力触探试验、十字板剪切试验、旁压试验、现场剪切试验和波速试验等。

第四节　地　基

一、基本概念

地基按工程的设计、施工情况分为天然地基与人工地基；按地质情况分为土质地基和岩石地基。天然地基是指天然土体本身具有足够的强度，能直接承受建筑物荷载的地基；而人工地基则是指天然地基承载力不足，需预先对天然土层进行人工加固处理后才能被利用的地基。土质地基一般是指成层岩石以外的各类土，在不同行业的规范中，其名称与具体划分的标准略有不同，土质地基处于地壳的表层，施工方便，基础工程造价较低，是房屋建筑、中小型桥梁、涵洞等构筑物基础常选用的持力层；岩石地基与土质地基正好相反，为成层岩石，当地基土体承载力、变形验算不能满足相关规范要求时，必须选择岩石地基。

（一）地基应力

地基土在基础传来的荷载及土体自重作用下都会产生应力。地基应力大小主要取决于上覆土层的自重压力和作用于地基上的外荷载，地基应力分布也取决于上述荷载的分布规律和土的性质。地基土中的应力包括土的有效应力与孔隙水压力，而直接影响地基强度和变形的是土的有效应力。研究地基中应力分布的目的是计算地基的沉降量与稳定性。

1. 土的自重应力

地基开挖前，由土体自身重量引起的应力称为土的自重应力。

通常土的自重应力不会引起地基变形，因为正常固结土的形成年代很久，早已固结稳定，只有新近沉积的欠固结土或人工填土，在土的自重作用下尚未固结，需要考虑土的自重引起的地基变形。

2. 基础底面接触压力

基础底面接触压力是指在基础传来的荷载及其自重作用下地基（即地基持力层顶面处）与基础底面接触面上的压力。其分布规律较为复杂，影响因素包括荷载大小与分布情况、地基土的种类、基础埋置深度、地基与基础的相对刚度等，其中起重要作用的是基础本身的刚度大小。工程设计中一般将基础底面积较小，基础高度较大，不容易产生翘曲变形的基础，视为刚性基础，刚性基础底面的接触压力分布一般都较复杂，地基与基础的变形要求必须协调一致。反之，称为柔性基础。柔性基础刚度较小，在竖向荷载作用下没有抵抗弯曲变形的能力，基础随着地基同步变形，因此柔性基础接触压力分布与其上部荷载分布情况相同。

一般在计算地基沉降时，将所有基础都视为刚性基础。这是因为基础材料主要是砖、石、混凝土及钢筋混凝土，与土相比，刚度大得多。另外，不同的刚度基础在相同荷载作用下.除与接触面较近的范围内应力差别较大外，其较远的范围内应力分布相差不大，因此地基的平均沉降相差不大，故只需了解刚性基础底面压力分布情况。

当基础荷载较小时，基础底面接触压力呈马鞍形分布，两端压力大，中间小；当上部荷载加大，基础边缘应力不增大时，应力向基础中心转移，接触压力变为抛物线形；当上部荷载很大而接近地基的极限荷载时，应力图形又变成钟形。

3. 基础底面附加压力

基础底面附加压力是建筑物上部荷载在地基中增加的压力。附加压力主要与基础埋深、基础底面以上地基土的有效重度等有关，并引起地基的附加应力和变形。

4. 基础底面附加应力

地基内的应力分布一般采用各向同性、匀质线性变形体理论。实际上地基并不是均匀连续、各向同性的半无限直线变形体。地基通常是分层的，且各层之间性质差别很大。地基的应力－应变特征不完全符合线性变化关系，地基是弹塑性体和各向异性体，但当地基上作用的荷载不大，土中的塑性变形很小时，荷载与变形之间近似呈线性关系，因此实际工程普遍应用该理论。地基中的附加应力计算比较复杂，地基规范给出了几种荷载作用下地基中的附加应力计算公式，主要包括地面受垂直集中荷载作用、矩形面积上局部荷载和三角形荷载作用、圆形面积上均布荷载作用。

（二）地基变形

当地基土层承受基础传来的上部结构荷载、基础自身重量和基础上土重时，土层就会产生相应的变形，其垂直方向的变形将引起建(构)筑物地基基础沉降。当场地土质坚实，压缩性低时，地基沉降较小，对工程正常使用没有影响。当地基土质不均匀或为压缩性高的软土及上部结构荷载变化悬殊时，基础将发生严重的沉降和不均匀沉降，将影响工程的正常使用，因此在工程设计中必须把地基的变形控制在允许的范围内。

地基变形特征为沉降量、沉降差、倾斜和局部倾斜等。沉降量是指基础底面中心处的沉降大小；沉降差是指同一建（构）筑物中，相邻两个基础沉降量的差值；倾斜是指基础倾斜方向两端点的沉降差与其距离的比值；局部倾斜是指砌体承重结构沿纵向 6 ~ 10

m 内基础两点的沉降差与其距离的比值。影响地基土层发生变形的主要因素是其具有压缩性大的特性，工程中常用的衡量土的压缩性指标为压缩系数值和压缩模量。土的压缩性指标可采用原状土的室内压缩试验、原位浅层或深层平板荷载试验、旁压试验等确定。

二、特殊土地基

从沿海到内陆，由山区到平原，地球表层分布着多种多样的土类。这些土类由于不同的地理环境、气候条件、地质成因、历史过程、物质成分和次生变化等原因，在成壤过程中形成具有独特物理力学性质的区域土，把它称为特殊土。我国的特殊土主要有湿陷性黄土、红黏土、膨胀土以及冻土，与之对应的特殊土质地基有湿陷性黄土地基、红黏土地基、膨胀土地基以及冻土地基等。

（一）湿陷性黄土地基

黄土是第四纪沉积物，世界上黄土分布很广，集中在中纬度干旱和半干旱地区。法国的中部和北部地区、保加利亚、前苏联境内北纬 40° 以北以及中亚地区、美洲密西西比河上游都有分布。我国主要分布在甘肃、陕西、山西大部分地区以及河南、河北、山东、宁夏、辽宁、新疆等部分地区，总分布面积约 63.5 万平方千米，占世界黄土分布的 4.9% 左右。

黄土在天然含水量的情况下往往具有较高的强度和较小的压缩性，但被水浸湿后，有的土即使在其上覆土层自重压力作用下也会发生显著的附加下沉，其强度也随之迅速下降。天然黄土在一定压力作用下，受水浸湿，土的结构迅速被破坏而发生显著的附加下沉（其强度也随着迅速降低），称为湿陷性黄土；把不发生湿陷的黄土称为非湿陷性黄土。湿陷性黄土又可分为自重湿陷性黄土和非自重湿陷性黄土，前者在土自重压力作用下受水浸湿后产生湿陷，而后者仅在自重压力作用下受水浸湿后产生湿陷。

黄土的湿陷性主要与其特有的结构有关，即与其结构组成有关的微结构（架空孔隙的存在）、颗粒组成（粉粒含量较高）、化学成分（易溶盐、可溶盐的存在）等因素有关。同时，土的湿陷性又与其天然孔隙比、含水量以及所受的压力有关。在湿陷性黄土地基上进行各项工程建设时，必须根据不同专业工程的重要性、地基受水浸湿的可能性和在使用上对不均匀沉降限制的严格程度、地基土的湿陷类型和湿陷等级、土的变形和强度、地下水的可能变化等因素综合考虑，区别对待，合理采用地基处理、防水措施和结构措施等各种手段，以保证工程的安全可靠和正常使用。

（二）红黏土地基

红黏土是指在亚热带湿热气候条件下，石灰石、白云石等碳酸盐类岩石在长期的成土化学风化作用下形成的一种高塑性黏性土，一般带红色，如褐红色、棕红色或黄褐色。

这种残积物经受间歇性水流的冲蚀、搬运后形成的坡、洪积黏土，成为次生红黏土。我国红黏土和次生红黏土广布于云南、贵州、广西、四川、广东、湖南等省，云南、贵州和广西的红黏土最为典型，分布最广，土层厚度分布极不均匀，与下卧基岩面的状态和风化深度密切相关，常因岩面起伏变化较大，或因石灰岩表面的石芽、溶沟、溶洞或土洞等的存在，致使在水平距离咫尺之间，上覆红黏土层的厚度也可相差 10 m 之巨，既造成地基勘察工作的困难，设计时又必须充分考虑地基的不均匀性。

红黏土地貌在天然状态下，含水量较高，常处于饱和状态。土体一般为硬塑或坚硬状态，具有较高的强度和较低的压缩性。从土的性质来说，它的工程性能良好，是建（构）筑物较好的地基。但红黏土地基具有以下特点：土层厚度分布不均匀，使基础产生不均匀沉降；土层沿深度方向自上向下，含水量增加，土质由硬变软；红黏土地区的岩溶现象较发育，常有土洞存在；红黏土具有较小的吸水膨胀性，但失水收缩性大，裂隙发育。因此，红黏土地区的工程设计必须充分考虑其物理力学性能指标的变化，详细勘察，综合考虑，采取必要的工程措施，以确保工程结构的安全、可靠。

（三）膨胀土地基

膨胀土是指黏粒成分主要由亲水性矿物组成，同时具有显著的吸水膨胀和失水收缩两种变形特性的黏性土。膨胀土分布范围很广，它分布于世界上 60 多个国家，我国已有 20 多个省区发现有膨胀土，如广西、云南、湖北、河南、安徽、四川、河北、山东、陕西、江苏等地均有不同范围的分布，其中尤以云南、广西的膨胀土胀缩性明显。

膨胀土在自然条件下多呈硬塑或坚硬状态，具黄、红、灰等色，常呈斑状，并含有铁锰质或钙质结构。土中裂隙较发育，有竖向、斜交和水平三种。距地表 1 ~ 2 m 常有竖向张开裂隙，裂隙面成油脂或蜡状光泽，时有擦痕或水渍，以及铁锰氧化物薄膜。裂隙中常充填灰绿、灰色黏土。邻近边坡处，裂隙常构成滑坡的滑动面。膨胀土地区旱季地表常出现地裂，雨季则裂缝闭合。膨胀土的膨胀变形特性由土的内在因素决定，同时受到外部因素的制约。主要内在因素有矿物成分（蒙脱石、伊利石等亲水性矿物）、微观结构特征（分散结构）、黏粒的含量（含量高）、土的密度和含水量、土的结构强度；主要外部因素有气候条件、地形、地貌、植被、日照等差异。膨胀土地区的工程设计和施工必须根据膨胀土的特性和不同专业对工程的要求，充分考虑该地区的气候特点、地形条件、地貌条件和土中含水量的变化情况，因地制宜地采取各种有效的设计和施工措施。

（四）软土地基

软土多在静水或缓慢流水环境中沉积，并经生物化学作用形成，其成因类型主要有滨海环境沉积、海陆过渡环境沉积（三角洲沉积）、河流环境沉积、湖泊环境沉积和沼泽环境沉积等。

我国软土分布很广，如长江、珠江地区的三角洲沉积；上海，天津塘沽，浙江温州、宁波，江苏连云港等地的滨海相沉积；闽江口平原的溺谷相沉积；洞庭湖、洪泽湖、太湖以及昆明滇池等地区的内陆湖泊相沉积；河滩沉积位于各大、中河流的中、下游地区；沼泽沉积的有内蒙古，东北大、小兴安岭，南方及西南森林地区等。此外广西、贵州、云南等的某些地区还存在山地型的软土，是泥灰岩、炭质页岩、泥质砂页岩等风化产物和地表的有机物质经水流搬运，沉积于低洼处，再经长期饱水软化或微生物作用而形成的。

软土地基一般承载力较低，不能满足上部荷载对地基的要求；并且软土的压缩性大，导致地基的沉降量大，变形也大；软土地基易引起不均匀沉降，使建筑物产生裂缝。为了保证建筑物的安全，必须采取加固措施，对软土地基进行处理。

（五）盐渍土地基

盐渍土分布范围很广，一般分布在地势较低且地下水位较高的地段，如内陆洼地、盐湖和河流两岸的漫滩、低阶地、牛轭湖以及三角洲洼地、山间洼地等。我国西北地区如青海、新疆有大面积的内陆盐溃土，沿海各省则有滨海盐渍土。此外，盐渍土在苏联、美国、伊拉克、埃及、沙特阿拉伯、阿尔及利亚、印度等许多国家和地区均有分布。

盐渍土地的土层厚度一般不大，自地表向下 1.5 ~ 4.0 m，其厚度与地下水埋深、土的毛细作用上升高度以及蒸发作用影响深度（蒸发强度）等有关。其形成受如下因素影响：1. 干旱、半干旱地区因蒸发量大、降雨量小、毛细作用强，极利于盐分在表面聚集；2. 内陆盆地因地势低洼、周围封闭、排水不畅、地下水位高，利于水分蒸发盐类聚集；3. 农田洗盐、压盐、灌溉退水、渠道渗漏等进入某土层也将促使盐渍化。

盐渍土根据所含盐分不同分为氯盐类、硫酸盐类和碳酸盐类三种。氯盐类盐渍土随氯盐含量增大，临塑荷载增大、可塑性和孔隙比降低；硫酸盐类盐渍土随硫酸盐含量增大，力学强度降低，且具有松胀性；碳酸盐类盐渍土遇水即发生强烈膨胀作用，透水性减弱，密度减小，从而导致地基稳定性及强度降低。三类盐渍土均对各种建筑材料具有腐蚀性，工程地基均应采取措施防止其对钢筋等的腐蚀。

（六）冻土地基

冻土是指温度低于 0℃，土中水部分或大部分冻结成冰的土。其中，在一定厚度的地表土层中冬季冻结夏季融化，冻融交替的土，称为季节性冻土；全年保持冻结而不融化，并且延续时间在 3 年或 3 年以上的土，称为多年冻土。在多年冻土的表层，往往覆盖着季节性冻土层（或称融冻层），但其融化深度止于多年冻土层的层顶。我国季节性冻土分布在东北、华北和西北地区的深度均在 50 cm 以上。分布在黑龙江北部及青海地区的冻深较大，最深可达 3 m。多年冻土的分布主要有两个区：一个在纬度较高的内蒙古和黑龙江的大、小兴安岭一带；另一个在地势较高的青藏高原和甘肃、新疆高山区。

冻土由土颗粒、冰、未冻水、气体四项组成。由于冰的存在，冻土地基的瞬时承载力表现得特别大；而在长期荷载作用下，由于冰的塑性性质，冻土的流变性又表现得较为突出。因此，以冻土作为地基时，应重点考虑其长期承载力；而在开挖冻土时，则应考虑其瞬时强度。土层在天然情况下冻结时，土中水分向冻结线方向转移，以及冰在冻结时体积增大，造成土的冻胀；而冻土融化时，土颗粒间黏聚力完全丧失，以及融化后的含水量远大于冻结之前，又形成突然性融陷（或称融化下沉）。

以季节性冻土作为建筑物地基时，由于土层的冻结和融化往往使地基产生冻胀和融陷现象，容易使建筑物墙身开裂、台阶胀起和散水断裂等，还会导致寒区道路路面开裂。因此，以季节性冻土作地基进行工程结构设计时，除应满足一般地基的要求外，还要着重考虑地基冻胀和融陷对工程的影响。针对不同的冻胀性质采取合理的防冻措施，以消除冻胀影响。

三、地基处理

由于软弱地基和特殊土地基等的存在，为达到工程使用要求，就必须对其进行处理，改善工程特性，以满足工程所需的强度和沉降要求，有时也为了减小地基的渗透性。由各种地基处理方法获得的人工地基可以分为两类：一类是对天然地基土体全部进行改良，如预压（排水固结）法、强夯法、原位压实法、换填法等；另一类是形成复合地基。它可以由复合土与天然地基土体形成，如水泥土复合地基等；也可以由插入（也包括置换）的材料与天然地基形成，如低强度桩复合地基、树根桩复合地基等；也可以由插入的材料与得到改良（如挤密）的天然土体形成，如振冲挤密碎石桩复合地基等。

目前常用的地基处理方法有以下几种。

（一）换土垫层法

当作为持力层的地基土比较软弱，不能满足上部结构荷载的要求时，常采用换土垫层法来处理软弱地基。即将基础下一定范围内的土层挖去，然后以强度较大的砂、碎石或灰土等回填并夯实。换土垫层按回填的材料可分为砂垫层、碎石垫层、粉煤灰垫层、干渣（矿渣）垫层、素土垫层、灰土垫层以及近年发展起来的土工聚合物加筋垫层等。垫层的主要作用是提高浅基础下地基的承载力，减少沉降量，加速软弱土层的排水固结。该方法属于浅层处理法，适用于软弱土层位于地基表面且最大深度一般在 3 m，最大不超过 5 m 的情况。

（二）强夯法

强夯法在国际上也叫动力固结法或动力压实法。这种方法是将几十吨重锤从高处落下，反复多次夯击地面，对地基进行强力夯实。对地基土施加的冲击能可提高地基土的强度，降低土的压缩性，改善沙土的抗液化条件，消除湿陷性黄土的湿陷性等，同时还能提高土层的均匀程度，减少将来可能出现的差异沉降。该方法在工程实践中具有加固效果显著、适用土类广、设备简单、施工方便、节省劳力、施工期短、节约材料、施工文明和施工费用低等优点，在土木工程的各专业领域中广泛使用，可对碎石土、砂土、低饱和度的粉土与黏性土、湿陷性黄土、杂填土和素填土等地基进行处理。

（三）排水固结预压法

排水固结预压法是利用地基排水固结的特性，通过施加预压荷载，并增设各种排水条件（砂井、排水垫层等排水体），以加速饱和软黏土固结发展的一种软土地基处理方法。该方法分为堆载预压和真空预压两类。

堆载预压是通过增加土体的总应力，并使超静水压力消散来增加其有效应力，使土体压缩和强度增长的方法。对于在持续荷载下体积显著减小和强度会增长的土，而又有足够的时间进行预压时，这种方法使用较多。堆载预压法适用于淤泥质土、淤泥和充填土等软土地基。但在处理较厚软基时，该法必须辅以在软基中插入垂直排水通道，即砂井－堆载预压法。由于砂井用砂量大，在砂源不足或砂价昂贵的地区，常使造价增加，施工费用高。为此，开发了塑料排水带，其具有质量小、运输方便、所需施工设备简单、工效高、劳动强度低、施工费用省、产品质量稳定和排水效果有保证、对土层扰动小、适应地基变形等优点，故塑料排水带－堆载预压法得到了更为广泛的应用。

真空预压是在总应力不变的条件下，使孔隙水压力减小，有效应力增加，土体强度增长的方法。该法的关键是保证合适的真空度，真空度越高，等效荷载越大，加固效果也越好。该法适用于能在加固区形成（包括采取措施后能形成）稳定的负压边界条件的软土地基，如淤泥质土、淤泥、素填土和充填土等。对于砂层和粉煤灰，采取措施后也能获得所需的真空度。

（四）振冲法

振冲法是利用振冲器，在高压水流的帮助下边使松砂地基变密，或在黏性土地基中成孔，在孔中填入碎石制成一根根桩体，与原来的土构成比原来抗剪强度高和压缩性小的复合地基的方法。该方法主要应用于处理砂土、湿陷性黄土以及部分非饱和黏性土，提高这些土的地基承载力和抗液化性能；也应用于处理不排水抗剪强度稍高的饱和黏性土和粉土，改善这类土的地基承载力和变形特性。

（五）挤密法

挤密法是以振动或冲击的方法成孔，然后在孔中填入砂、石、土、石灰、灰土或其他材料，并加以捣实成为桩体的方法，按其填入的材料分别称为砂桩、砂石桩、石灰桩、灰土桩等。挤密桩主要应用于处理松软砂类土、素填土、杂填土、湿陷性黄土等，将土挤密或消除湿陷性，其效果是显著的。

（六）高压喷射注浆法

高压喷射注浆法是利用高压射流技术喷射化学浆液，破坏地基土体，并强制土与化学浆液混合，形成具有一定强度的加固体，来处理软土地基的一种方法。按注浆喷射形式的不同，加固体的形状不同，喷射形式主要有：旋转喷射注浆，喷嘴喷射随钻杆提升旋转，形成旋喷柱；定喷注浆，喷射注浆的方向不随提升变化，形成壁状加固体；摆喷注浆，喷嘴喷射随提升按一定角度摆动，形成扇状加固体。为满足工程对加固体直径大小的需要，已发展了四种喷射注浆管法：单管法，直径为 0.3 ~ 0.8 m，主要用于加固软土地基，淤泥地层中的桩间止水，已有建筑物纠偏及地基加固等；二重管喷射法，直径为 0.8 ~ 1.2 m，主要用于加固软土地基及粉土、砂土、砾石、卵（碎）石等地层的防渗加固；三重管喷射法，直径为 1 ~ 2 m，主要用于加固除淤泥地层以外的软土地基，以及粉土和各类砂土地层的防渗加固；多重管喷射法，直径为 2 ~ 4 m，可对软土、粉土和各类砂土地层进行加固。

（七）水泥土搅拌法

水泥土搅拌法是利用水泥（或石灰）等材料作为固化剂，通过特制的搅拌机械在地基深处就地将软土和固化剂（浆液或粉体）强制搅拌，由固化剂和软土间产生一系列物理、化学反应，使软土硬结成具有整体性、水稳定性和一定强度的水泥加固土，从而提高地基强度和增大变形模量的方法。水泥土搅拌法分为水泥浆搅拌和粉体喷射搅拌两种，前者是用水泥浆和地基土搅拌，后者用水泥粉或石灰粉和地基土搅拌。该法主要用于处理淤泥质土、粉质黏土和低强度的黏性土地基，具有施工方便，无噪音、无振动、无泥浆废水等污染，且造价较低等特点。

地基处理的核心是处理方法的正确选择与实施。只有根据工程条件和工程地质条件，综合分析影响地基处理的各种因素，坚持技术先进、经济合理、安全适用、确保质量的原则拟订处理方案，才能获得最佳的处理效果。

第五节　基础工程

基础作为传递上部结构荷载至地基上的结构，其结构形式多样，设计过程中应选择适应上部结构和场地工程地质条件、符合使用要求、满足地基基础强度和变形要求以及技术上合理的基础结构方案。

通常把位于天然地基上、埋置深度小于 5 m 的一般基础（柱基或墙基）以及埋置深度虽超过 5 m，但小于基础宽度的大尺寸基础（如箱形基础），统称为天然地基的浅基础。而把位于地基深处承载力较高的土层上，埋置深度大于 5 m 或大于基础宽度的基础，称为深基础。如果地基属于软弱土层（通常指承载力低于 100 kPa 的土层），或者其上部有较厚的软弱土层，不适于做天然地基的浅基础时，也可将浅基础做在人工地基上。

一、浅基础

建筑物的浅基础多用砖、石、混凝土或钢筋混凝土等材料做成。除钢筋混凝土外，所砌筑的基础因材料的抗拉性能差，截面形式要求具有足够的刚度，基础在受力时本身几乎不产生变形，这类基础称为刚性基础。若是钢筋混凝土基础，则材料的抗拉、抗压和抗剪性能都较好，且基础本身可有较小程度的变形，这类基础称为柔性基础。

浅基础按其构造形式主要可分为独立基础、条形基础、筏板基础、箱形基础和壳体基础等。

（一）独立基础

独立基础按支承的上部结构形式，可分为柱下独立基础和墙下独立基础。

1. 柱下独立基础。

砌体柱常采用刚性基础，材料一般为砖、石、灰土、三合土和混凝土等。其中的灰土基础一般在我国华北和西北环境比较干燥的地区使用，石灰为块状生石灰，经消化 1 ~ 2 d 后即可使用，土料用塑性指数较低的黏性土，二者以 3 ∶ 7 或 2 ∶ 8 配置使用。三合土基础主要在我国南方使用，采用 1 ∶ 2 ∶ 4 或 1 ∶ 3 ∶ 6 的石灰、砂和骨料配置使用。灰土和三合土基础都是在基槽内分层夯实而成的。预制柱一般采用钢筋混凝土杯形基础，现浇柱则采用钢筋混凝土扩展基础，它们的截面形式有阶梯形、锥形、杯形。

2. 墙下独立基础。

墙下独立基础是在当上层土质松散而在不深处有较好的土层时，为了节省基础材料和减少开挖量而采用的一种基础形式。一般在单独基础上放置钢筋混凝土过梁，以承受上部结构传递过来的荷载。墙下单独基础一般布置在转角、两墙交叉和窗间墙处。北方地区为防止梁下土受冻膨胀而使梁破坏，须在梁下留 60 ~ 90 mm 空隙，两侧用砖挡土，空隙下铺 50 ~ 60 mm 的松砂或干煤渣。

（二）条形基础

条形基础是指基础长度远大于其宽度的一种基础形式，可分为墙下条形基础和柱下条形基础。

1. 墙下条形基础。

墙下条形基础是承重墙基础的主要形式。材料一般为砖、石、灰土、三合土和混凝土等。一般情况下，通常用砖石建造，当基础上荷载较大或需要减小其构造高度时，可采用强度等级较低的混凝土基础，还可用毛石混凝土以节约水泥。在气候较干燥的地区，上部荷载不大的情况下，采用灰土或三合土基础。当基础上荷载较大或地基松软、地基承载力较低时，刚性基础高度将加大，这不仅存在用料多、自重大的缺点，有时还会增加基础埋深，此时可考虑使用钢筋混凝土条形基础。如果地基不均匀，为了增强基础的整体性和抗弯能力，减小不均匀沉降，可采用带肋的钢筋混凝土条形基础。

2. 柱下条形基础。

柱下条形基础是常用于软弱地基上框架或排架结构的一种基础类型。由于地基承载力不足，须加大基础底面面积，而配置柱下扩展基础又在平面尺寸上受到限制，尤其当柱荷载或地基压缩性分布不均匀，且建筑物对不均匀沉降敏感时，将同一排的柱基础连通，做成抗弯刚度较大的条形基础。

条形基础可以沿柱列单项平行布置，也可以双向相交于柱位处形成十字交叉条形基础。如果单向条形基础的底面积已能满足地基承载力要求，只需减少基础之间的沉降差，则可在另一方向加设连梁，组成连梁式交叉条形基础。连梁不着地，但需要有一定的刚度和强度，否则作用不大。

（三）筏板基础

筏板基础以其成片覆盖于建筑物地基的较大面积和完整的平面连续性为显著特点。它不仅易于满足软弱地基承载力的要求，减少地基的附加应力和不均匀沉降，还具有其他方面的优势，如跨越地下浅层小洞穴和局部软弱层，提供地下比较宽敞的使用空间，作为水池、油库等的防渗底板，等等。其按构造不同可分为平板式和肋梁式两类。平板式筏基是在地基上做一块钢筋混凝土底板，柱子直接支承在底板上。当荷载较大时，可将柱位下局部筏板加厚。

（四）箱形基础

箱形基础是一种由钢筋混凝土的底板、顶板、侧墙和内隔墙组成的有一定高度的整体性结构。底板、顶板和隔墙等共同工作，具有很大的整体刚度，适用于软弱地基上的高层、重型或对不均匀沉降有严格要求的建筑物。箱形基础可以抵抗地基或荷载不均匀分布引起的差异沉降，跨越地下浅层小洞穴和局部软弱层，形成的地下室还可提供多种使用功能；但其用料多、工期长、造价高、施工技术比较复杂。此外，地下室的防水、通风也是必须周密考虑的问题。

（五）壳体基础

为改善基础的受力性能，基础的形式可不做成台阶状，而做成各种形式的壳体，称为壳体基础。壳体的形式很多，常见的形式是正圆锥壳及其组合形式。前者可以用作柱的基础，后者主要在烟囱、水塔、储仓和中、小型高炉等筒形构筑物中使用。

二、深基础

当建筑场地浅层的土质不能满足工程对地基承载力和变形的要求，而又不适宜采取地基处理措施时，就要考虑以下部坚实土层或岩层作为持力层深基础的方案。常用的深基础有桩基础、沉井基础和地下连续墙等，其中以源自远古的柱基础应用最为广泛。

（一）桩基础

桩基础是一种古老的基础形式，人类迄今为止发现的最早使用桩的记录是在太平洋东南沿岸智利的蒙特维尔德附近的森林里的一间支承于木桩上的小屋，距今已有12 000 ~ 14 000年的历史。我国在浙江余姚河姆渡村发掘的新石器时代文化遗址中出土了距今约7000年的木桩数百根。我国汉朝已用木桩修桥，到宋代桩基技术已比较成熟，到明、清代更为完善，已广泛应用于桥梁、水利、海塘、高塔和房屋等各类工程中。近、现代随着高层建筑、大型厂房、桥梁、隧道等工程建设的需要，以及设计理论的发展和施工机械的广泛采用，桩基础获得了飞速发展，形成了不同材料、不同施工工艺、不同传力机理等各种类型的基础形式。

1. 按桩的材料分类：木桩、碎石桩、混凝土桩、钢桩以及组合材料桩

目前，木桩使用很少，一般在地基处理过程中使用碎石桩，与原来的地基一起形成复合地基。其中最常用的是钢筋混凝土桩。混凝土桩可在桩内配钢筋笼，形成钢筋混凝土桩，为提高抗裂性和节约钢材，还可做成预应力桩。钢桩有钢管桩、H 型钢桩以及钢轨桩等。组合材料桩可以是钢管桩内填充混凝土及以上部钢管桩下部混凝土等形式的组

合桩。

2. 按桩的承载性状分类：摩擦型桩和端承型桩

摩擦型桩是指在竖向极限荷载作用下，桩顶荷载全部或主要由桩侧摩阻力承受。根据桩侧阻力分担荷载的大小，摩擦型桩又分为摩擦桩和端承摩擦桩两类。前者桩顶荷载绝大部分由桩侧摩阻力承担，桩端阻力可以忽略不计；后者桩顶荷载由桩侧摩阻力和桩端阻力共同承担，但大部分由桩侧摩阻力承担。

端承型桩是指在竖向极限荷载作用下，桩顶荷载全部或主要由桩端阻力承受。根据桩端阻力分担荷载的大小和比例，端承型桩又分为摩擦端承桩和端承桩两类。前者桩顶荷载由桩侧摩阻力和桩端阻力共同承担，且主要由桩端阻力承担；后者桩顶荷载绝大部分由桩端阻力承担，桩侧摩阻力很小，可以忽略不计。

3. 按桩的成桩方法分类：预制桩和灌注桩

预制桩是在工厂或现场预制，经锤击或振动等方法将桩沉入土中至设计标高的桩。另外还可采用静力压入和旋入等沉桩方法。预制桩还可分节预制，分节接头采用钢板、角钢焊接后，涂以沥青等方法进行防锈处理。还有采用机械式接桩法以钢板垂直插头加水平销连接。

灌注桩是在现场成孔，灌注混凝土等材料至设计标高的桩。其可分为沉管灌注桩和钻（挖、冲、磨）孔灌注桩两大类。灌注桩与预制桩相比，由于免去了锤击应力，施工无振动、无噪音，桩的混凝土强度及配筋只要满足使用条件即可，因而具有节省钢材、降低造价、无须接桩及截桩等优点。其缺点是比同直径的预制桩承载力低，沉降大。

4. 按桩轴方向分类：竖直桩和斜桩

一般来说，当水平外力和弯矩不大，桩不长或桩身直径较大时，可采用竖直桩。当外力较大且方向不变时可采用单向斜桩。当水平外力较大且由于活荷载关系致使水平外力在多个方向都有可能作用时，可采用多向斜桩。若水平外力特别大，如作用于拱桥基础上的荷载，可采用桩架。

5. 按承台座板底面位置分类：低承台桩和高承台桩

低承台桩是指座板底面位于地面或局部冲刷线以下的桩，高承台桩是指座板底面位于地面或局部冲刷线以上的桩。工业与民用建筑的桩基通常是低承台的，而桥梁、港口码头、海洋工程中通常是高承台的。

（二）沉井基础

沉井是深基础或地下结构中应用较多的一种，如桥梁墩台基础、地下泵房、地下沉淀池和水池、地下油库、矿用竖井、大型设备基础、高层和超高层建筑物的基础。此外，沉井也可用作地下铁道、水底隧道等的设备井，如通风井、盾构拼装井等。沉井是井筒状的结构物，它是在井内挖土，依靠自身重量克服井壁摩擦力后下沉至设计标高，然后经过混凝土封底并填塞井孔，使其成为桥梁墩台或其他构筑物的基础。

沉井基础的特点是埋置深度可以很大、整体性强、稳定性好；能承受较大的垂直荷载和水平荷载；所需机具简单，施工简便。但沉井基础施工期较长；细砂及粉砂类土在井内抽水易发生流砂现象，造成沉井倾斜；沉井下沉过程中遇到的大孤石、树干或井底岩层表面倾斜过大，均会给施工带来一定困难。目前，沉井基础在国内外已有广泛的应用和发展，我国的南京长江大桥施工中，成功地下沉了一个底面尺寸为 20.2 m × 24.9 m 的巨型沉井，穿过的覆盖层厚度达 54.87 m。在该桥施工中，还采用了钢沉井管柱基础和浮运薄壁钢筋混凝土沉井基础。在九江长江大桥的施工中，又成功地采用了空气幕下沉沉井技术。江阴长江大桥用于固定悬索的北锚碇采用了长 69 m、宽 51 m、高 58 m 的沉井。在沉井基础构造、施工和技术方面，我国均已达到世界先进水平，并具有自己独特的特点。

沉井按下沉的方法可分为一般沉井和浮运沉井。

1. 一般沉井：因为沉井本身自重大，一般直接在基础设计的位置上制造并就地下沉。如基础位置在水中，需先在水中筑岛，在岛上筑井下沉。

2. 浮运沉井：在深水地区，或河流流速大，或有碍通航，筑岛存在困难或不经济，可在岸边制作沉井，然后浮运到设计位置下沉。

按沉井的材料，沉井可分为混凝土沉井、钢筋混凝土沉井、竹筋混凝土沉井和钢沉井等。以钢筋混凝土沉井为例，沉井构造通常由刃脚、井壁、隔墙、并孔、凹槽、射水管组、探测管、封底混凝土和顶盖等部分组成。沉井的平面形状常用的有圆形、矩形、圆端形等；根据井孔的布置方式，又有单孔、双孔及多孔之分。

圆形沉井受力好，适用于河水主流方向易变的河流。矩形沉井制作方便，但四角处的土不易挖除，河流水流也不顺。圆端形沉井兼有两者的优点也在一定程度上兼有两者的缺点，是土木工程中常用的基础类型。

（三）沉箱基础

沉箱基础又称气压沉箱基础，它是以气压沉箱来修筑的桥梁墩台或其他构筑物的基础。

沉箱形似有盖无底的沉井，其平面尺寸与基础尺寸相同，顶盖上装有特制的井管和气闸，工人在工作室内（箱内）挖土，使沉箱在自重作用下沉入土中。当箱进入水下时，可通过气闸和气管压入压缩空气，把箱内的水排出，工人仍在里面工作。在箱内挖土的同时，在箱顶上继续砌筑圬工，一直到设计标高，最后用混凝土填实工作室，即成为沉箱基础。

沉箱和沉井一样，可以就地建造下沉，也可以在岸边建造，然后浮运至桥基位置穿过深水定位。当下沉处是很深的软弱层或者受冲刷的河底时，应采用浮运式。

（四）地下连续墙基础

地下连续墙是利用特殊的挖槽设备在地下构筑的连续墙体，常用于支挡土体、截水止漏、防渗和直接承受上部结构荷载的深基础。地下连续墙按其填筑的材料，分为土质墙、混凝土墙、钢筋混凝土墙（现浇和预制）和组合墙（预制钢筋混凝土墙板和现浇混凝土的组合，或预制钢筋混凝土墙板和自凝水泥膨润土泥浆的组合）；按其成墙方式，分为桩排式、壁板式、桩壁组合式；按其用途，分为临时挡土墙、防渗墙、用作主体结构兼作临时挡土墙的地下连续墙。

地下连续墙刚度大、整体性好，结构和地基的变形都较小，既可用于超深围护结构，也可用于主体结构；结构耐久性好，抗渗性能也较好；可实行逆作法施工，有利于施工安全，加快施工进度，降低造价；施工时振动少，噪音低，对沉降及变位较易控制。目前其在桥梁基础、高层建筑基础、地下车库、地铁码头等工程中得到较为广泛的应用与发展。

第六章 土木工程施工

土木工程施工是生产建设工程产品的活动，也是将设计图纸转化为土木工程实体的过程。从古代穴居巢处到今天的摩天大楼；从农村的乡间小道到城市的高架道路：从穿越地下的隧道到飞架江海的大桥，凡是将人们的构思（设计）变为现实，都需要通过“施工”的手段来实现。

现代土木工程施工是一项涉及多工种、多专业的复杂系统工程。一栋房屋、一条道路、一座桥梁的施工，是由许多工种工程组成的。如何根据施工对象的特点、规模和环境条件，选择合理的施工方法、制定有效的技术措施、进行科学的安排部署，在确保设计者的意图和构思得以实现的前提下，使工程的实施达到安全可靠、质量好、工期短及消耗费用低的目标，涉及施工技术和施工组织两方面的内容。

近年来，随着我国大规模的基础设施建设，土木工程相关的国家标准、规范也进行了大量的修订和调整。土木工程施工应严格遵守国家颁布的规范，并在应用中不断创新。

第一节 基础工程施工

基础工程的施工主要包括土方工程和各类工程的基础施工。

土方工程包括一切土的挖掘、填筑和运输等过程，以及排水、降水、土壁支护等辅助工程，必要时还有爆破工程。最常见的土方工程有场地平整、基坑（槽）开挖、土方填筑等。土方工程施工往往具有工程量大、劳动繁重和施工条件复杂等特点；受气候、水文、地质、地下障碍等因素的影响较大，不确定因素也较多，有时施工条件极为复杂。因此，在组织施工时，应根据工程自身条件，详细分析与核对各项技术资料（如地形图、工程地质和水文地质勘察资料，地下管道、电缆和地下构筑物资料等），制订合理的施工方案，并尽可能采用新技术和机械化施工。

基础工程可分为浅基础和深基础两大类。一般土木工程中的建筑物、道路等多采用天然浅基础；对于高大建筑物、桥墩、码头等上部荷载很大的情况，则需要经过技术经济比较后，采用深基础。与浅基础相比，深基础施工技术复杂、造价高、工期长，但承载力高、变形小、稳定性好。

一、土方工程

（一）土方工程施工前的准备工作

土方工程施工前应做好下述准备工作：

1. 场地清理。包括清理地面及地下各种障碍。在施工前应拆除旧房和古墓，拆除或改建通信、电力设备、地下管线及建筑物，迁移树木，去除耕植土及河塘淤泥等。

2. 排除地面水。场地内低洼地区的积水必须排除，同时还应注意雨水的排除，使场地保持干燥，以利于土方施工。地面水的排除一般采用排水沟、截水沟、挡水土坝等措施。

3. 修筑好临时道路及供水、供电等临时设施。

4. 做好材料、机具及土方机械的进场工作。

5. 做好土方工程测量、放线工作。

6. 根据土方施工设计做好土方工程的辅助工作，如边坡稳定、基坑（槽）支护及降低地下水等。

（二）土方边坡与土壁支护

在基坑（槽）土方施工中，必须处理好土方边坡，防止土壁坍塌。其主要技术措施是放坡和土壁支护。

土方边坡可做成直线形、折线形或踏步形。施工中，放坡坡度的留设应综合考虑土质、开挖深度、施工工期、地下水位、坡顶荷载及气候条件等因素。

基坑（槽）放坡开挖往往比较经济，但在场地狭小地段施工不允许放坡时，一般可采用支撑进行护坡。

（三）基坑排水与降水

进行土方开挖时，土壤的含水层常被切断，地下水会不断渗入基坑内。雨季时，地表水也会流入坑内。为了保证施工的顺利进行，防止边坡塌方和地基承载力下降，必须降低地下水位。

人工降低地下水位的方法，按照降水机理的不同，可分为明沟集水井降水和井点降水两大类。井点降水是在基坑开挖前，预先在基坑的四周埋设一定数量的滤水管，利用抽水设备抽水，使地下水位降至坑底以下，从而避免坑内涌水、塌方和坑底隆起现象。

（四）土方开挖

土方开挖方法分为人工挖方和机械挖方。有条件时，应尽量采用机械化施工，以减轻繁重的体力劳动和提高施工效率。

土方开挖常用的施工机械有推土机、铲运机、挖掘机等。

推土机由拖拉机和推土铲刀组成，按行走方式分为履带式和轮胎式。推土机的特点是操纵灵活，运转方便，所需工作面较小，行驶速度高，且能爬 30° 左右的缓坡。因此，其应用范围较广，常用于平整场地、开挖深度不大的基坑、移挖作填、回填土方、堆筑堤坝，以及配合挖土机集中土方、修路开道等。

铲运机是一种能独立完成挖土、运土、卸土、填筑等工作的土方机械，其按有无动力设备分为自行式和拖式。铲运机操纵简单，不受地形限制，能独立工作，行驶速度高，生产效率高。铲运机常用于坡度在 20° 以内的大面积土方的挖、填、平整，大型基坑开挖和堤坝填筑等。

单斗挖掘机是土方开挖的常用机械。其根据工作装置分为正铲、反铲、抓铲、拉铲四种，而使用较多的是正铲与反铲。

（五）土方回填与压实

土方回填必须正确选择土料和填筑方法。填方土料应符合设计要求，保证填方的强度和稳定性。冻土、淤泥、膨胀性土、有机物含量大于 8% 的土等不能做填土；含水量过大的黏土也不宜做填土。

填土应分层进行，每层的厚度应根据所采用的压实机具及土的种类确定。填土的压实方法一般有碾压（包括振动碾压）、夯实、振动压实等几种。

二、基础施工

本节主要介绍深基础工程中常见的预制桩、灌注桩及地下连续墙施工的相关内容。

（一）预制桩施工

预制桩是在施工现场或工厂制作，然后进行吊装、运输、就位、沉桩。预制桩可以是钢筋混凝土桩，也可以是钢桩、木桩等。

预制桩的沉桩过程是将土体向四周排挤的过程，往往会引起桩区及附近土体的隆起和水平位移，为了减小这种挤土效应，需要采取一些技术措施。预制桩的沉桩方法主要包括锤击沉桩、振动沉桩和静力压桩等。

锤击沉桩是利用桩锤从一定高度落下对桩施加冲击，克服土对桩的阻力，将桩送入土中。其缺点是施工过程中会产生噪声，并引起桩区周围地面震动，严重时将对周边建筑造成破坏。锤击法所使用的履带式打桩机主要包括桩架、桩锤和动力装置。

振动沉桩是利用固定在桩顶部的振动器（振动桩锤）所产生的激振力，使桩周围土体受迫振动，以减小桩侧与土体间的摩阻力，并在重力及振动力共同作用下，将桩沉入土中。振动沉桩法也可借助起重设备进行拔桩。

静力压桩是利用桩机本身的自重平衡沉桩阻力，在沉桩压力的作用下，克服土对桩的阻力，将桩压入土中。静力压桩法完全避免了桩锤的冲击，故在施工中无振动、噪声和空气污染，同时对桩身产生的应力也大大减小。因此，它广泛应用于城市建筑较密集的地区。

（二）灌注桩施工

灌注桩是直接在工地桩位就地成孔，然后在孔内安放钢筋笼、灌注混凝土成桩。其根据成孔工艺不同，可分为钻孔灌注桩、沉管灌注桩和人工挖孔灌注桩三大类。钻孔灌注桩又可分为干作业成孔和泥浆护壁成孔两种。当成孔深达地下水位以下时，往往采用泥浆护壁，以减少地下水渗流导致孔壁坍塌的可能性。

沉管灌注桩是利用锤击、振动等方法将带有桩靴的钢管沉入土中成孔。当钢管达到要求深度后，放入钢筋笼，边灌注混凝土边拔出钢管而成桩。

（三）地下连续墙施工

地下连续墙可作为防渗墙、挡土墙、地下结构的边墙和建筑物的基础。地下连续墙的施工过程为：先用专门的挖槽机开挖一个单元槽段，并用泥浆护壁；挖至设计深度后清除沉渣，插入特制的接头管，调放预先制作好的钢筋笼；用导管灌注混凝土，待混凝土初凝后拔出接头管，这个单元槽段即施工完毕。

第二节　结构工程施工

结构工程主要包括脚手架工程、砌筑工程、钢筋混凝土工程、预应力混凝土工程和结构安装工程等。

一、脚手架工程

脚手架是土木工程施工必须使用的重要设施，是为保证高空作业安全、顺利进行施工而搭设的工作平台或作业通道。在结构施工、装修施工和设备管道的安装施工中，都需要按照操作要求搭设脚手架。

脚手架的种类很多，按其搭设位置分为外脚手架和里脚手架两大类；按其所用材料分为木脚手架、竹脚手架与金属脚手架等；按其构造形式分为多立杆式、框式、桥式、吊式、挂式、升降式以及用于层间操作的工具式脚手架。目前脚手架的发展趋势是采用金属制作的、具有多种功能的工具式脚手架，它可以满足不同情况作业的要求。

对脚手架的基本要求是：其宽度应满足工人操作、材料堆置和运输的需要，坚固稳定，装拆简便，能多次周转使用。

（一）扣件式钢管脚手架

多立杆式外脚手架由立杆、大横杆、小横杆、斜撑、脚手板等组成。其特点是每步架高可根据施工需要灵活布置，取材方便，钢、木、竹等均可应用。扣件式钢管脚手架属于多立杆式外脚手架中的一种，是由标准的钢管杆件和特制扣件组成，是目前最为常用的一种脚手架。其特点是：杆配件数量少；装卸方便，利于施工操作；搭设灵活，搭设高度大；坚固耐用，使用方便。

（二）碗扣式钢管脚手架

碗扣式钢管脚手架是一种多功能脚手架，其杆件节点处采用碗扣连接。由于碗扣是固定在钢管上的，构件全部轴向连接，其力学性能好，连接可靠，组成的脚手架整体性好，且不存在扣件丢失问题。其近年来在我国发展较快，现已广泛用于房屋、桥梁、涵洞、隧道、烟囱、水塔、大坝、大跨度结构等工程施工中。

（三）门式钢管脚手架

门式钢管脚手架是一种工厂生产、现场组拼的脚手架，是当今国际上应用最普遍的脚手架之一。它不仅可作为外脚手架，也可作为内脚手架或满堂脚手架。

门式钢管脚手架因其几何尺寸标准化、结构合理、受力性能好、施工中装拆容易、安全可靠、经济实用等特点，广泛应用于建筑、桥梁、隧道、地铁等工程施工，若在门架下部安放轮子，也可以作为机电安装、油漆粉刷、设备维修、广告制作的活动工作平台。

（四）升降式脚手架

升降式脚手架是沿结构外表面满搭的脚手架，随施工进程，脚手架可随之沿外墙升降，结构施工时由下往上逐层提升，装修施工时则由上往下逐层下降。在结构和装修工程施工中应用较为方便，但费料耗工，一次性投资大，工期亦长。近年来在高层建筑及筒仓、竖井、桥墩等施工中发展了多种形式的外挂脚手架，其中应用较为广泛的是升降式脚手架，包括自升降式、互升降式和整体升降式三种类型。

（五）里脚手架

里脚手架搭设于建筑物内部，每砌完一层墙后，即将其转移到上一层楼面，进行新的一层墙体砌筑。里脚手架也用于室内装饰施工。

里脚手架装拆较频繁，要求轻便灵活，装拆方便。通常将其做成工具式的，结构形式有折叠式、支柱式和门架式。

二、砌筑工程

（一）砌筑材料

砌筑工程是指普通黏土砖、硅酸盐类砖、石块和各种砌块的施工。所用的材料主要是砖、石或砌块以及砌筑砂浆。

砌筑工程具有可以就地取材、施工方便、保温、隔热、隔声、耐火性能好，不需大型施工机械，施工组织简单等优点。但其施工仍以手工操作为主，劳动强度大，生产效率低，而且烧制黏土砖需占用大量农田，因而采用新型墙体材料代替普通黏土砖、改善砌筑施工工艺已经成为砌筑工程改革的重要发展方向。

（二）材料运输与砌体施工

砌筑工程中需要运输大量的砖（砌块）、砂浆，而且还要运输脚手架、脚手板和各种预制构件，不仅有垂直运输，而且有地面和楼面的水平运输，其中垂直运输是影响砌筑工程施工速度的重要因素。常用的垂直运输设备有塔式起重机、井架及龙门架。塔式起重机生产效率高，并且兼作水平运输，在可能条件下宜优先选用。

砖与砌块施工的基本要求是横平竖直、砂浆饱满、灰缝均匀、上下错缝、内外搭砌、接槎牢固。接槎是指相邻砌体不能同时砌筑而设置的临时间断其有利于先砌砌体与后砌砌体之间的接合。

三、钢筋混凝土工程

钢筋混凝土工程在土木工程施工中占有重要地位，它对整个工程的工期、成本、质量均有极大的影响。钢筋混凝土工程由钢筋工程、模板工程和混凝土工程组成。

钢筋混凝土工程按施工方法可分为现浇钢筋混凝土工程和预制装配式钢筋混凝土工程。前者整体性好，抗震能力强，节约钢材，而且不需要大型的起重机械，但现场模板消耗多，劳动强度高，工期较长，易受气候条件影响。后者构件可在工厂生产，它具有降低成本、机械化程度高、缩短工期等优点，但耗钢量较大，且施工时需要大型起重设备。为了兼顾两者的优点，施工中两种方法往往兼而有之。

特别是近些年来一些新型工具式模板、大型起重设备及混凝土泵的出现，使钢筋混凝土工程现浇施工亦能达到很好的技术经济指标。目前我国的高层建筑大多数为现浇混凝土，而预应力混凝土技术在大跨度桥梁结构施工中应用较多。混凝土结构工程的施工将进一步朝着保证质量、加快进度和降低造价的方向发展。

（一）钢筋工程

土木工程结构中常用的钢材有钢筋、钢丝和钢绞线三类。

在现浇钢筋混凝土结构中钢筋起着关键性的作用。由于混凝土在浇筑后，其质量难以检查，因此钢筋工程属于隐蔽工程，需要在施工过程中进行严格的质量控制，并建立起必要的检查和验收制度。钢筋工程主要包括钢筋的进场检验、加工和绑扎安装，以及钢筋的连接等施工过程。

钢筋连接有三种常用方法：绑扎连接、焊接连接及机械连接。

钢筋绑扎连接是采用镀锌铁丝，按规范规定的最小搭接钢筋长度，绑扎在一起而成的钢筋连接。

钢筋焊接连接是钢筋混凝土工程施工中广泛使用的钢筋连接方法，钢筋焊接分为压焊和熔焊两种形式，压焊包括闪光对焊、电阻电焊和气压焊；熔焊包括电弧焊和电渣压力焊。

钢筋机械连接包括套筒挤压连接和锥（直）螺纹接头连接，是近年来大直径钢筋现场连接的主要工法。钢筋套筒挤压连接是将需连接的钢筋插入特制钢套筒内，利用液压驱动的挤压机进行径向或轴向挤压，使钢套筒产生塑性变形，紧紧咬住钢筋而实现连接。锥（直）螺纹接头连接是将两根钢筋端部预先加工成锥（直）形螺纹，然后用力矩扳手将两根钢筋端部旋入连接套而形成接头。

此外，钢筋工程还有钢筋的配料、代换、调直、除锈、切断和弯曲成型等工序。

（二）模板工程

模板是新浇筑混凝土成型的模型板，材料包括木、钢、复合材料、塑料和铝等。模板在设计与施工中要求能够保证结构和构件的形状、位置、尺寸的准确；具有足够的强度、刚度和稳定性；拆装方便，能够多次周转使用；接缝严密，不漏浆。模板系统包括模板、支撑和紧固件。模板工程量大，材料和劳动力消耗多，正确选择其材料、形式和合理组织施工，对加速混凝土工程的施工和降低造价效果显著。

1. 模板的种类

木模板是最早被用作土木工程施工的模板，但近年来已较少采用。

组合钢模板是目前施工企业使用量最大的一种钢模板。组合钢模板由平面模板、阳角模板、阴角模板和连接角模组成。

胶合模板有木胶合板和竹胶合板两种，近几年又开发出竹芯木面胶合板来替代木胶合板。目前，胶合板模板在工程中大量使用。这类模板一般为散装散拆式模板，制作拼装随意；也可加工成基本元件（拼板），在现场进行拼装，拆除后亦可周转使用。胶合板是国际上用量较大的一种模板材料，也是我国今后具有发展前途的一种新型模板。

此外，还有塑料模壳板、玻璃钢模壳板、预制混凝土薄板模板（永久性模板）、压型钢板模板、装饰衬模等。

2. 模板支撑

模板的垂直支撑主要有散拼装的钢管支架、可独立使用并带有高度可调装置的钢支柱及门型架等。模板的水平支撑主要有平面可调桁架梁和曲面可变桁架梁。

可调钢支柱在建筑、隧道、涵洞、桥梁及煤矿坑道等工程上都可使用，具有能自由调节高度，承载能力稳定、可靠，可重复多次使用以及质量小、便于操作等优点，其安装与拆除比扣件式钢管支架快，能和多种模板体系配合使用，特别是近些年在建筑工程中广泛使用的早拆模板体系，可调钢支柱是其主要部件之一。

早拆模板体系由模板块、托梁、升降头、可调支柱、跨度定位杆等组成。其工艺原理实质上是“拆板不拆柱”，保持楼板模板跨度不超过规范规定的提早拆除模板的跨度要求（2 m），因而可实现提早拆除。

3. 大模板

大模板在建筑、桥梁及地下工程中广泛应用，它是一大尺寸工具式模板，如建筑工程中一块墙面用一块大模板。因为其自重大，装拆皆需起重机吊装，可提高机械化程度，减少用工量和缩短工期。大模板是我国剪力墙和筒体体系的高层建筑、桥墩、筒仓等施工采用较多的一种模板，已形成工业化模板体系。

4. 滑升模板

滑升模板简称滑模，是一种工业化模板。其用于现场浇筑高耸构筑物和建筑物的竖向结构，尤其是烟囱、筒仓、高桥墩、电视塔、竖井、双曲线冷却塔和剪力墙。滑升模板由模板系统、操作平台系统和液压系统三部分组成。

5. 爬升模板

爬升模板简称爬模，是施工剪力墙和筒体结构的高层混凝土结构、桥墩、桥塔等的一种有效的模板体系，我国已推广使用。由于模板能自爬，不需起重运输机械吊运，减少了施工中的起重运输机械的工作量，能避免大模板受大风的影响。而且自爬的模板上还可悬挂脚手架，可省去结构施工阶段的外脚手架。

（三）混凝土工程

混凝土工程包括混凝土的配制、运输、浇筑、养护等施工过程，各施工过程既相互联系，又相互影响，任一过程施工不当都会影响混凝土工程的最终质量。近年来，在特殊条件（寒冷、炎热、真空、水下、海洋、腐蚀、耐油、耐火及喷射等）下的混凝土施工和特种混凝土（高强、膨胀、快硬、纤维、粉煤灰、沥青、树脂、聚合物、自防水等）的研究和推广应用，使具有百余年历史的混凝土工程面貌焕然一新。

1. 混凝土配制

混凝土的制备包括混凝土的配料和搅拌。

混凝土的配料，首先应严格控制水泥、粗细骨料、水和外加剂的质量，并要按照设计规定的混凝土强度等级和混凝土施工配合比（砂、石、水泥等各种材料的比例）控制投料的数量。

混凝土的搅拌是在搅拌机中实现的，混凝土搅拌机分为自落式搅拌机和强制式搅拌机两类。双锥倾翻出料式搅拌机（自落式搅拌机中较好的一种）结构简单，适合于大容量、大骨料、大坍落度混凝土的搅拌，在我国多用于水电工程。当混凝土需要量较大时，也可在施工现场设置混凝土搅拌站。

目前推广使用的商品混凝土是工厂化生产的混凝土制备模式，混凝土搅拌站是工厂生产商品混凝土的基地，它采用统一配料、集中生产、工业化流程的方式。特别是在散装水泥的使用和混凝土质量的保障方面，其体现了集约化和技术进步。

2. 混凝土运输

混凝土从搅拌机中卸出后，应及时送到浇筑地点，在运输过程中应保持混凝土不发生离析、分层等，并保证必需的稠度和坍落度；还须保证混凝土从搅拌机中卸出后必须控制在初凝之前浇筑完毕；控制好运输时的温度，冬季保温、夏季隔热。

混凝土的运输分水平运输和垂直运输两种情况。常用的水平运输机具主要有搅拌运输车、自卸汽年、机动翻斗车、皮带运输机、双轮手推车、布料杆等。常用的垂直运输机具有塔式起重机、井架运输机、混凝土泵。

混凝土搅拌输送车兼输送和搅拌混凝土双重功能，可根据运输距离、混凝土的质量要求等不同情况，采用不同的工作方式。当运输距离较大时，还可将干料全部装入搅拌筒，先做干料运输，在到达使用地点前加水搅拌。反转时可以卸料。

泵送混凝土是将混凝土在泵体的压力下，通过管道输送到浇筑地点，一次完成垂直运输及结构物作业面水平运输。将液压式混凝土泵装在汽车上便成为混凝土泵车。混凝土泵具有可连续浇筑，加快施工进度，保证工程质量，适合狭窄施工场所施工等优点，故在高层、超高层建筑，桥梁，水塔，烟囱，隧道和各种大型混凝土结构的施工中应用较广。

3. 混凝土浇筑

混凝土浇筑包括浇灌和振捣两个过程。保证浇灌混凝土的均匀性和振捣的密实性是确保工程质量的关键。水下浇筑混凝土时，为了防止混凝土穿过水层时水泥浆和骨料产生分离，必须采用导管法浇筑。如沉井封底、钻孔灌注桩、地下连续墙、水中基础结构以及桥墩、水工和海工结构的施工等。

现浇钢筋混凝土结构施工中常常遇到大体积混凝土，如高层建筑基础底板、大型设备基础、大型桥梁墩台、水电站大坝等。大体积混凝土浇筑的整体性要求高，不允许留设施工缝。因此，在施工中应当采取措施以保证混凝土浇筑工作能连续进行。

混凝土浇筑应分层进行，且振捣密实。混凝土振捣时，应使用振动器。振动器按其工作方式可分为内部振动器（也称插入式振动器）、表面振动器（也称平板振动器）、外部振动器（也称附着式振动器）和振动台四类。目前，免振捣混凝土已在工程中开始使用。

混凝土浇筑成型后，为保证水泥水化作用能正常进行，应及时进行养护。养护是为混凝土凝结硬化创造必需的湿度、温度条件，防止水分过早蒸发或冻结，防止混凝土强度降低和出现收缩裂缝、剥皮起砂等现象，确保混凝土质量。

四、预应力混凝土工程

预应力混凝土能充分发挥钢筋和混凝土各自的性能，能提高钢筋混凝土构件的刚度、抗裂性和耐久性，可有效利用高强度钢筋和高强混凝土。近年来，随着施工工艺不断发展和完善，预应力混凝土技术的应用范越来越广。除在传统工业与民用建筑广泛应用外，还成功地把预应力技术运用到多层工业厂房、高层建筑、大型桥梁、核电站安全壳、电视塔、大跨度薄壳结构、筒仓、水池、大口径管道、基础岩土工程、海洋工程等技术难度较高的大型整体或特种结构。

预应力混凝土施工主要包括先张法、后张法、无黏结预应力施工工艺等。

（一）先张法施工

先张法即在浇筑混凝土构件之前，先张拉预应力钢筋，将其临时锚固在台座或钢模上，然后浇筑混凝土构件。待混凝土达到一定强度（一般不低于混凝土强度标准值的75%），预应力钢筋与混凝土间有足够黏结力时，放松预应力，预应力钢筋弹性回缩，对混凝土产生预压应力。

先张法多用于预制构件厂生产定型的中、小型构件。

（二）后张法施工

后张法即构件制作时，在放置预应力钢筋的部位预先留有孔道，待混凝土达到规定强度后，孔道内穿入预应力钢筋，并用张拉机具夹持预应力钢筋将其张拉至设计规定的控制应力，然后借助锚具将预应力钢筋锚固在构件端部，最后进行孔道灌浆（亦有不灌浆者）。

后张法宜用于现场生产大型预应力构件、特种结构等，亦可作为一种预制构件的拼装手段。

（三）无黏结预应力混凝土施工

无黏结预应力混凝土施工方法是后张法预应力混凝土的发展，近年来无黏结预应力技术在我国也得到了较大的推广。无黏结预应力完全依靠锚具来传递预应力，因此对锚具的要求比普通后张法严格。

无黏结预应力施工方法是：在预应力筋表面刷涂料并包塑料布（管）后，同普通钢筋一样先铺设在安装好的模板内，然后浇筑混凝土，待混凝土达到设计要求强度后，进行预应力筋张拉锚固。这种预应力工艺的优点是不需要预留孔道和灌浆，施工简单，张拉时摩阻力较小，预应力筋易弯成曲线形状，适用于曲线配筋的结构。在双向连续平板和密肋板中应用无黏结预应力束比较经济合理，在多跨连续梁中也很有发展前途。

五、结构安装工程

结构安装工程是将现场或工厂制作的结构构件或构件组合，用起重机械在施工现场将其吊起并安装到设计位置，形成装配式结构。

结构安装工程是装配式结构工程施工的主导工种工程，对结构的安装质量、安装进度及工程成本有重大影响。结构安装工程存在构件的类型多、受机械设备和吊装方法影响大、构件吊装应力状态变化大、高空作业多等特点，这些直接影响到施工方案的制订和施工安全。

（一）起重机械

结构安装工程中常用的起重机械有桅杆起重机、自行杆式起重机（履带式、汽车式和轮胎式）和塔式起重机等。在特殊安装工程中，各种千斤顶、提升机等也是常用的起重设备。

桅杆式起重机是用木材或金属材料制作的起重设备，它制作简单、装拆方便、起重量大（可达 100 t 以上）、受地形限制小，能用于其他起重机不能安装的一些特殊结构和设备的安装。但是，它的服务半径小，移动困难，因此适用于安装工程量比较集中、工期较富余的工程。

自行杆式起重机分为履带式起重机、轮胎式起重机和汽车式起重机三种。自行杆式起重机的优点是灵活性大，移动方便，能为整个工地服务。起重机是一个独立的整体，一到现场即可投入使用，无须进行拼接等工作，只是稳定性稍差。

塔式起重机是一种塔身直立，起重臂安在塔身顶部且可作 360° 回转的起重机。塔式起重机按照行走机构，分为固定式、轨道式、轮胎式、履带式、爬升式和附着式等多种。固定式起重机的底座固定在特制的固定基础上。轨道式起重机装有轨轮，在铺设的钢轨上移动，其应用最为广泛。轮胎式起重机靠充气轮胎行走。履带式起重机以履带底盘为行走支承。爬升式起重机置于建筑物内部，随建筑物的升高，以建筑物为支承而升高。附着式起重机是固定式的一种，也随着建筑物的升高而不断加长塔身，在塔身上每隔一定高度用附着杆与建筑物相连。

（二）单层厂房结构安装

单层厂房结构吊装前，应先进行多方案比较，认真制订出技术先进、合理可行、经济上较为节约的施工方案及合适的吊装机械。适合单层厂房吊装的机械主要有履带式起重机、汽车（轮胎）式起重机和塔式起重机等。根据各类厂房构件吊装的先后顺序，单层厂房结构吊装可采用分件吊装法和综合吊装法两种。

分件吊装法即起重机每开行一次，仅吊装一种或几种构件，起重机分几次开行吊装完全部构件。由于每次基本吊装同类或相近类型构件，索具不需要经常更换，操作方法也基本相同，所以吊装快，能充分发挥起重机效率，各工序的操作也比较方便和安全；容易组织吊装、校正、焊接、灌浆等工序的流水作业，容易安排构件的供应和现场布置工作。其缺点是不能为后续工序及早提供工作面，起重机开行路线较长。

综合吊装法是以一个柱网（节间）或若干个柱网（节间）为一个施工段，起重机在一个施工段内吊装完全部构件，然后转移到下一个施工段。起重机一次开行便可完成全部结构吊装。采用综合吊装法，起重机开行路线短，停机点少；每吊装完一个施工段，后续工种就可进入其内工作，使各工种交叉平行流水作业，有利于缩短工期。其缺点是由于同时吊装不同类型构件，吊装较慢；构件供应紧张和平面布置复杂；构件校正困难，最后固定时间较紧，结构稳定性较难保证；工人在操作过程中劳动强度大。

（三）多高层钢结构安装

多高层结构安装时，吊装机械类型的选择要根据建筑物的结构形式、高度、平面布置、构件的尺寸及重量等条件来确定。对于5层以下的民用住宅或高度在18 m以下的多层厂房结构可采用履带式起重机或轮胎式起重机；对于10层以下的民用建筑多采用轨道式起重机；对于10层以上的高层建筑，多采用爬升式或附着式起重机。

通过竖向施工流水段的划分，高层建筑在立面上形成了若干个框架节段。其中多数节段的框架，其结构类型基本相同，称为标准节框架。对于标准节框架的安装，可采用节间综合安装法和大流水安装法。

节间综合安装法施工时，首先选择一个节间作为标准间。安装若干根钢柱后立即安装框架梁、次梁和支撑等构件，由下而上逐间构成空间标准间，并进行校正和固定。然后依此标准间为依靠，按规定方向进行安装，逐步扩大框架，直至该施工段完成。

大流水安装法施工时，按构件分类在标准节框架中先安装所有的钢柱，再安装所有的框架梁，然后安装其他构件，按层施工，从下而上，最终形成框架。

高层建筑钢结构中，柱与梁是最基本的构件。但由于结构或使用功能的需要，一些特殊的结构或构件大量出现，如巨型结构体系中的伸臂桁架、转换桁架、塔楼间的钢连廊、巨型钢斜撑、楼顶天线桅杆等。以钢连廊为例，其往往采用常规起重吊装法、整体提升法及悬臂施工法等。

（四）大跨度钢结构安装

大跨度钢结构的安装方法，应根据其受力和构造特点（包括结构形式、刚度、支撑形式和支座等），在满足质量、安全、进度和经济效果的要求下，结合施工现场条件和设备机具等因素综合确定。常用的安装方法主要有高空散装法、整体吊装法、分块（条）

吊装法、高空滑移法、整体提（顶）升法等。随着钢结构工程的大型化、复杂化，一个工程往往需要采用多种不同的施工方法，即“组合安装法”。

高空散装法是将构（杆）件直接在设计位置进行总拼的一种安装方法，适用于网架、网壳等空间结构的安装。采用该方法安装，需要设置满堂支架，以给构件高空搁置提供平台。

整体吊装法是指大跨度钢结构在地面拼装成整体后，采用一台或多台桅杆式或自行杆式起重机吊装就位的施工方法。

分块（条）吊装法是将结构分成条状或块状单元，分别吊装就位后拼成整体。

高空滑移法是在拼装部位搭设支架，逐条拼装，每条支座下设置滚轮或滑板，拖动使其在预埋轨道上滑动就位。其按滑移方式的不同，可分为单条滑移和逐条累积滑移。国家体育馆等一大批工程采用了滑移法施工。

整体提升法是指在地面将结构拼装成整体，然后利用提升设备提升就位。整体顶升法则是利用结构柱或专用支架，通过千斤顶顶升就位。

第三节　施工组织设计

施工组织设计是规划和指导拟建工程从工程投标、签订承包合同、施工准备到竣工验收全过程的综合性技术经济文件，是对拟建工程在人力和物力、时间和空间、技术和组织等方面所作的全面合理的安排，是沟通工程设计和施工之间的桥梁。它根据拟建工程的生产特点，按照产品生产规律，运用先进合理的施工技术和组织方法，使拟建工程的施工得以实现有组织、有计划地连续均衡生产，从而达到工期短、质量好、成本低的效益目的。

一、施工组织设计的内容

施工组织设计结合工程对象的实际，一般包括以下基本内容。

（一）工程概况

工程概况包括建设工程的性质、内容、建设地点、建设总期限、建设面积、分批交付生产或使用的期限、施工条件、地质气象条件、资源条件、建设单位的要求等。

（二）施工方案选择

根据工程情况，结合人力、材料、机械设备、资金、施工方法等条件，全面安排施工顺序，对拟建工程可能采用的几个施工方案进行比选，选择最佳方案。

（三）施工进度计划

施工进度计划反映了最佳施工方案在时间上的安排，采用先进的计划理论和统一算法，综合平衡进度计划，使工期、成本、资源等通过优化调整达到既定目标。在此基础上，编制相应的人力和时间安排计划、资源需要计划、施工准备计划。

（四）施工平面图

施工平面图是施工方案及进度计划在空间上的全面安排。它是把所投入的各项资源，材料，构件，机械，运输，工人的生产、生活活动场地及各种临时工程设施合理地布置在施工现场，使整个现场有组织地进行文明施工。

（五）主要技术经济指标

主要技术经济指标用以衡量组织施工的水平，它是对施工组织设计文件中的技术经济效益进行的全面评价。

（六）质量、安全保证体系

质量、安全保证体系是从组织、技术上采取切实可行的措施，确保施工顺利进行。

二、施工组织设计的分类

根据工程的特点、规模大小及施工条件的差异、编制深度和广度上的不同而形成不同类型的施工组织设计。

（一）施工组织总设计

施工组织总设计是以整个建设项目或民用建筑群为对象编制的，用于确定建设总工期、各单位工程开展的顺序及工期、主要工程的施工方案、各种物资的供需计划、全工地性暂设工程及准备工作、施工现场的布置等工作，同时它也是施工单位编制年度施工计划和单位工程施工组织设计的依据。

（二）单位工程施工组织设计

单位工程施工组织设计是以一个单体工程（一个建筑物或构筑物、一段公路、一座桥梁）为对象编制的。它是施工单位年度施工计划和施工组织总设计的具体化，用以直接指导单位工程的施工活动。

（三）分部（分项）工程施工组织设计

分部（分项）工程施工组织设计也叫分部（分项）工程施工作业设计。它是以分部（分项）工程为编制对象，用以具体指导分部（分项）工程施工全过程的各项施工活动的技术、经济和组织的实施性文件。

施工组织总设计、单位工程施工组织设计和分部（分项）工程施工组织设计，是同一工程项目不同广度、深度和作用的三个层次。

三、施工组织设计的编制程序

（一）施工组织总设计的编制程序

1. 施工部署

施工部署包括主体系统工程和附属、辅助系统工程的施工程序安排，现场施工准备工作计划，主要建筑物的施工方法。

2. 施工总进度计划

施工总进度计划包括工程项目的开列，计算建筑物及全工地性工程的工程量 . 确定各单位工程（或单个建筑物）的施工期限，确定各单位工程（或单个建筑物）开竣工时间和相互塔接关系。

3. 劳动力的主要技术物资需要量计划

根据施工总进度计划，编制各施工阶段的劳动力、机具和物资需用计划。

4. 施工总平面图

施工总平面图包括各项业务计算，临时房屋及其布置，规划施工供水、供电。

（二）单位工程施工组织设计的编制程序

1. 分层分段计算工程量。

2. 确定施工方法、施工顺序，进行技术经济比较。

3. 编制施工进度计划。

4. 编制施工机具、材料、半成品以及劳动力需要用量计划。

5. 布置施工平面图，包括临时生产、生活设施，供水、供电、供热管线。

6. 计算技术经济指标。

7. 制订安全技术措施。

施工组织设计编制后，必须按照有关规定，经主管部门审批，以保证编制质量。审批后各项施工活动必须符合组织设计要求，施工各管理部门都要按照施工组织设计规定内容安排工作，共同为施工组织设计的顺利实施分工协作，尽力尽责。

四、施工进度计划的绘制

（一）流水施工

在组织同类项目或将一个项目分成若干个施工区段进行施工时，可以采用不同的施工组织方式，如依次施工、平行施工、流水施工等。其中，流水施工是组织产品生产的理想方法，也是项目施工最有效的科学组织方法。

流水施工组织方式是将拟建工程项目的整个施工过程划分成若干个工作性质相同的分部、分项工程或工序；同时将拟建工程项目在平面上划分成若干个劳动量大致相等的施工段；在竖向上划分成若干个施工层，按照施工过程分别建立相应的专业工作队；各专业工作队按照一定的施工顺序投入施工，完成第一个施工段上的施工任务后，在专业工作队的人数、使用机具和材料不变的情况下，依次连续地投入到第二、第三个施工段，直到最后一个施工段，在规定的时间内，完成同样的施工任务。不同的专业工作队在工作时间上应最大限度地、合理地搭接起来：当第一个施工层各个施工段上的相应施工任务全部完成后，专业工作队依次地、连续地投入到第二、第三个施工层，保证拟建工程项目的施工全过程在时间上和空间上有节奏地连续、均衡地进行，直到完成全部施工任务。

流水施工具有以下特点：

1. 科学地利用了工作面，争取了时间，工期比较短。

2. 工作队及其生产工人实现了专业化施工，可使工人的操作技术更熟练，更好地保证工程质量，提高劳动生产率。

3. 专业工作队及其生产工人能够连续作业。

4. 单位时间投入施工的资源较为均衡，有利于资源供应组织工作。

5. 为工程项目的科学管理创造了有利条件。

（二）网络计划

网络计划技术是用网络图表达计划管理的一种方法。其原理是应用网络图表达一项计划中各项工作的先后次序和相互关系；估计每项工作的持续时间和资源需要量；通过计算找出关键工作和关键路线，从而选择最合理的方案并付诸实施，然后在计划执行过程中进行控制和监督，保证最合理地使用人力、物力、财力和时间。

五、施工平面图

单位工程施工平面图是建筑物或构筑物施工现场的平面规划和空间布置图。它是根据工程的规模、特点和施工现场的条件，按照一定的设计原则，正确地确定施工期间所需的各种暂设工程和其他临时设施与永久性建筑物和拟建工程之间的合理位置关系。其主要作用表现在：单位工程施工平面图是进行施工现场布置的依据，是实现施工现场有组织、有计划文明施工的先决条件，也是施工组织设计的重要组成部分。合理贯彻和执行施工平面布置图，会使施工现场井然有序，施工顺利进行，保证进度，提高效率和经济效益。反之，则造成不良后果。单位工程施工平面图的绘制比例一般为 1 ∶ 500 ~ 1 ∶ 200。

单位工程施工平面图一般包含以下设计内容：

1. 建筑物总平面图上已建的地上、地下一切房屋、构筑物以及其他设施（道路和各种管线等）的位置和尺寸。

2. 测量放线标桩位置、地形等高线和土方取弃地点。

3. 自行式起重机开行路线，轨道式起重机轨道布置和固定式垂直运输设备位置。

4. 各种加工厂、搅拌站、材料、加工半成品、构件、机具的仓库或堆场位置。

5. 生产和生活性福利设施的布置。

6. 场内道路的布置和引入的铁路、公路和航道位置。

7. 临时给水管线、供电线路、蒸汽及压缩空气管道等的布置。

8. 一切安全及防火设施的位置。

第四节　施工技术的发展趋势

近年来，我国建筑业蓬勃发展。特别是“奥运工程”“世博工程”、杭州湾跨海大桥、长江三峡水利工程等为代表的一大批世界级的土木工程相继落成，极大地推动了我国土木工程施工技术的发展。

目前，我国土木工程施工技术已有部分项目赶上或超过了发达国家，在总体上正接近发达国家的水平。施工技术方面，我国已掌握了施工大型工程项目的成套技术，而且在深基础工程方面推广了大直径钻孔灌注桩、深基坑支护技术、人工地基、地下连续墙和“逆作法”等新技术；在现浇混凝土工程中应用了滑升模板、爬升模板、大模板等工业化模板体系以及组合钢模板、模板早拆、粗钢筋连接技术等；在泵送混凝土、预拌混凝土、大体积混凝土浇筑等方面已达到国际先进水平。另外，在预应力混凝土技术、墙体改革以及大跨度结构、钢结构等方面发展了许多新的施工技术，有力地推动了我国土木工程施工的发展。大规模的基本建设，也促使我国施工组织计划及管理水平不断提高。我国在第一个“五年”计划期间，在一些重点工程上已开始编制施工组织设计，进入20世纪80年代中期以后，施工组织设计又在一些重要工程上得到应用和发展。近年来，随着网络计划技术和电子计算机等新技术的应用，更进一步提高了我国的施工组织与企业管理的水平。同时在工程管理上也不断学习国外的先进经验，我国已实行工程招投标制度、工程监理制度；实行工程总承包与项目管理法等一系列国际通行的管理模式，逐步与国际接轨。总体来看，今后土木工程施工的发展趋势有以下几个方面：

一、研究、开发新型建筑材料和提高化学建材在建筑中的应用

建筑材料与制品是建筑业发展的重要物质技术基础，建筑材料与制品的发展应从满足建筑使用功能出发．因地制宜，合理利用资源与节约能源，综合利用工业废料，推广应用新型建筑材料和相应的施工新技术。

（一）要重视高性能外加剂、高性能混凝土的研究、开发与应用，建立按强度、耐久性等多种指标设计与检验混凝土的成套技术。

（二）大力发展低合金钢和高效经济型钢。

（三）继续深入墙体改革，积极推广新型墙体材料，限制黏土砖的使用。

（四）优先发展住宅用化学建材产品，加快技术成果的推广转化，提高化学建材在建筑中的应用。

二、大力推广应用计算机技术，提高信息化施工技术水平

目前，我国建筑业应用计算机技术特别是微机技术已逐步趋向成熟，计算机技术已向小型化、网络化和多媒体发展，且还与通信技术、自动化技术相结合。计算机的应用大大提高了工程建设、信息服务及科学管理的水平。

（一）推进计算机协同设计、工程事故远程专家会诊、土木工程施工监控等技术的发展和应用。

（二）大力推进可视化技术在土木工程 CAD 中的广泛应用。

（三）进一步扩大 3S 技术（地理信息系统、全球定位系统、遥感技术）在土木工程建设领域的应用。

（四）完善建筑信息模型（BIM）技术在土木工程中的应用。

三、提高建筑工业化水平

建筑工业化是通过建筑业生产方式的变革，即向社会大生产过渡，大幅度地提高劳动生产率，加快建设速度，提高经济效益和社会效益。

（一）采用先进的技术、工艺和装备，科学合理地组织工程项目的实施，提高施工机械化水平，减少繁重的手工劳动和湿作业。

（二）发展建筑构配件、制品、设备生产，并形成适度的规模经营，为建筑市场的各类建筑提供适用的系列化建筑设备产品。

（三）不断提高建筑标准水平，采用现代管理方法和手段，优化资源配置，实行科学管理，培育和发展技术市场和信息管理系统。

（四）研究、开发建筑施工新技术，提高建筑科技整体水平

当前，我国正处于一个新技术迅速发展交叉的时代，科学技术的进步决定生产力的发展水平和速度，建筑工业新技术主要研究开发建筑节能技术、高层建筑与空间结构技术、建筑地下空间技术、建筑施工技术和关键装备等。另外，要加大新技术推广应用的力度，加强对新技术、新工艺、新材料、新设备中科技成果的推广转化，并利用新技术示范工程项目以发挥其典型示范和先导、辐射作用，提高建筑工业整体水平。

第七章　土木工程安全检测

安全检测在土木工程中占有极其重要的地位，关乎着业主、社会乃至国家的利益，是对潜在危机的发现和安全使用状态的确定。它是在确定的目标下通过特定的方法得出需要的结论，对下一步的工作提供依据。

首先，进行安全检测需要一定的知识储备，如掌握必要的安全检测基础知识和了解建（构）筑物等本身的信息和使用条件。其次，不同结构形式（如木结构、砌体结构、混凝土结构、钢结构及其他的组合结构）的建（构）筑物的检测内容、检测方法等千差万别，需要从中选择最优的方案。最后，对检测的结果进行系统的分析、比对，得出最后的结论，形成最终的检测报告。

第一节　检测的基础知识

土木工程安全检测起着承上启下的作用，是对安全隐患确定的过程和鉴定加固的依据。建筑物检测、构筑物检测都是土木工程安全检测的主要内容。因此对安全检测的分类、内容、目的和方法等要有一定的理解和把握。

一、检测的目的

土木工程安全检测的目的是为结构可靠性评定和加固改造提供依据，或者对施工质量进行检验评定，为工程验收提供资料。根据检测对象的不同，检测的范围可分为两种：一种是对建（构）筑物整体、全面的检测，对其安全性、适用性和耐久性做出全面的评定，如建（构）筑物需要加层、扩建；使用要求改变，需要局部改造；建（构）筑物发生了地基不均匀沉降，引起上部结构多处裂缝、过大的倾斜变形；建（构）筑物需要纠倾；由于规划或使用要求，建（构）筑物需移位，适用于烂尾楼搁置若干年后要重新启动，以及地震、火灾、爆炸或水灾等发生后对建（构）筑物损坏的调查等。另一种是专项检测，如建（构）筑物局部改造或施工时对某项指标有怀疑等，一般只需检测有关构件，检测内容也可以是专项的，如只检测混凝土强度，或检测构件的裂缝情况，或根据《混凝土工程施工质量验收规范》的实体检验要求，只在现场检测梁、板构件的保护层厚度。

二、检测的分类

按结构用途不同来分，有民用建筑结构检测、工业建筑结构检测、桥梁结构检测等。按结构类型及材料不同来分，有砌体结构检测、混凝土结构检测、钢结构检测、木结构检测等。

按分部工程来分，有地基工程检测、基础工程检测、主体工程检测、维护结构检测、粉刷工程检测、装修工程检测、防水工程检测、保温工程检测等。

按分项工程来分，有地基、基础、梁、板、柱、墙等内容的检测。

按检测内容不同可以分为几何量检测、物理力学性能检测、化学性能检测等。

按检测技术不同可以分为无损检测、破损检测、半破损检测、综合法检测等。

除地基基础及整体结构使用条件之外，本章土木工程安全检测的整体脉络是按照结构类型及材质进行区分，即按照木结构、砌体结构、混凝土结构、钢结构、桥梁结构进行分类阐述。

三、检测的内容

在土木工程建（构）筑物检测中，根据结构类型和鉴定的需要，常见的检测和调查内容有以下几种。

（一）建（构）筑物环境。现场查看确定建（构）筑物所处环境（干燥环境，如干燥通风环境、室内正常环境；潮湿环境，如高度潮湿、水下水位变动区、潮湿土壤、干湿交替环境；含碱环境，如海水、盐碱地、含碱工业废水、使用化冰盐的环境），以及环境作用的组成、类别、位置或移动范围、代表值及组合方式，机械、物理、化学和生物方面的环境影响，结构的防护措施。

（二）地基基础。明确地质、水文条件，地基的实际性能和状况，基础的沉降等。

（三）结构体系和布置。通过查阅图纸、现场调查等来了解结构的体系和构件的布置，确定建（构）筑物的重要性，是一般建筑结构、重要工程结构还是特殊工程结构，明确建（构）筑物的抗震设防要求和保证构件承载能力的构造措施，以及结构中是否存在达到使用极限状态限值的构件和节点，结构的用途是否符合设计要求。

（四）材料强度及性能。材料强度的检测、评定是结构可靠性评定的重要指标，如钢筋混凝土结构的混凝土强度、钢筋强度，砌体结构的砌块强度、砂砾强度，钢结构的钢材强度等，以及其他一些影响结构可靠性的材料性能，如钢材力学性能及化学成分、冷弯性能等。

（五）几何尺寸核对。几何尺寸是结构和构件可靠性验算的一项指标，截面尺寸也是计算构件自重的指标，几何尺寸一般可查设计图纸，如果是老建筑物图纸不全，或图纸丢失，需要现场实测其建筑物的平面尺寸、立面尺寸，开间、进深、梁板构件的跨度，墙柱构件的高度，建筑物的层高、总高度、楼层标高，构件的截面尺寸，构件表面的平整度等，有设计竣工图纸时，也可将几何尺寸的检测结果对照图纸进行复核，评定其施工质量，为可靠性鉴定提供依据。

（六）外观质量和缺陷检测。检测混凝土构件的外观是否有露筋、蜂窝、孔洞、局部振捣不实等，砌体构件是否有风化、剥凿、块体缺棱掉角等，砂浆灰缝是否有不均匀、不饱满等，钢结构构件表面是否有夹层、非金属夹杂等。

（七）结构损伤及耐久性检测。检测内容包括结构构件破损、受到撞击等，混凝土碳化深度、砌体的抗冻性等，侵蚀性介质含量检测和钢材锈蚀程度等。

（八）变形检测。水平构件的变形是检测其挠度，垂直构件的变形是检测其倾斜。

（九）裂缝检测。确定裂缝的位置、走向，裂缝的最大宽度、长度、深度和数量等。

（十）构造和连接。构造和连接是保证结构安全性和抗震性能的重要措施，特别是砌体结构和钢结构。

（十一）结构的作用。作用在结构上的荷载，包括荷载种类、荷载值的大小、作用的位置，恒载可以通过构件截面尺寸、装饰装修材料做法、尺寸检测等，按材料密度和体积计算其标准值，如果是活荷载或灾害作用，应检测或调查荷载的类型、作用时间，还应包括火灾的着火时间、最高温度，飓风的级别、方向，水灾的最高水位、作用时间，地震的震级、震源等。

（十二）荷载检验。为了更直接、更直观地检验结构或构件的性能，对建（构）筑物的局部或某些构件进行加载试验，检验其承载能力、刚度、抗裂性能等。

（十三）动力测试。对建（构）筑物整体的动力性能进行测试，根据动力反应的振幅、频率等，分析整体的刚度、损伤，看是否有异常。

（十四）安全性监测。重要的工程和大型的公共建筑在施工阶段开始时应进行结构安全性监测。

四、检测方案及方法

（一）检测方案制定

接受委托并查看现场和有关资料后，应制定建筑结构的检测方案，有时对于招标的项目，检测方案相当于投标标书，应包括下列主要内容：

1. 工程概况，主要包括建筑物层数，建筑面积，建造年代，结构类型，原设计、施工及监理单位等。

2. 检测目的或委托方的检测要求，确定是安全性评定还是质量纠纷，确定责任等。

3. 检测依据，主要包括检测所依据的标准及有关的技术资料等；对于通用的检测项目，应选用国家标准或行业标准；对于有地区特点的检测项目，可选用地方标准；没有国家标准、行业标准或地方标准的，可选用检测单位制定的检测细则。

4. 检测项目和选用的检测方法，以及检测的数量和检测的位置。

5. 检测单位的资质和检测人员情况，包括项目负责人、技术负责人、现场安全员等。

6. 仪器、设备及仪器设备功率、用电量等情况。

7. 检测工作进度计划，包括现场时间、内业时间、合同履行期限等。

8. 所需要的配合工作，包括水电要求、配合人员要求、装修层的剔除及恢复等。

9. 检测中的安全措施，包括检测人员的安全措施及对被检建（构）筑物的生产和使用的安全措施。

（二）检测方法及抽样方案

外观质量和缺陷通过目测或仪器检测，抽样数量是100%。下列部位为检测重点：出现渗水漏水部位的构件；受到较大反复荷载或动力荷载作用的构件；暴露在室外的构件；腐蚀性介质侵蚀的构件；受到污染影响的构件；与侵蚀性土壤直接接触的构件；受到冻融影响的构件；容易受到磨损、冲撞损伤的构件。

几何尺寸和尺寸偏差的检测，宜选用一次或二次计数抽样方案；结构构造连接的检测应选择对结构安全影响大的部位进行抽样；构件结构性能的荷载检验，应选择同类构件中荷载效应相对较大和施工质量相对较差的构件或受到灾害影响、环境侵蚀影响构件中有代表性的构件。

材料强度等按检测批检测的项目，应进行随机抽样，且最小样本容量应符合通用标准《建筑结构检测技术标准》的规定。

五、检测的基本程序

（一）委托。委托方发现建（构）筑物有异常或对建（构）筑物有新的使用需求，委托有资质的部门进行检测，检测部门接受委托后开始工作，并提供基本情况说明。

（二）资料收集、现场考察。检测部门要求委托方提供有关资料，包括地质勘察报告、设计竣工图纸、施工记录、监理日志、施工验收文件、维修记录、历次加固改造竣工图、用途变更、使用条件改变以及受灾情况等。根据上述资料进行现场考察、核实，确定建（构）筑物的结构形式、使用条件、环境条件和存在问题，必要时可走访设计、施工、监理、建设方等有关人员。

（三）检测方案。检测方案是检测方与委托方共同确定合同的基础，建筑结构的检测方案应依据检测的目的、建筑结构现状的调查结果来制定，检测方案宜包括建（构）筑物的概况、检测的目的、检测依据、检测项目、选用的检测方法和检测数量等，以及采用的仪器设备和所需要委托方配合的现场工作，如现场需要的水、电条件是否具备，抹灰层的剔凿、装修层拆除与恢复，现场检测的安全和环保措施等，还包括现场检测需要的时间和提交检验报告的时间。

（四）确认仪器、设备状况。检测时应确保所使用的仪器设备在检定或校准周期内，并处于正常状态。仪器设备的精度应满足检测项目的要求。

（五）现场检测。检测的原始记录，应记录在专用记录纸上，要求数据准确，字迹清晰，信息完整，不得追记、涂改，如有笔误，应进行更改。当采用自动记录时，应符合有关要求。原始记录必须由检测人员及记录人员签字。

（六）数据分析处理。现场检测结束后，检测数据应按有关规范、标准进行计算、分析，当发现检测数据数量不足或检测数据出现异常情况时，应再到现场进行补充检测。

（七）结果评定。对检测数据进行分析，分析裂缝或损伤的原因，并评定其是否符合设计或规范要求，是否影响结构性能。

（八）检测报告。检测机构完成检测业务后，应当及时出具检测报告。检测报告经检测人员签字、检测机构法定代表人或者其授权的签字人签字，并盖检测机构公章或者检测专用章后方可生效。

第二节　资料搜集及现场调查

一、调查内容和途径

（一）初步调查工作内容

初步调查主要是了解建（构）筑物和环境的总体情况和主要问题，初步分析和判断承重系统的可靠性，制订详细调查的工作计划。详细调查是整个调查工作的核心，目的是全面、准确地掌握建（构）筑物和环境的实际性能和状况，主要工作包括使用条件的调查和检测、建（构）筑物核查、建（构）筑物使用状况的检测、承重系统实际性能检测等。补充调查是在详细调查结束之后或在可靠性分析评定的过程中，根据需要所增添的专项调查，目的是为结构分析或可靠性评定提供更充足和可靠的依据。

（二）详细调查工作内容

在绝大多数情况下，对建（构）筑物和环境的调查检测都是集中在一个较短的时间里进行的，往往还要保证或不影响建（构）筑物的正常使用，受到许多客观条件的限制，这是建（构）筑物安全性评定必须面对的一个普遍问题，这时可通过三条途径对建（构）筑物和环境进行调查和检测。

（三）调查途径

1. 实物检测

通过对其环境中各种实物的观察、检查、测量、试验等获取相关信息，检测结果可直接反映建(构)筑物和环境当前的特性和状况，比较客观和准确，是一条重要的调查途径，但有下列几点需要说明：

（1）实物检测本身不得明显降低承重系统或承重构件的可靠性，应避免或有限度地使用有负面影响的检测方法，如可能降低钢筋混凝土梁承载力的钻芯取样法（测试混凝土强度），局部消减钢筋面积的应力释放法（测定钢筋工作应力）等，在特定场合下还应避免影响建（构）筑物的正常使用。

（2）对于变异性较大或随时间明显变化的测试量，如平台活荷载、屋面灰荷载等，通过短时间的实物检测难以获得完备的信息。

（3）建（构）筑物安全性评定所依据的信息不仅包括当前的信息，还包括历史信息和涉及未来变化的信息，实物检测一般只能获得当前信息。

2. 资料查阅

通过搜集、查阅有关建筑物和环境的资料获取相关信息，可反映建（构）筑物和环境过去的历史、当前的性状和未来可能的变化，能够获得的信息量较大，如通过实物检测较难得到的承重构件的内部构造、大型设备的自重等信息，一般可通过资料查阅得到，是获取建（构）筑物及其环境信息的重要途径，但也有下列几点需要说明：

（1）资料反映的情况可能和实际存在偏差，通过资料查阅得到的信息宜经过现场或其他方面的查证后再利用。

（2）应注意收集和查阅涉及建（构）筑物和环境未来变化的有关资料。建（构）筑物安全性的分析方法本质上是建立在历史、当前信息基础上的预测方法，其适用条件是影响建（构）筑物和环境的主要因素在未来时间里保持稳定或具有特定的变化规律，这些资料所反映的正是这些因素未来可能的变化情况。

3. 人员调查

通过对人员的调查和征询获取相关的信息，调查对象主要是建（构）筑物的设计、施工、使用、管理、维护等人员，具有信息量大、覆盖面广、简便易行的优点，可在一定程度上弥补实物检测、资料查阅方法的缺陷，但它所获得的信息不可避免地要受到主观因素的影响，因此在建（构）筑物的安全性评定中一般只将其作为参考信息利用。如果要以其作为结构分析或安全性分析的技术依据，一般要求被调查人员以正式文件的方式提供。

二、使用条件的调查

（一）环境

环境包括气象条件、地理环境和使用环境。

使用环境中的腐蚀性介质对结构材料的性能有着重要的影响，属于环境调查中的重要内容。腐蚀性介质可被划分为五种：气态介质、腐蚀性水、酸碱盐溶液、固态介质、腐蚀土。

环境介质对建筑材料长期作用下的腐蚀性可分为强腐蚀、中等腐蚀、弱腐蚀、无腐蚀 4 个等级。在强腐蚀条件下，材料腐蚀速度较快，构、配件必须采取表面隔离性防护，防止介质与构、配件直接接触。在中等腐蚀条件下，材料有一定的腐蚀现象，需提高构件自身质量，如提高混凝土密实性，增加钢筋的混凝土保护层厚度，提高砖和砂浆的强度等级等，或采用简单的表面防护措施。在弱腐蚀条件下，材料腐蚀较慢，但仍需采取一些措施，一般通过提高自身质量即可。无腐蚀条件时，材料腐蚀很缓慢或无明显腐蚀痕迹，可不采取专门的防护措施。环境介质对建筑材料的腐蚀性等级与介质的性质、含量和环境的相对湿度有关，国家标准《工业建筑防腐蚀设计规范》规定了具体的判定方法。

（二）荷载和作用

1. 调查要点和方法

荷载和作用包括永久作用、可变作用、偶然作用和其他作用。

（1）永久作用

①结构构件的自重，建筑构配件、材料的自重预应力。复核结构构件和建筑构配件的尺寸，特别是混凝土薄壁构件的壁厚及对变异性较大的保温材料等，宜通过抽样测试推断其数值；其应力值一般可通过查阅原设计和施工记录确定。

②平台固定设备的自重。可通过查阅设备档案确定设备自重的数值、作用位置和范围。

③自重产生的土压力。调查墙的位移条件，墙背形式和粗糙度，墙后土体的种类、性质、分层情况和表面形状，地下水情况等。

④地基沉降产生的作用。测量基础的绝对、相对位移及发展速度。

（2）可变作用

①楼面和屋面活荷载。调查荷载的大小、作用位置、分布范围等，包括检修荷载。

②屋面积灰荷载。调查积灰厚度、范围以及灰源、清灰制度等；如果积灰遇水板结，宜通过抽样测试推断其数值。

③吊车荷载。调查吊车的布置、额定起重量、工作级别、总重和小车重、最大和最小轮压、轮距和外轮廓尺寸，吊车的运行范围、运行状况和多台吊车组合的情况，吊车荷载的作用位置。

④风、雪荷载。主要调查建（构）筑物的屋面形式、体型、高度等。

⑤振动冲击和其他动荷载。调查机器的扰力，扰频，扰力作用的方向、位置和设备自重等，必要时测试结构的动力特性。

⑥地面堆载。调查堆载的密度、范围、持续时间等

（3）偶然作用

①地震。调查抗震设防类别和标准、地震动参数、地震分组、地段类别、场地类别、液化等级等，必要时测试结构的动力特性。

②撞击、爆炸。调查过去撞击、爆炸事故的次数、时间、范围、强度和建（构）筑物遭受的损伤，调查未来发生撞击、爆炸事故的可能性。

（4）其他作用

①高温作用。调查热源位置、传热方式和持续时间、构件表面温度或隔热设施、构件及其节点的损伤或不利变化等。

②温差和材料收缩作用。调查建（构）筑物竣工季节、施工方法、气候特点、室内热源、保温隔热措施、伸缩缝间距、结构刚度布置、温度作用造成的建（构）筑物损伤等。

2. 吊车荷载

吊车荷载属于厂房结构上的重要荷载，结构和结构构件的许多破损现象都与吊车荷载有关。吊车的额定起重量、工作级别、总量和小车重、最大和最小轮压、轮距和外轮廓尺寸等，一般由吊车的生产厂家提供，可通过查阅吊车的设备档案确定，现场调查主要是确定吊车的位置、运行范围、运行状况、作用位置、组合情况等。

3. 高温作用

高温作用主要指高温设备的热辐射、火焰烘烤、液态金属喷溅或直接侵蚀等，它可能导致材料特性和构件状况的劣化。在调查和检测有热源的厂房时，对高温作用的调查和测试往往比较重要，特别是对构件表面温度的测试。

构件表面温度的测试方法包括接触式和非接触式两类。接触式测温是将测温传感器与被测对象接触，根据测温传感器达到热平衡时的物理特性推断被测对象的温度，目前应用较广的有热电偶法、热电阻法和集成温度传感器法三种；非接触式测温又称辐射测温，是将测试仪器对准被测对象，根据内部检测元件所接受的被测对象的辐射能推断被测对象的表面温度，可远距离测温，包括单色辐射温度计、辐射温度计和比色温度计三类。接触式测温法的测温范围相对较小，但精度高；辐射测温法的测温范围大，但误差也大。

4. 温差和材料收缩作用

温差和材料收缩作用主要是在结构或结构构件中产生附加应力，它可能造成建（构）筑物的损伤或构件安全性的降低，目前主要通过限制伸缩缝的间距来控制这种附加应力的不利影响，但这只是一种宏观的控制措施，还宜通过对竣工季节、施工方法、气候特点、室内热源、材料热工和收缩性能、保温隔热措施、结构刚度分布等的调查和分析来判断附加应力的影响程度。

对于下列情况，宜对伸缩缝的间距进行较严格的审核：

（1）柱高（从基础顶面算起）低于 5 m 的排架结构。

（2）屋面无保温或隔热措施的排架结构。

（3）位于气候干燥地区、夏季炎热且暴雨频繁地区的结构或经常处于高温作用下的结构。

（4）材料收缩较大、室内结构因施工外露时间较长等。

第三节　地基基础检测

地基基础检测的基本内容：

（1）对地基的承载能力与基础的强度、缺陷及变形进行检测。

（2）对建筑物的沉降量进行观测。

（3）对基础边坡的滑动或应力与变形情况进行检测。

（4）腐蚀性介质对地基与基础的腐蚀情况进行观测。

为此首先应做好检验前的资料收集及现场实地考察：详细收集有关资料；对建（构）筑物所处地形状态和环境（环境是指建（构）筑物所处环境有无变化，如河流主航道的变化、河床沉降、沿岸沉积和冲刷等）进行实地考察；查看相邻建（构）筑物及施工中对建（构）筑物的影响；考虑地震的影响等。

一、地基勘探

长期的工程实践和试验研究说明，如果地基土所承受的压力不超过其承载力，则在地基变形的过程中，土的孔隙比会逐渐减小，压缩系数逐渐降低，使土的物理力学性能得到一定程度的改善；同时，地基土长期承受的压力也能使土体产生一定的固结，使土的抗剪强度得到一定程度的提高。因此在实际工程中，可适当提高地基的承载力。当原地基承载力在 80 kPa 以上，且砂土地基使用 4 年及以上，粉土、粉质黏土地基使用 6 年以上，黏土地基使用 8 年以上，而地基的沉降均匀，建筑物未出现地基变形引起的裂缝、破损、倾斜等异常现象，地基土固结条件好，上部结构又具有较好的刚度时，可结合当地实践经验，适当提高原地基承载力，中国工程建设标准化协会标准《砖混结构房屋加层技术规范》提供了具体的办法。

需要通过地基检验评定地基的承载力时，通常采用钻探、井探等勘探方法，取原状土试样进行室内土工试验，或结合钻探、井探等进行静力触探、动力触探（标准贯入试验、圆锥动力触探等）、静力载荷试验等原位测试，野外作业时还需对地基土进行现场鉴别。在下列情况下，常要求对地基的承载力重新进行评价：

（一）因增层、改造、扩建、用途变更、生产负荷增大等使基底压力显著增加。

（二）临近的后建建筑、地下工程等对地基应力产生显著影响。

（三）建（构）筑物出现地基变形引起的破损和位移。

（四）地质条件发生较大变化（如地下水位变化、地表水渗透等）。

（五）对原设计所依据的地基承载力有怀疑。

（六）原设计资料缺失。

在评定承载力之前，首先应开展下列工作：

（一）搜集场地岩土工程勘察资料、地基基础和上部结构的设计资料和图纸、隐蔽工程的施工记录及竣工图等。

（二）分析原岩土工程勘察资料，重点内容包括：地基土层的分布及其均匀性；地基土的物理力学性质；地下水的水位及其腐蚀性；砂土和粉土的液化性质和软土的震陷性质；地基变形和强度特性；场地稳定性。

（三）调查建（构）筑物的使用情况、实际荷载以及地基的沉降量、沉降差、沉降速度等，并分析建（构）筑物破损、位移、倾斜等现象发生的原因。

（四）调查邻近建（构）筑物、地下工程和管线等情况。

二、地基沉降和建（构）筑物变形观测

（一）地基沉降和基础倾斜

地基沉降的观测应测定地基的沉降量、沉降差和沉降速度，一般需采用 DS1 级水准仪和精密水准测量方法，并尽可能利用原先布设的沉降观测点，以便与过去的观测结果进行对比。如果原先未布设沉降观测点，或沉降观测点的标志受到扰动或损坏，并且目前需要对地基沉降进行长期的观测，则宜重新或补充设置观测点，它们应设置在以下部位：

1. 建（构）筑物的角部和大转角处、沿外墙每隔 10 ~ 15 m 处或每隔 2 ~ 3 根的柱基上。

2. 高低层建（构）筑物、新旧建（构）筑物、纵横墙等的交接处或交接处的两侧。

3. 建（构）筑物裂缝和沉降缝的两侧、基础埋深悬殊处、人工地基与天然地基接壤处、不同结构的分界处以及填挖方的分界处。

4. 宽度不小于 15 m 但地质条件复杂（包括膨胀土地区）的建（构）筑物的承重内墙中部、室内地面中心和四周。

5. 邻近堆置重物处、受振动影响的部位以及基础下的暗浜（沟）处。

6. 框架结构的每个或部分柱基上或纵横轴线上。

7. 片筏基础、箱形基础底板或结构根部的四角和中部位置处。

8. 烟囱等高耸构筑物周边与基础轴线相交的对称位置处（点数不少于 4 个）。

地基沉降的观测周期应视地基土类型、建（构）筑物的使用时间和状况等确定。一般情况下，建（构）筑物建成后的第一年应观测 3 ~ 4 次，第二年 2 ~ 3 次，第三年后每年 1 次，直至稳定。观测期限对于砂土地基一般不少于 2 年，膨胀土地基不少于 3 年，黏土地基不少于 5 年，软土地基不少于 10 年。沉降是否进入稳定阶段，应由沉降量与时间的关系曲线判定。对于一般的观测工程，若沉降速度小于 0.01 ~ 0.04 mm/d，可认为已进入稳定阶段。

如果仅需临时测量建（构）筑物的不均匀沉降而原先又未设合适的沉降观测点，可采用以下简易测量方法：用水准仪在建筑物墙体和柱上标记出水平基准线，选择原设计、施工中一个或多个控制标高处的水平面，如窗台线、檐口线等，量测它们与水平基准线间的竖向距离，从而确定地基的相对沉降量。这种简易测量的结果受施工偏差的影响较大，在据此分析地基的不均匀沉降时，需要与其检测结果相互对证，如墙体、散水、地面等的破损情况，从多方面综合判断地基不均匀沉降的位置和程度。

（二）建（构）筑物倾斜

建（构）筑物主体的倾斜观测，应测定建（构）筑物顶部相对于底部，或各层间上层相对于下层的水平位移和高差，分别计算整体或分层的倾斜度、倾斜方向及倾斜速度。对于整体刚度较大的建（构）筑物，也可通过测量建（构）筑物顶面的相对沉降或基础的相对沉降间接推断建（构）筑物的整体倾斜。

对于一般的建（构）筑物，在测量其倾斜度和倾斜方向时，可选取建（构）筑物角部的边缘线作为测量对象。这时应将经纬仪安放在两个相互垂直的方向上分别对角部的边缘线进行测量，经纬仪距建（构）筑物的水平距离应为建（构）筑物高度的 1.5 ~ 2.0 倍。测量时应在建（构）筑物的底部水平放置尺子，用正倒镜测量边缘线顶点相对于底点的水平位移分量 e_x 和 e_y，并据此计算建（构）筑物的倾斜量、倾斜度和倾斜方向角。

当建（构）筑物或构件外部具有通视条件时，宜采用经纬仪观测。选择建（构）筑物的阳角作为观测点，通常需对建（构）筑物的各个阳角均进行倾斜观测，综合分析，才能反映建（构）筑物的整体倾斜情况。但也可选用吊垂球法测量，这时应在顶部直接或支出一点悬挂适当重量的垂球，在底部固定读数设备，直接读取或量出上部观测点相对底部观测点的水平位移量和位移方向。

当需观测建（构）筑物的倾斜速度时，应在建（构）筑物顶部和底部上下对应的位置布设测点，将经纬仪安置在距建（构）筑物的水平距离为建（构）筑物高度 1.5 ~ 2.0 倍的固定测站上，瞄准顶部的观测点，用正倒镜投点法定出底部的观测点；用同样方法，在垂直的另一方向定出顶部观测点和底部观测点。在下一次观测时，在原固定测站上安置经纬仪，分别瞄准顶部观测点，仍用正倒镜投点法分别定出底部相应的观测点。如果对应观测点不重合，则说明建（构）筑物的倾斜有新的发展。用尺分别量出两个方向的倾斜位移分量，计算建（构）筑物的总倾斜位移量和倾斜方向角，并根据观测周期计算倾斜速度。

（三）受弯构件挠度

受弯构件的挠度可采用水准仪测量，构件上至少应设 3 个测点，分别位于两端支座附近和跨中，挠度值为

$\Delta = (d_1+d_2)/2-d_0$

如果构件跨度较大或跨内作用有较大的集中荷载，应增设测点，并保证集中荷载的作用位置处有一测点。如果被测构件的下表面存在高差，应尽可能将测点设于同一面层；如果不可避免，则应测量面层之间的高差，并在挠度的计算中考虑。

记录观测数据时，应对构件的表面状况做出描述，以判断观测结构中是否存在过大的施工误差；同时，尚应记录构件的受荷状况，包括测量时构件承受的荷载和荷载作用的位置。

实测的挠度值可能为负，除了测量误差和施工偏差的影响，另一个可能的原因是构件在制作中已预先起拱，并且目前仍保持着上拱的状态。构件是否起拱以及拱度的数值，一般在设计图纸中都有明确的说明。对于钢屋架，如果三角形屋架的跨度不小于 15 m、梯形屋架和平行弦桁架的跨度不小于 24 m，且两端铰接，则需起拱，拱度一般为跨度的 1/500。对于钢吊车梁，跨度不小于 24 m 时需起拱，拱度约为恒载作用下的挠度值与跨度的 1/2000 之和。钢筋混凝土屋架的拱度一般为跨度的 1/700~1/600，预应力混凝土屋架的拱度一般为跨度的 1/1000~1/900。

第四节　木结构检测

木结构检测包括木结构的外观检测和木材物理力学性质的检测等内容。木结构的外观检测包括木材的腐朽程度、木结构连接、木结构变形等。木材的物理力学性质很多，主要指标包括含水率、密度、强度、干缩、湿涨等。为了合理使用木材，使其为人类更好地发挥作用，研究和掌握木材的物理力学性质是非常必要的。

木材是有机材料，很容易遭受菌害、虫害和化学性侵蚀等灾害，随着时间的流逝菌害会越来越重。因此，木结构的外观检测比其他结构的外观检测更重要。

一、木材腐朽检测

（一）应该考虑不同木腐菌生长的特性和危害的部位，比如，柱子埋在土中的部分、地面交界部分的木腐菌就不同，木材腐朽速度也不同。

（二）腐朽的初期阶段通常产生木材变色、发软、容易吸水等现象，会散发一种使人讨厌的气味，在腐朽后期，木材会出现翘曲、纵横交错的细裂纹等特征。

（三）当木材腐朽的表面特征不很明显时，可以用小刀插入或用小锤敲击来检查。若小刀很容易插入木材表层，且撬起时木纤维容易折断，则已经腐朽。用小锤敲击木材表面，腐朽木材声音模糊不清，健康木材则响声清脆。

（四）处于已腐和未腐两种状态之间时，该部位可能已受木腐菌感染进入初腐阶段。

二、构造与连接检测

现场检测保险螺栓与木齿能否共同工作时，需进行荷载试验，原建筑工程部建筑科学研究院和原四川省建筑科学研究所进行的大量试验结果证明：在木齿未被破坏以前，保险螺栓几乎不受力。在双齿连接中，保险螺栓一般设置两个。木材剪切破坏后节点变形较大，两个螺栓受力较为均匀。

按照《木结构设计规范》相关条文，核查结构形式选用、截面削弱限制桁架高跨比、支撑、锚固等情况。

木结构节点采用齿连接、螺栓连接或钉连接，现场采用目测或小锤敲击检查连接质量。

三、木结构变形的检测

结构变形可采用水准观测等方法直接在现场检测，当检测结构的变形超过以下限度时，应视为有危害性的变形，此时应按其实际荷载和构件尺寸进行核算，并进行加固。

（一）受压构件的侧弯变形超过其长度的 1/500。

（二）屋盖中的大梁、顺水或其他形式的梁，其烧度超过规范要求的计算值。

（三）木屋架及钢木屋架的挠度超过其设计时采用的起拱值。

四、木材性能检测

木材性能检测主要内容包括：含水率、密度、抗弯强度、顺纹抗压强度、顺纹抗拉强度、顺纹抗剪强度。

其中强度的检测，因老房子木结构建筑较多，但是由于其环保、可再生、低能耗、节能、舒适、施工方便等优点，近年来在我国得到快速发展，目前国内对木材、木结构的检测方法、检测设备和评定方法的研究与标准规范相对滞后，一般情况下检测木结构时为确定木材强度，通常在现场截取木材样品，制作试验试件，按《木结构抗弯强度试验方法》有关规定测试木材弦向抗弯强度。

依据《木结构设计规范》中木材强度检验结果的抗弯强度最低值不得低于 51 MPa。

第五节　砌体结构检测

砌体结构应用的历史长，范围广，是当前我国主要的建（构）筑物结构形式之一。众所周知，20 世纪六七十年代的房屋构造大多为砌体结构，且少有问题出现，所以研究砌体结构检测有着重要的现实意义。

砌体结构的检测内容主要有砂浆强度、砌体强度、砌体裂缝和砌筑施工质量，包括砖外观质量、砌筑质量、灰缝砂浆饱满度、灰缝厚度、截面尺寸及施工偏差等几大项。

一、砌体强度检测

砌体工程的现场检测方法较多，检测砌体抗压强度的有原位轴压法、扁顶法，检测砌体抗剪强度的有原位单剪法、原位单砖双剪法，检测砌体砂浆强度的有推出法、筒压法、砂浆片剪切法、回弹法、点荷法、射钉法。在工程检测时，应根据检测目的和被测对象，选择检测方法。

可归纳为“直接法”和“间接法”两类，前者为检测砌体抗压强度和砌体抗剪强度的方法，后者为测试砂浆强度的方法。直接法的优点是直接测试砌体的强度参数，反映被测工程的材料质量和施工质量，其缺点是试验工作量较大，对砌体工程有一定损伤；间接法是测试与砂浆强度有关的物理参数，进而推定其强度，“推定”时，难免增大测试误差，也不能综合反映工程的材料质量和施工质量，使用时具有一定的局限性，但其优点是测试工作较为简便，对砌体工程无损伤或损伤较少，因此，对重要工程或客观条件允许时，宜选用“综合性”，即结合直接法和间接法进行检测，以发挥各自的优点，避免各自的缺点。即使仅检测砂浆强度，也可选用两种检测方法，对两种检测结果互相验证，当两种检测结果差别较大时，应对检测结果全过程进行检查，查明原因，并根据上表所列方法和特点，综合分析，做出结论。

（一）回弹法

回弹法检测砌体中普通黏土砖强度这种方法适用于检测评定以黏土为主要原料，质量符合《烧结普通砖》的实心烧结普通砖砌筑成砖墙后的砖抗压强度等级。不适用于评定欠火砖、酥砖，外观质量不合格及强度等级低于 MU7.5 的砖的强度等级。

检测砖强度的回弹仪，其标称冲击动能为 0.735 J。根据砖表面硬度与抗压强度间的相关性，建立砖强度与回弹值的相关曲线，并用来推定砖强度。

检测前，按 250 m^3 砌体结构或同一楼层品种相同、强度等级相同的砖划分为一个检测单元，每个检测单元应选不少于6面墙，每面墙的测区不应少于5个，测区大小一般约0.3 m^3。

每个测区抽取条面向外的黏土砖做回弹测试，用回弹仪对每一块砖样条面分别弹击 5 点，5 点在砖条面上呈一字形均匀分布，每一测点只能弹击一次，每面墙弹击 100 个点。砖强度等级的推定按下列要求进行。

（二）取样法

对既有建（构）筑物砌体强度的测定。从砌体上取样，清理干净后，按照常规方法进行试验，但是需要注意的是，如果需要依据砌体的强度和砂浆的强度确定砌体强度时，砌体的取样位置应与砌筑砂浆的检测位置相对应。取样后的砌体试验方法如下：

取 10 块砖做抗压强度试验，制作成 10 个试样。将砖样锯成两个半砖（每个半砖长度不小于 100 mm），放入室温净水中浸 10 ~ 20 min 后取出，以断口方向相反叠放，两者中间以厚度不超过 5 mm 的强度等级为 32.5 的普通硅酸盐水泥调制成稠度适宜的水泥净浆粘牢，上下面用厚度不超过 3 mm 的同种水泥砂浆抹平，制成的试件上下两面需相互平行并垂直于侧面。在不低于 10℃的不通风室内条件下养护 3 天后进行压力试验。

加载前测量试件两半砖叠合部分的面积 A（mm^2），将试件平放在加压板的中央，垂直于受压面加荷载，应均匀平稳，不得发生冲击或振动，加荷速度 4 ~ 5 kN/s 为宜，加荷至试件全部破坏，最大破坏荷载为 P（N），则试件 i 的抗压强度 f_{1i}，按下式计算，精确至 0.01 MPa。

$f_{1i}=P/A$

二、砂浆强度检测

（一）回弹法

检测砂浆强度的回弹仪冲击能量小，标称冲击动能为 0.196 J。根据砂浆表面硬度与抗压强度之间的相关性，建立砂浆强度与回弹值及碳化深度的相关曲线，并用来评定砂浆强度。所使用的砂浆回弹仪与混凝土回弹仪相似。

需要注意的是，在检测过程中，回弹仪应始终处于水平状态，其轴线应垂直于砂浆表面，且不得移位。

（二）射钉法

射钉器（枪）将射钉射入砌体的水平灰缝中，依据射钉的射入深度推定砂浆抗压强度。

三、砌体裂缝检测

（一）裂缝种类

砌体的裂缝是质量事故最常见的现象，成因包括温度变形、地基沉降、荷载过大、材料收缩、构造不当、材料质量差、施工质量差、地震或振动等，但大多数的裂缝是由温度变形、地基不均匀沉降和承载力不足引起的。

1. 温度收缩裂缝

温度裂缝是砌体结构中出现概率最高的裂缝，它大多数出现在结构的顶层，偶尔会向下发展，一般出现位置在横墙、山墙、纵墙、门窗口角部、女儿墙。温度裂缝多是斜裂缝，有时出现水平裂缝、竖向裂缝。斜裂缝有时是对称分布，向阳面严重，背阳面较轻，有时只有一面出现，顶层两端横墙严重，中间较轻。

（1）斜裂缝。斜裂缝包括正“八”字形裂缝、倒“八”字形裂缝、X 形裂缝。

（2）水平裂缝。常见的水平裂缝有：

屋顶下水平缝：平屋顶下或屋面圈梁下 2 ~ 3 皮的灰缝中出现水平缝，一般沿外纵墙顶部分布，且两端较严重，向中部逐渐减小，并逐渐成断续状态，有时形成包角缝。

外纵墙窗口处水平缝：多出现在高大空旷的房屋中。

（3）竖向裂缝。常见的竖向裂缝有：

贯通房屋全高的竖缝（屋盖、外纵墙，裂缝连通）：墙体过长，又未设伸缩缝，墙体在门窗口边或楼梯间等薄弱部位产生贯通竖缝。

结构檐口下及底层窗台墙上的竖缝：墙体较长，又未设置伸缩缝，无采暖条件的建（构）筑物上局部出现竖缝。

（4）女儿墙裂缝。女儿墙（砖砌）屋顶与混凝土圈梁顶出现水平缝，中部较轻（或断断续续），两端为包角缝。

2. 地基变形、基础不均匀沉降裂缝

地基不均匀沉降时，结构发生弯曲和剪切变形，在墙体内产生应力，当超过砌体强度时，墙体开裂。

3. 受力裂缝（承载力不足）

多数出现在砌体应力较大的部位，砌体建筑中，底部较多见，但其他各部分也可能发生，还有些砌体局部受压的裂缝，大多数是局部承压强度不足而造成的。

（二）检测鉴别方法

裂缝宽度可用 10 ~ 20 倍裂纹放大镜和刻度放大镜进行观测，可从放大镜中直接读数。裂缝是否发展，常用石膏板检测，石膏板的规格为宽 50 ~ 80 mm，厚 10 mm。将石膏板固定在裂缝两侧，若裂缝继续发展，石膏板将被拉裂。一般混凝土构件缝宽 1 mm，砖砌体构件 20 mm 以上，即使荷载不增加，裂缝也将继续发展。

裂缝深度的量测，一般常用极薄的薄片插入裂缝中，粗略地测量深度。精确量法可用超声波法。在裂缝两侧钻孔充水作为耦合介质，通过转换器对测，振幅突变处即为裂缝末端深度。

裂缝检测后，绘出裂缝分布图，并注明宽度和深度，并应分析判断裂缝的类型和成因。一般墙柱裂缝主要由砌体强度、地基基础、温度及材料干缩等引起。

1. 根据裂缝位置和特征鉴别：

（1）结构下部出现斜缝、水平缝、底层大窗台下的竖缝，多为沉降裂缝；

（2）结构顶部出现斜缝、水平缝、竖缝，多为温度裂缝；

（3）纵墙裂缝、结构顶部竖缝，可能是沉降或温度裂缝；

（4）砌体应力较大处的竖缝，多为超载引起（多在顶层或底层各个部位）。

2. 根据裂缝出现的时间鉴别：

（1）地基不均匀沉降裂缝多出现在结构建成不久，使用中管道破裂漏水后出现裂缝；

（2）超载裂缝多发生在荷载突然增加时；

（3）温度裂缝大多在冬、夏季形成。

3. 根据裂缝发展变化鉴别：

（1）沉降裂缝随时间发展，地基变形稳定后裂缝不再发展；

（2）温度裂缝随气温的变化而变化，但不会不停地发展恶化；

（3）超载裂缝当荷载接近临界值时，裂缝不断发展，可能导致结构破坏及倒塌。

4. 根据建筑特征鉴别：

（1）温度裂缝：屋盖保湿、隔热差，屋盖对砌体的约束大；当地温差大，建（构）筑物过长又无变形缝等；

（2）沉降裂缝：结构过长但不高，且地基变形量大（如Ⅱ级自重湿陷性黄土），房屋刚度差；房屋高度或荷载差异大，又不设沉降缝；地基上浸水或软土地基中地下水位下降，房屋周围开挖土方或大量堆载，在已有建（构）筑物附近新建高大的建（构）筑物等；

（3）超载裂缝：结构构件较大或截面削弱严重的部位（会产生附加内力，如受压物件出现附加弯矩）。

四、砌筑外观及质量检测

（一）砖外观质量检测。砖的外形对砌体的抗压强度也有影响，砖的外形规则平整，色泽也应均匀，不应存在过烧和欠烧的现象。烧结普通砖和蒸压灰砂砖的标准尺寸为 240 mm × 115 mm × 53 mm，烧结多孔砖的标准尺寸为 240 mm × 115 mm × 90 min 和 190 mm × 115 mm × 90 mm。在同一批砖中，若某些砖的高度不同，使砌体的水平灰缝厚度不匀，将对砌体产生很不利的影响，会使砌体的抗压强度降低约 25%。

砌墙用砖的外观质量应按国家标准《砌墙用砖检验方法》的规定评定。

（二）砌筑质量检测。对砌筑质量的检测内容包括灰缝均匀性和厚度、砂浆饱满度、组砌方法等。

灰缝如果薄厚不匀，会导致砌体内的应力状态趋于复杂，特别是导致块材因承受较大的附加应力提前破坏，降低砌体强度。

国家标准《砌体工程施工质量验收规范》规定：砖砌体的灰缝应横平竖直，薄厚均匀，水平灰缝厚度宜为 10 mm，但不应小于 8 mm，也不应大于 12 mm。检测时可每隔 20 m 抽查一处，用尺量 10 皮砖砌体高度后折算。

该标准还规定：砌体水平灰缝的饱满度不得小于 80%，竖向灰缝不得出现透明缝、瞎缝和假缝。检测时可结合砌体强度的测试，对灰缝砂浆的饱满度进行检测。

另外，在砌筑质量检测中还应检测砖的组砌方法是否恰当，接搓处是否合理。组砌不当，接搓不合理，不但影响强度，还容易使墙面产生各种裂缝。

（三）砌筑损伤检测。对于已出现的损伤部位，应测绘其损伤面积大小和分布状况。特别对于承重墙、柱及过梁上部砲体的损伤应严格进行检测。另外，对于非正常开窗、打洞和墙体超载、砌体的通缝等情况也应认真检查。

五、构造及连接的检测

主要检查墙体的纵横连接，垫块设置及连接件的滑移、松动、损坏情况。特别对于屋架、屋面梁、楼面板与墙、柱的连接点，吊车梁与砖柱的连接点，应重点进行严格检查。

根据《砲体结构设计规范》相关条文，仔细核查墙、柱高厚比，材料最低强度等级，构件截面尺寸，砲筑方法，节点锚固，拉结筋，防止墙体开裂的措施（伸缩缝间距、保温隔热层），以及圈梁、构造柱布置和截面尺寸，楼板搁置长度等是否符合规范要求。重点检查圈梁的布置、拉结情况及其构造要求是否合理。同时，检查其原材料的材质情况（主要是检查混凝土的强度及其强度等级）。

墙体稳定性检查中，主要是检测其支承约束情况和高厚比，特别应对其墙与墙、墙和主体结构的拉结（重点是纵横墙、围护墙与柱、山墙顶与屋盖的拉结）情况进行检查。

六、施工偏差及构件变形检测

（一）施工偏差检测内容。砖砌体的位置偏移和垂直度是影响结构受力性能和安全性的重要项目。对于多层砌体结构，如果上下层承重墙的位置存在较大偏差，将会增大竖向荷载对下层承重墙的偏心距，使下层承重墙承受额外的弯矩作用，砖砌体的垂直度对墙体的受力也有类似的影响，检测中应对砖砲体的轴线位置偏移和垂直度进行重点检查。国家标准《砌体工程施工质量验收规范》将砖砌体的轴线位置偏移和垂直度均列为主控项目。

（二）变形检测内容。重点检查承重墙、高大墙体、柱的凸、凹变形和倾斜变位等变形情况。

第六节　混凝土结构检测

钢筋混凝土结构在我国建设工程中占有统治地位，应用范围很广，数量也很大。对于已经使用的混凝土结构，有种种原因可能导致结构的安全性不能满足相应规范的技术要求。比如，设计错误、施工质量低劣、增层或改造导致结构荷载增加、灾害损伤以及耐久性损伤等。

对于新建工程，《混凝土强度检测评定标准》中明确规定，当对混凝土试块强度的代表性有怀疑时，可用从结构中钻取试样的方法或采用非破损检测方法，按有关标准的规定对结构或构件中混凝土的强度进行推定。

混凝土结构检测的内容很广，凡是影响结构安全性的因素都可以成为检测的内容。从属性角度看，检测内容根据其属性分为：

（1）几何量检测，如结构几何尺寸、变形、混凝土保护层厚度、钢筋位置和数量、裂缝宽度等。

（2）物理力学性能检测，如材料清单、结构的承载力、结构自振周期和结构振型等。

（3）化学性能检测，如混凝土碳化、钢筋锈蚀等。

一、混凝土强度检测

（一）检测内容

混凝土的强度是决定混凝土结构和构件受力性能的关键因素，也是评定混凝土结构和构件性能的主要参数。正确确定实际构件混凝土的强度一直是国内外学者关心和研究的课题。虽然混凝土强度还不能代表混凝土质量的全部信息，但目前仍以其抗压强度作为评价混凝土质量的一个重要技术指标。因为它是直接影响混凝土结构安全度的主要因素。

（二）检测方法

当混凝土试件没有或缺乏代表性以及对已有建（构）筑物混凝土强度进行测试时，为了反映结构混凝土的真实情况，往往要采取非破损检测方法或半破损方法（局部破损法）来检测混凝土的强度。半破损法主要包括取芯法、小圆柱劈裂法、压入法和拔出法等。非破损法主要包括表面硬度法（回弹法、印痕法）、声学法（共振法、超声脉冲法）等。这些方法可以按不同组合形成多种多样的综合法。

1. 回弹法测定混凝土强度

（1）检测依据。依据住建部标准《回弹法检测混凝土抗压强度技术规程》。

（2）检测目的。回弹法是通过回弹仪测定混凝土表面硬度继而推定其抗压强度。

（3）检测数量：

按批检测：对于相同的生产条件、相同的混凝土强度等级，原材料、配合比、成型工艺、养护条件基本一致，且龄期相近的同类构件，不得少于该批构件总数的 30%，且测区数量不得少于 100 个。

按单个构件检测：对长度不小于 3 m 的构件，其测区不少于 10 个；对长度小于 3 m，且高度低于 0.6 m 的构件，其测区数量可适当减少，但不应少于 5 个。

需钻取混凝土芯样对回弹值进行修正时，芯样试件数量不少于 3 个。

（4）检测步骤：

①检测步骤中测区的布置、回弹值的测定具体可参照混凝土回弹仪测定混凝土强度的介绍。

②碳化深度的测定。回弹测试完毕后，用锤子或冲击钻在测区内凿或钻出直径约 15 mm，深度不小于 6 mm 的孔洞，清除空洞中的粉末和碎屑后（不能用液体冲洗），立即用 1% 的酚酞酒精溶液滴在缺口内壁的边缘处，用钢尺测量自混凝土表面至变色部分的垂直距离（未碳化的混凝土呈粉红色），该距离即为混凝土的碳化深度值。通常，测量不应少于 3 次，求出平均碳化深度值，每次读数精确到 0.5 mm。

③数据处理及回弹值的修正。先将每一个测区的 16 个回弹值中的 3 个最大值和 3 个最小值剔除，然后按下式计算测区平均回弹值：

$$R_m = \sum R_i/10$$

式中 R_m——测区平均回弹值，精确至 0.1；

R_i——第 i 个测点的回弹值。

除回弹仪水平方向检测外，其他非水平方向检测时应对测区平均回弹值进行角度修正；当测试面不是混凝土的浇筑侧面时，应对测区平均回弹值进行浇筑面修正；当测试时回弹仪既非呈水平方向，测区又非混凝土的浇筑侧面时，应先对测区平均回弹值进行角度修正，然后再进行浇筑面修正。从工程检测经验来看，回弹法经过角度或浇筑面修正后，其测试误差有所增大，因此，检测混凝土强度时，应尽可能在构件的浇筑面进行检测。

根据修正后的测区的平均回弹值和碳化深度，查阅测强曲线，即可得到该测区的混凝土强度换算值，应按如下要求来确定：

当按单个构件检测且测区数少于 10 个时，以该构件各测区强度中的最小值作为该构件的混凝土强度推定值；当按单个构件检测且测区数不少于 10 个时，以该构件各测区的强度平均值减去 1.645 倍标准差后的强度值作为该构件的混凝土强度推定值；当按批量检测时，以该批同类构件所有测区的强度平均值减去 1.645 倍标准差后的强度值，作为该批构件的混凝土强度推定值。

2. 钻芯法测定混凝土强度

钻芯法检测混凝土强度是近年来国内外使用得较多的一种局部破损检测结构中混凝土强度的有效方法。钻芯法是用钻芯取样机在混凝土构件上钻取有一定规格的混凝土圆柱体芯样，将经过加工的芯样放置在压力试验机上，测取混凝土强度的测试方法。该测试方法直接，所得出的数据比较精确，因此能够准确反映构件实际情况。

钻芯法是使用专用钻机从结构上钻取芯样，并根据芯样的抗压强度推定结构混凝土强度的一种局部破损的检测方法，测得的强度能真实反映结构混凝土的质量。但它的试验费用较高，目前国内外都主张把钻芯法与其他非破损法结合使用，一方面利用非破损法来减少钻芯的数量，另一方面又利用钻芯法来提高非破损法的测试精度。这两者的结合使用是今后的发展趋势。

采用取芯法测强，除了可以直接检验混凝土的抗压强度之外，还有可能在芯样试体上发现混凝土施工时造成的缺陷。

钻芯法测定结构混凝土抗压强度主要适用于：

（1）对试块抗压强度测试结果有怀疑时；

（2）因材料、施工或养护不良而发生质量问题时；

（3）混凝土遭受冻害、火灾、化学侵蚀或其他损害时；

（4）需检测经多年使用的建筑结构或建筑物中混凝土强度时；

（5）对混凝土强度等级低于 C10 的结构，不宜采用钻芯法检测。

钻芯法测定混凝土强度的步骤为：钻取芯样、芯样加工、芯样试压、强度评定和芯样孔的修补。

（1）钻取芯样。取样一般采用旋转式带金刚石钻头的钻机。由于钻芯法对结构有所损伤，钻芯的位置应选择在结构受力较小，混凝土强度、质量具有代表性，没有主筋或预埋件，便于钻芯机安放与操作的部位。为避开钢筋位置，在钻芯位置先用磁感应仪或雷达仪测出钢筋的位置，画出标线。芯样钻取方向应尽量垂直于混凝土成型方向。

在选定的钻芯点上，将钻芯机就位、固定，接通水源并调整好冷却水流量。接通电源，用进钻操作手柄调节钻头的进钻速度。钻至预定深度后退出钻头，然后将钢凿插入钻孔缝隙中，用小锤敲击钢凿，芯样即可在根部折断，用夹钳把芯样取出。

用钻芯法对单个构件检测时，每个构件的钻芯数量不少于 3 个；对于较小构件，钻芯数量可取 2 个。我国的规程规定：钻取的芯样直径不宜小于骨料最大粒径的 3 倍，最小不得小于骨料粒径的 2 倍，并规定以直径 100 mm 和 150 mm 作为抗压强度的标准芯样试件。

（2）芯样加工。从结构中取出的混凝土芯样往往是长短不齐的，应采用锯切机把芯样切成一定长度，一般试件的长度与直径之比（长径比）为 1 ~ 2，并以长径比 1 作为标准，当长径比为其他数值时，强度需要进行修正。芯样试件内不应有钢筋，如不能满足此要求，每个试件内最多只允许含有 2 根直径小于 10 mm 的钢筋，且钢筋应与芯样轴线基本垂直并不得露出端面。芯样切割时要求端面不平整度在 100 mm 长度内不大于 0.1 mm，如果不满足需进行处理，处理方法有磨平法和补平法。端面补平材料可采用硫磺胶泥或水泥砂浆，前者的补平厚度不得超过 1.5 mm；后者不得超过 5 mm。芯样试件的尺寸偏差及外观质量应满足下列条件：芯样试件长度 $0.95\text{mm} \leqslant L \leqslant 2.05\text{mm}$；沿芯样长度任一截面直径与平均直径相差在 2 mm 以内；芯样端面与轴线的垂直度偏差不超过 2°；芯样没有裂缝和其他缺陷。

芯样在做抗压强度试验时的状态应与实际构件的使用状态接近。如果实际混凝土构件的工作条件比较干燥时，芯样试件在抗压试验前应当在自然条件下干燥 3 天；如果工作条件比较潮湿，芯样应在（20 ± 5）℃的清水中浸泡 48 h，从水中取出后应立即进行抗压试验。

（3）芯样试压。芯样试件的混凝土强度换算值是指用钻芯法测得的芯样强度，换算成相应于测试龄期的边长为 150 mm 的立方体试块的抗压强度值。

（4）强度评定。混凝土强度的评定根据检测的目的分为以下情况：一种是了解某个最薄弱部位的混凝土强度，以该部位芯样强度的最小值作为混凝土强度的评定值；第二种是单个构件的强度评定，当芯样数量较少时，取其中较小的芯样强度作为混凝土强度评定值；当芯样较多时，按同批抽样评定其总体强度。具体方法可查阅《混凝土强度检验评定标准》。

（5）芯样孔的修补。混凝土结构经钻孔取芯后，对结构的承载力会产生一定的影响，应当及时进行修补。通常采用比原设计强度提高一个等级的微膨胀水泥细石混凝土，或者采用以合成树脂为胶结料的细石聚合物混凝土填实，修补前应将孔壁凿毛，并清除孔内污物，修补后应及时养护。一般来说，即使修补后结构的承载力仍有可能低于钻孔前的承载力。因此，钻芯法不宜普遍采用，更不宜在一个受力区域内集中钻孔。

二、混凝土内外部缺陷检测

（一）检测内容

1. 外观缺陷。混凝土构件的外观缺陷包括露筋、蜂窝、孔洞、夹渣、缺棱掉角、麻面、起砂等现象。它们会使有害物质容易侵入构件内部，导致钢筋锈蚀和耐久性下降。当孔洞、夹渣等出现在构件的节点、受力最大的位置时，会影响构件承载力，严重时可能导致构件破坏。

当缺陷出现在防渗要求高的地下室围墙及屋面时，易造成渗漏现象，影响建筑物的使用功能。导致混凝土构件出现这些缺陷的原因是多方面的，主要包括：骨料级配、混凝土配合比不合理，和易性欠佳，搅拌不匀，浇筑离析，振捣不实，模板不善，钢筋过密，钢筋移位，雨水冲刷等。

2. 内部缺陷。对混凝土内部缺陷检测包括内部空洞、杂物等缺陷位置及缺陷大小的确定。

（二）检测方法

对混凝土外观缺陷的检测不宜采取抽样检测的方式，而应全数检测。对于一般的外观缺陷，可采取肉眼检查的方式，测量缺陷的大小、深度等，绘制缺陷分布图。

对混凝土内部缺馅的检测方法有声脉冲法和射线法两大类。射线法是运用 X 射线、Y 射线透过混凝土，然后照相分析，这种方法穿透能力有限，在使用中需要解决人体防护的问题；声脉冲法有超声波法和声发射法等，其中超声波法技术比较成熟，本节介绍超声波检测混凝土内部缺陷的基本方法。

除超声波检测混凝土内部缺陷的原理与检测强度的原理相同之外，还由于空气的声阻抗率远小于混凝土的声阻抗率，脉冲波在混凝土中传播时，遇着蜂窝、空洞或裂缝等缺陷，便在缺陷界面反射和散射，声能被衰减，其中频率较高的成分衰减更快，因此接收信号的波幅明显降低，频率明显减小或者频率谱中高频成分明显减少。另外，经缺陷反射或绕过缺陷传播的脉冲波信号与直达波信号之间存在声程和相位差，叠加后互相干扰，致使接收信号的波形发生畸变。根据以上原理，可以对混凝土内部的缺陷进行判断。

混凝土内部的缺陷除用超声波检测外，也可以用混凝土钻取直径为 20 ~ 50 mm 的芯样后直接观察。由于大部分混凝土工程中的缺陷位置不能确定，故不宜采用钻芯检测。因此，一般都用超声波通过混凝土时的超声声速、首波衰减和波形变化来判断混凝土中存在缺陷的性质、范围和位置。

三、混凝土裂缝检测

（一）常见裂缝分析

对于混凝土主体结构，由于混凝土是一种抗拉能力很低的脆性材料，在施工和使用过程中，当发生温度、湿度变化，地基不均匀沉降时，极易产生裂缝。

1. 收缩裂缝特点及影响因素

（1）特点：

裂缝位置及分布特征：混凝土早期收缩裂缝主要出现在裸露表面；混凝土硬化以后的收缩裂缝在建筑结构中部附近较多，两端较少见。

裂缝方向与形状：早期收缩裂缝呈不规则状；混凝土硬化以后的裂缝方向往往与结构或构件轴线垂直，其形状多数是两端细中间宽，在平板类构件中有的缝宽度变化不大。

裂缝发展变化：由于混凝土的干缩与收缩是逐步形成的，因此收缩裂缝是随时间而发展的。但当混凝土浸水或受潮后，体积会产生膨胀，因此收缩裂缝随环境湿度而变化。

（2）影响因素。影响混凝土收缩的因素主要有水泥品种、骨料品种和含泥量、混凝土配合比，外加剂种类及掺量、介质湿度、养护条件等。混凝土的相对收缩量主要取决于水泥品种、水泥用量和水灰比，绝对收缩量除与这些因素有关外，还与构件施工时最大连续边长成正比。当现浇钢筋混凝土楼板收缩受到其支承结构的约束，板内拉应力超过混凝土的极限抗拉强度时，就会产生裂缝。

2. 温度裂缝特点及影响因素

（1）特点：

温度裂缝位置及分布特征：房屋建筑由于日照温差引起混凝土墙的裂缝一般发生在屋盖下及其附近位置，长条形建筑的两端较为严重；由于日照温差造成的梁板裂缝，主要都出现在屋盖结构中；由于使用中高温影响而产生的裂缝，往往在离热源近的表面较严重。

裂缝方向与形状：梁板或长度较大的结构，温度裂缝方向一般平行短边，裂缝形状一般是一端宽一端窄，有的裂缝变化不大。平屋顶温度变形导致的墙体裂缝多是斜裂缝，一般上宽下窄，或靠窗口处较宽，逐渐减小。

（2）影响因素。外界温度变化是产生温度裂缝的主要因素之一，但这种裂缝不会无限制扩展恶化。当自然界温度发生变化或材料发生收缩时，房屋各部分构件将产生各自不相同的变形，引起彼此的制约作用而产生应力，当应力超过其极限强度时，不同形式的裂缝就会出现。

3. 地基变形、基础不均匀沉降裂缝特点及影响因素

（1）特点：

裂缝位置及分布特征：一般在建筑物下部出现较多，竖向构件较水平构件开裂严重，墙体构件和填充墙较框架梁柱开裂严重。

裂缝方向与形状：在墙上多为斜裂缝，竖向及水平裂缝很少见；在梁或板上多出现垂直裂缝，也有少数的斜裂缝；在柱上常见的是水平裂缝，这些裂缝的形状一般都是一端宽，另一端细。

裂缝发展变化：随着时间及地基变形的发展而变化，地基稳定后裂缝不再扩展。

（2）影响因素。引起地基不均匀变形的因素主要有以下几点：

①地基土层分布不均匀，土质差别较大；

②地基土质均匀，上部荷载差别较大、房屋层数相差过多、结构刚度差别悬殊、同一建筑物采用多种地基处理方法而且未设置沉降缝；

③建筑物在建成后，附近有深坑开挖、井点降水、大面积堆料、填土、打桩振动或新建高层建筑物等；

④建筑物使用期间，使用不当长期浸水，地下水位上升，暴雨使建筑物地基浸泡；

⑤软土地基中地下水位下降，造成砌体基础产生附加沉降开裂；

⑥地基冻胀，砌体基础埋深不足，地基土的冻胀致使砌体产生斜裂缝或竖向裂缝；

⑦地基局部塌陷，如位于防空洞、古井上的砌体，因地基局部塌陷而产生水平裂缝、斜裂缝；

⑧地震作用、机械振动等。

4. 受力裂缝（承载力不足）特点及影响因素

（1）特点：

裂缝位置及分布特征：都出现在应力最大位置附近，如梁跨中下部和连续梁支座附近上部等。

裂缝方向与形状：受拉裂缝与主应力垂直，支座附近的剪切裂缝，一般沿 45° 方向跨中向上方伸展。受压而产生的裂缝方向一般与压力方向平行，裂缝形状多为两端细中

间宽。扭曲裂缝呈斜向螺旋状，缝宽度变化一般不大。冲切裂缝常与冲切力成45°左右斜向开展。

裂缝发展变化：随着荷载加大和作用时间延长而扩展。

（2）影响因素。承载力不足是引起受力裂缝的主要因素之一，如：截面削弱较严重的部位，或随时间的改变，材料因风化侵蚀强度发生变化；使用环境的改变产生内力重分布或超载产生附加内力等。

（二）检测与鉴别方法

量测裂缝宽度可用刻度放大镜（20倍）或裂缝卡尺应变计、钢板尺、钢丝、应急灯等工具。对于可变作用大的结构要求测量其裂宽变化和最大开展宽度时，可以横跨裂缝安装裂缝仪等，用动态应变仪测量，用磁带记录仪等记录。对受力裂缝，量测钢筋重心处的宽度；对非受力裂缝，量测钢筋处的宽度和最大宽度。最大裂缝宽度取值的保证率为95%，并考虑检测时尚未作用的各种因素对裂宽的影响。

混凝土结构构件的裂缝主要有温度裂缝、干缩裂缝、应力裂缝、施工裂缝、沉降裂缝，以及构造不当引起的裂缝。

1. 应力裂缝：

（1）受弯构件：垂直裂缝及斜裂缝。垂直裂缝多出现在梁、板构件 M_{max} 处或截面削弱处（如主筋切断处）；斜裂缝多出现在 V_{max} 处，如某支座处（V、M共同作用）。裂缝由下向上部发展，随着荷载增加，裂缝数量及宽度加大。

（2）轴压、偏心构件：受压区混凝土被压裂；大偏心受拉区配筋少时，易产生受弯构建裂缝。

（3）轴拉构件：荷载不大，正截面开始出现裂缝，裂缝间距近似相等。

（4）冲切构件：柱下基础底板，从柱周出现45°斜缝，形成冲切面（剪力作用）。

（5）受扭构件：构件内产生近于45°倾角的螺旋形斜缝。

2. 温度裂缝：

（1）因环境剧烈变化引起的裂缝：现浇板为贯穿裂缝，矩形板沿短边裂；有横肋时常与横肋相垂直。

（2）大体积混凝土：温度引起裂缝，内外温差与温度突降引起表面或浅层裂缝；内部温差可造成贯穿裂缝；几种温差作用叠加，造成结构截面全部断裂。

（3）高温热源产生的裂缝：如鼓风炉周围或冷却器下的混凝土梁出现多条横向裂缝；钢筋混凝土烟囱受热后普遍产生竖缝或水平裂缝，其中投产使用期裂缝较浅，一般至内、外表面内3 ~ 10 cm，宽度0.2 ~ 2 mm；长期高温下竖缝达10余米长，水平缝达

1/5 ~ 1/2 周长，甚至全圆周。

3. 收缩裂缝：

（1）表面不规则发生裂缝：混凝土终凝前出现，及时抹实养护，即可消失。表面裂缝中间宽，两端细，或在两根钢筋之间，与钢筋平行。

（2）表面较大裂缝：干缩或温差原因叠加，裂缝长度、宽度较大，在板类结构中形成贯穿缝。

4. 沉降裂缝：

（1）一般在建筑物下部出现裂缝，裂缝都在沉降曲线曲率较大处；单层厂房可引起柱下部和上柱根部附近开裂；相邻柱出现下沉时，可把屋盖拉裂。

（2）沉陷裂缝方向与地基变形所产生的主应力方向垂直，墙上多为斜缝，梁和板上为垂直缝及少数斜缝，柱上为水平缝，且各裂缝均一端宽，另一端细。

（3）裂缝尺寸大小变化较多。当地基接近剪切破坏或出现较大沉降差时，裂缝尺寸较大，当地基沉降稳定后，裂缝不再发展。

四、混凝土中钢筋位置及保护层厚度检测

对于设计、施工资料不详的已建结构配筋情况调查，或是确定对保护层厚度敏感的悬臂板式结构的截面有效高度，要求检测钢筋的位置、走向、间距及埋深。不凿开混凝土表面，用钢筋位置探测仪可进行检测，确定内部钢筋的位置和走向。利用电磁感应原理进行检测，检测时将长方形的探头贴于混凝土表面，缓慢移动或转动探头，当探头靠近钢筋或与钢筋趋于平行时，感应电流增大，反之减小。通过标定，在已知钢筋直径的前提下，可检测保护层的厚度。当对混凝土进行钻芯取样时，一般可用此法预先探明钢筋的位置，以达到避让的目的。

检测采用电磁感应法可测出混凝土中钢筋的保护层厚度、直径及位置。

（二）评定与检测混凝土构件中钢筋的锈蚀方法

为了减少钢筋锈蚀对结构造成危害，需要即时了解现有的结构中的钢筋锈蚀状态，以便对钢筋采取必要的措施进行预防。对钢筋锈蚀的测试，可采用如下几种方法：

1. 视觉法和声音法

在常规的混凝土结构中，钢筋锈蚀的第一视觉特征是钢筋表面出现大量的锈斑，显然，只要检查钢筋表面就可以看到；有时混凝土表面下的裂缝发展到表面，混凝土最终开裂时可直接检查钢筋，在早期可以用“发声”方法估计下部裂缝引起的破坏，使用小锤敲击表面，利用声音的不同检测顺筋方向裂缝的出现。

2. 氯离子的监测

钢筋的腐蚀速度与混凝土中氯离子的含量有关。有资料表明：混凝土中氯化物含量达 0.6 ~ 1.2 kg/m^3，钢筋的腐蚀过程就可以发生，促使混凝土中钢筋锈蚀的氯离子含量的临界值，混凝土孔隙水的 pH 值高，促使钢筋锈蚀的氯离子含量临界值相应增高。

进入混凝土中的氯离子主要有两个来源：施工过程中掺加的防冻剂等—内掺型；使用环境中氯离子的渗透—外渗型。

在《混凝土结构设计规范》中第 3.4 条规定，室内正常环境下，最大氯离子含量不得大于 1.0%。在非严寒和非寒冷地区的露天环境下，最大氯离子含量不得大于 0.3%。严寒和寒冷地区的露天环境下，最大氯离子含量不得大于 0.2%。

3. 极化电阻法

极化电阻法（线形极化法）作为一个锈蚀监测方法，已经成功地应用于生产工业和许多环境，该方法的原理是将锈蚀率与极化曲线在自由锈蚀电位处的斜率联系在一起，可以用双电极或三电极系统监测材料与环境耦合的锈蚀率。

4. 半电池电位法

目前，国内外常用的方法是半电池电位法。检测前，首先配制 $CuSO_4$ 饱和溶液。检测时，保持混凝土湿润，但表面不存有自由水。为避免破凿对筒身结构造成损伤，采用电位梯度法，而非电位值法进行检测。现场电位梯度测试不需要凿开混凝土，使用两个相距 20 cm 的硫酸铜电极。钢筋锈蚀判别目前常用的有美国、日本、德国和冶建院 4 个标准，涉及电位梯度判别的有德国标准和冶建院标准。

六、红外热像分析检测

红外热成像技术是一种较新的检测技术，它集光电成像技术、计算机技术、图像处理技术于一身，通过接收物体发出的红外线（红外辐射），将其热像显示在荧光屏上，从而准确判断物体表面的温度分布情况，具有准确、实时、快速等优点。任何物体由于其自身分子的运动，不停地向外辐射红外热能，从而在物体表面形成一定的温度场，俗称“热像”。红外热像仪就是利用热成像技术将这种看不见的“热像”转变成可见光图像，使测试效果直观，灵敏度高，能检测出设备细微的热状态变化，准确反映设备内、外部的发热情况，可靠性高，对发现潜在隐患非常有效。

红外线辐射是一种最为广泛的电磁波辐射，通过红外探测器将物体辐射的功率信号转换成电信号后，成像装置的输出信号就可以完全一一对应地模拟扫描物体表面温度的空间分布，经电子系统处理，传至显示屏上，得到与物体表面热分布相应的热像图。

但在实际动作过程中被测目标物体各部分红外辐射的热像分布图由于信号非常弱，

与可见光图像相比，缺少层次和立体感，因此，为更有效地判断被测目标的红外热分布场，常采用一些辅助措施来增加仪器的实用功能，如图像亮度、对比度的控制，实标校正，伪色彩描绘等技术。

七、钢筋力学性能的检测

结构构件中钢筋的力学性能检测，一般采用半破损法，即凿开混凝土，截取钢筋试件，然后对试件进行力学性能试验。同一规格的钢筋应抽取两根，每根钢筋再分成两根试件，取一根试件做拉力试验，另一根试件做冷弯试验。在拉力试验的两根试件中，如其中一根试件的屈服强度、抗拉强度和伸长率3个指标中有一个指标达不到钢筋相应的标准值，应再抽取钢筋，制作双倍（4根）试件重做试验，如仍有一根试件的一个指标达不到标准要求，则不论这个指标在第一次试件中是否达到标准要求，拉力试验项目都为不合格。在冷弯试验中，如有一根试件不符合标准要求，应同样抽取双倍钢筋，重做试验。如仍有一根试件不符合要求，则冷弯试验项目不合格。

破损法检测钢筋的力学性能，应选择结构构件中受力较小的部位截取钢筋试件，梁构件中不应在梁跨中间部位截取钢筋。截断后的钢筋应用同规格的钢筋补焊修复，单面焊时搭接长度不小于10mm，双面焊时搭接长度不小于5 mm。

八、施工偏差和构件变形检测

（一）构件变形的检测内容及方法

变形测量是安全性检测中既有混凝土构件检测的主要内容之一，测量的对象和内容主要是屋架、托架、吊车梁、屋面梁的竖向挠度以及排架柱的水平侧移。对于挠度测量，可采用拉线、水准仪三点测量，排架柱水平侧移测量与建（构）筑物整体倾斜的测量方法相类似。变形测量结果可参照《工业建筑可靠性鉴定标准》中混凝土受弯构件变形限值予以判断。对于柱水平侧移的测量结果，可参考可靠性鉴定标准中对混凝土构件水平侧移的要求进行判断。

（二）施工偏差的检测内容及方法

施工偏差指混凝土构件实际的尺寸、位置与设计尺寸、位置之间的差异。过大的偏差会降低建筑物的使用功能，也可能引起较大的附加应力，降低结构的承载能力。在检查和测量既有建筑物的施工偏差时，可根据现行国家标准《混凝土结构工程施工质量验收规范》，确定检测的内容和标准。

第七节　钢结构检测

钢结构构件由于材料强度高，构件强度一般不起控制作用，而构件乃至结构的稳定性却是首要的控制因素，加上设计应力高，连接构造及其传递的应力大，因此钢结构各构件或某一构件各零件、配件之间的连接至关重要，连接的破坏会导致构件破坏甚至整个结构的破坏。因此，局部应力、次应力、几何偏差、裂缝、腐蚀、震动、撞击效应等对钢结构的强度、稳定、连接及疲劳的影响亦不可忽视。

钢结构构件中的型钢一般是由钢厂批量生产，并需有合格证明，因此，材料的强度及化学成分是有良好保证的。检测的重点在于加工、运输、安装过程中产生的偏差与误差。另外，由于钢结构的最大缺点是易于锈蚀，耐火性差，在钢结构工程中应重视涂装工程的质量检测。

如果钢材无出厂合格证明，或对其质量有怀疑，则应增加钢材的力学性能试验，必要时再检测其化学成分。

一、构件尺寸、厚度、平整度的检测

（一）尺寸检测。每个尺寸在构件的 3 个部位量测，取 3 处的平均值作为该尺寸的代表值。钢构件的尺寸偏差应以设计图纸规定的尺寸为基准计算尺寸偏差；偏差的允许值应符合其产品标准的要求。

（二）平整度检测。梁和桁架构件的变形有平面内的垂直变形和平面外的侧向变形，因此要检测两个方向的平直度。柱的变形主要有柱身倾斜与挠曲。检查时可先目测，发现有异常情况或疑点时，对梁、桁架可在构件支点间拉紧一根铁丝或细线，然后测量各点的垂度与偏差；对柱的倾斜可用经纬仪或铅垂测量。柱挠曲可在构件支点间拉紧一根铁丝或细线测量。

（三）钢材厚度检测。检测钢材厚度的仪器有超声波测厚仪和游标卡尺，精度均达 0.01 mm。

超声波测厚仪采用脉冲反射波法。超声波从一种均匀介质向另一种介质传播时，在界面会发生反射，测厚仪可测出探头自发出超声波至收到界面反射回波的时间。超声波在各种钢材中的传播速度已知，或通过实测确定，由波速和传播时间测算出钢材的厚度，对于数字超声波测厚仪，厚度值会直接显示在显示屏上。

二、构件表面缺陷检测

钢材缺陷的性质与其加工工艺有关，如铸造过程中可能产生气孔、疏松和裂纹等。锻造过程中可能产生夹层、折叠、裂纹等。钢材无损检测的方法有超声波法、射线法及磁力法。其中超声波法是目前应用最广泛的探伤方法之一。

超声波的波长很短、穿透力强，传播过程中遇到不同介质的分界面会产生反射、折射、绕射和波形转换，超声波像光波一样具有良好的方向性，可以定向发射，犹如一束手电筒灯光可以在黑暗中寻找目标一样，能在被检材料中发现缺陷。超声波探伤能探测到的最小缺陷尺寸约为波长的一半。超声波探伤又可以分为脉冲反射法和穿透法两类。

钢材缺陷可以采用平探头纵波探伤的方法，探头轴线与其端面垂直，超声波与探头端面或钢材表面成垂直方向传播，超声波通过钢材的上表面、缺陷及底面时，均有部分超声波被反射出来，这些超声波各自往返的路程不同，回到探头时间也不同，在示波器上将分别显示出反射脉冲，依次称为始脉冲、伤脉冲和底脉冲。当钢材中无缺陷时，则无伤脉冲显示。始脉冲、伤脉冲和底脉冲波之间的间距比等于钢材上表面、缺陷和底面的间距比，由此可确定缺陷的位置。

三、连接（焊接、螺栓连接）检测

钢结构事故往往出现在连接上，故应将连接作为重点对象进行检查。譬如，重庆彩虹桥，于1996年建成投入使用，1999年1月4日垮塌，其主要原因是该桥的主要受力拱架钢管焊接质量不合格，存在严重缺陷，个别焊缝有陈旧性裂痕。

连接板的检查包括：

（1）检测连接板尺寸（尤其是厚度）是否符合要求；

（2）用直尺作为靠尺检查其平整度；

（3）测量因螺栓孔等造成的实际尺寸的减小；

（4）检测有无裂缝、局部缺损等损伤。

对于螺栓连接，可用目测、锤敲相结合的方法检查，并用扭力扳手（当扳手达到一定的力矩时，带有声、光指示的扳手）对螺栓的紧固性进行复查，尤其对高强螺栓的连接更应仔细检查。此外，对螺栓的直径、个数、排列方式也要一一检查。

焊接连接目前应用最广，出现事故也较多，应检查其缺陷。焊缝的缺陷种类不少，有裂纹、气孔、夹渣、未熔透、虚焊、咬边、弧坑等。检查焊缝缺陷时，可用超声探伤仪或射线探测仪检测。在对焊缝的内部缺陷进行探伤前应先进行外观质量检查，如果焊缝外观质量不满足规定要求，需进行修补。

（一）焊缝缺陷

常见的影响焊缝强度的主要缺陷有：根部未焊透、裂纹、未熔合和长条夹渣。

未焊透会使杆件焊缝的内应力在未焊透处集中，引起抗拉强度明显降低，有时降低至 40% ~ 50%，故杆件存在未焊透缺陷时，对脆性破坏有很大敏感性。

裂纹的危害更为严重，它可以直接破坏焊缝的塑性和强度，根据以往经验，焊缝裂纹多集中在定位点焊部位。

（二）焊缝外观质量检测

焊缝的外形尺寸一般用焊缝检验尺测量。焊缝检验尺由主尺、多用尺和高度标尺构成，可用于测量焊接母材的坡口角度、间隙、错位、焊缝高度、焊缝宽度和角焊缝高度。

主尺正面边缘用于对接校直和测量长度尺寸；高度标尺一端用于测量母材间的错位及焊缝高度，另一端用于测量角焊缝厚度；多用尺 15° 锐角面上的刻度用于测量间隙；多用尺与主尺配合可分别测量焊缝宽度及坡口角度。

焊缝表面不得有裂纹、焊瘤等缺陷，《钢结构设计规范》规定焊缝质量等级分为一、二、三级，一级焊缝为动荷载或静荷载受拉，要求与母材等强度的焊缝；二级焊缝为动荷载或静荷载受压，要求与母材等强度的焊缝；三级焊缝是一、二级焊缝之外的贴角焊缝。

T 形接头、十字接头、角接接头等要求熔透的对接和角对接组合焊缝，其焊脚尺寸不应小于 t/4；设计有疲劳验算要求的吊车梁或类似构件的腹板与上翼缘连接焊接的焊脚尺寸为 t/2，且不应大于 10 mm。焊脚尺寸的允许偏差为 0 ~ 4 mm。

（三）焊缝内部缺陷的超声波探伤和射线探伤

碳素结构钢应在焊缝冷却到环境温度，低合金结构钢应在完成焊接 24 h 以后，进行焊接探伤检验。钢结构焊缝探伤的方法有超声波法和射线法。《钢结构工程施工质量验收规范》规定，设计要求全焊透的一、二级焊缝应采取超声波探伤进行内部缺陷的检验，超声波探伤不能对缺陷做出判断时，应采取射线探伤，其内部缺陷分级及探伤方法应符合现行国家标准《钢焊缝手工超声波探伤方法和探伤结果分级》或《钢熔化焊对接接头射线照相和质量分级》的规定。

焊接球节点网架焊缝、螺栓球节点网架焊缝及圆管 T、K、Y 形节点相差线焊缝，其内部缺陷分级与探伤方法应分别符合国家现行标准《焊接球节点钢网架焊缝超声波探伤及质量分级法》《螺栓球节点钢网架焊缝超声波探伤及质量分级法》和《建筑钢结构焊接技术规程》的规定。

1. 对工厂制作焊缝，应按每条焊缝计算百分比，且探伤长度不应小于 200 mm，当焊缝长度不足 200 mm 时，应对整条焊缝进行探伤；

2. 对现场安装焊缝，应按同一类型、同一施焊条件的焊缝条数计算百分比，探伤长度不应小于 200 mm，并不应少于 1 条焊缝。

（四）焊缝缺陷检测方法（着色渗透检测原理）

渗透检测俗称渗透探伤，是一种以毛细管作用原理为基础用于检查表面开口缺陷的无损检测方法。它与射线检测、超声检测、磁粉检测和涡流检测一起，并称为 5 种常规的无损检测方法。渗透检测始于 21 世纪初，是目视检查以外最早应用的无损检测方法。由于渗透检测的独特优点，其应用遍及现代工业的各个领域。国外研究表明：渗透检测对表面点状和线状缺陷的检出概率高于磁粉检测，是一种最有效的表面检测方法。

渗透探伤工作原理是渗透剂在毛细管作用下，渗入表面开口缺陷内，在去除工件表面多余的渗透剂后，通过显像剂的毛细管作用将缺陷内的渗透剂吸附到工件表面形成痕迹而显示缺陷的存在。

四、钢材强度检测

采用表面硬度法对钢材强度进行检测，它的基本原理是具有一定质量的冲击体在一定的试验力作用下冲击试样表面，测量冲击体试样表面 1 mm 处的冲击速度与回跳速度，利用电磁原理，感应出与速度成正比的电压，较硬的材料产生的反弹速度大于较软者。然后通过有关公式计算钢材的实际强度。

可根据同种材料的屈强比计算钢材的屈服强度或条件屈服强度，确定钢材的强度。

五、钢材锈蚀检测

钢结构在潮湿、存水和酸碱盐腐蚀性环境中容易生锈，锈蚀导致钢材截面削弱，承载力下降。钢材的锈蚀程度可由其截面厚度的变化来反应。

六、防火涂层厚度检测

钢结构在高温条件下，材料强度显著降低。可见，耐火性差是钢结构致命的缺点，在钢结构工程中应十分重视防火涂层的检测。

薄涂型防火涂料涂层表面裂纹宽度不应大于 0.5 mm，涂层厚度应符合有关耐火极限的设计要求；厚涂型防火涂料涂层表面裂纹宽度不应大于 1 mm，其涂层厚度应有 80% 以上的面积符合耐火极限的设计要求，且最薄处厚度不应低于设计要求的 85%。

（一）测针（厚度测量仪）。测针由针杆和可滑动的圆盘组成，圆盘始终保持与针杆垂直，并在其上装有固定装置，圆盘直径不大于 30 mm，以保证完全接触被测试件的表面。如果厚度测量仪不易插入被插材料中，也可使用其他适宜的方法测试。

测试时，将测厚探针垂直插入防火涂层直至钢基材表面上，记录标尺读数。

（二）测点选定：

1. 楼板和防火墙的防火涂层厚度测定，可选两相邻纵、横轴线相交中的面积为一个单元。在其对角线上，按每米长度选一点进行测试。

2. 全钢框架结构的梁和柱的防火层厚度测定，在构件长度内每隔 3 m 取一截面。

3. 桁架结构的上弦和下弦每隔 3 m 取一截面检测，其他腹杆每根取一截面检测。

（三）测量结果。对于楼板和墙面，在所选择的面积中，至少测出 5 个点；对于梁和柱，在所选择的位置中分别测出 6 个点和 8 个点，分别计算出它们的平均值，精确到 0.5 mm。

七、施工偏差和变形、振动

（一）构件变形和振动的检测内容及方法

过大的变形和振动不仅影响构件的正常使用，还可能威胁构件的安全性。现行设计规范对变形和振动的控制主要是通过规定变形容许值和容许长细比来实现的，检测中可依据这些规定值对构件的变形和振动做出初步判定。钢构件的变形主要为受弯构件的挠度和柱的侧移，应注意检测吊车梁、吊车桁架、轨道梁、楼盖和屋盖梁、屋架、平台梁等受弯构件的挠度，以及排架柱、框架柱、露天栈桥柱等的侧移，振动方面则应注意检测吊车梁系统、屋架下弦、支撑等构件和杆件。

（二）制作和安装偏差的检测内容及方法

偏差指制作过程中钢板、型钢、焊缝、螺栓等的尺寸偏差和制作、安装过程中构件的位置偏差。国家标准《钢结构工程施工质量验收规范》控制的主要偏差。

过大的偏差会影响构件的受力性能和承载能力，在某些情况下还可能造成构件的局部破坏。我国设计、施工规范对各类偏差都做出了严格的限定，检测中应依据原设计的要求和设计、施工规范的规定，对构件的几何尺寸和空间位置进行复核，测量工具包括钢尺、角尺、塞尺（测量裂缝宽度）、游标卡尺、超声波金属厚度测试仪、水准仪、经纬仪、光电测距仪、全站仪等。

第八节　桥梁检测

通过了解桥梁的技术状况及缺陷和损伤的性质、部位、严重程度、发展趋势，弄清出现缺陷和损伤的主要原因，以便能分析和评价既存缺陷和损伤对桥梁质量和使用承载能力的影响，并为桥梁维修和加固设计提供可靠的技术数据和依据。

因此，桥梁检查是进行桥梁养护、维修与加固的先导工作，是决定维修与加固方案可行和正确与否的可靠保证。它是桥梁评定、养护、维修与加固工作中必不可少的重要组成部分。

一、检测基础知识

（一）标志、桩号、里程、桥头信息的识别。

（二）左右幅的确定。以公路里程增加方向为前进方向，该方向的左边为“左幅”，右边为“右幅”。

可以用来确定：桩号 / 墩台从小到大的方向（里程增加的方向）。

（三）伸缩缝位置、联的确定。

伸缩缝位置确定：按里程增加的方向依次排开第 1 道、第 2 道等。

联的确定：第 1 与第 2 到伸缩缝之间为第 1 联，依次递增类推。

锚固区：伸缩缝两侧。

（四）主线桥编号规则。墩（台）、桥孔编号规则，以公路里程增加方向为前进方向。主线桥小桩号方向的桥台为 0 号桥台，沿前进方向依次为 1 号墩、2 号墩、……、m 号台，相应的桥孔 / 跨为第 1 孔 / 跨、第 2 孔 / 跨、……、第 m 孔 / 跨。

（五）跨线桥、通道编号规则。跨线桥编号方法为面向前进方向，从左到右依次为 0 号台、1 号墩、2 号墩、……、m 号台，相应的桥孔为第 1 孔 / 跨、第 2 孔 / 跨、……、第 m 孔 / 跨。

（六）特大型、大型桥梁的水准点编号规则。特大型、大型桥梁在桥面设置永久性观测点，定期进行检测，按单幅计算，沿行车道两边，按每孔四分点、二分点、支点不少于 5 个位置（10 个点）布设测点。

二、桥梁外观检查及无损检测

公路桥梁的结构类型包括：（1）梁式桥；（2）板拱桥（圬工、混凝土）、肋拱桥、双曲拱桥；（3）钢架拱桥、桁架拱桥；（4）钢 – 混凝土组合拱桥；（5）悬索桥；（6）斜拉桥。

（1）梁式桥。上部承重构件、桥墩、桥台、基础、支座。

（2）板拱桥（圬工、混凝土）肋拱桥、双曲拱桥。主拱圈、拱上结构、桥面板、桥墩、桥台、基础。

（3）钢架拱桥、桁架拱桥。钢架（桁架）拱片、横向联结系、桥面系、桥墩、桥台、基础。

（4）钢－混凝土组合拱桥。拱肋、横向联结系、主柱、吊杆、系杆、行车道板（梁）、支座、桥墩、桥台、基础。

（5）悬索桥。主缆、吊索、加劲梁、索塔、锚碇、桥墩、桥台、基础、支座。

（6）斜拉桥。斜拉索（包括锚具）、主梁、索塔、桥墩、桥台、基础、支座。

检测主要采用野外实地量测现场评定的方法，要求到位检查。并可借助于检查梯或望远镜。对于难以到位检查的桥梁部位，还应借助桥梁检测车设备进行。检查时以目力检测为主，结合部分无损检测设备进行检查。

上部结构采用桥梁检测车逐孔以单个构件或单个支座为单位依据相应检测指标检查，主要承重构件病害的检查必须要用桥梁检测车检查，如主梁等；下部结构及桥面系采用人工逐个构件检查的方法进行外业检查。

对于病害部位，在明确病害范围后，在病害部位标明病害位置、相关尺寸及检查日期等信息并拍照记录，外业检查填写相关检查记录表，并绘制病害展开图。

（一）桥面系检测：

1. 桥面铺装层纵、横坡是否顺适，有无严重的裂缝（龟裂、纵横裂缝）、坑槽、波浪、桥头跳车、防水层漏水；

2. 伸缩缝是否有异常变形、破损、脱落、漏水，是否造成明显的跳车；

3. 护栏有无撞坏、断裂、错位、缺件、剥落、锈蚀等；

4. 桥面排水是否顺畅，泄水管是否完好畅通，桥头排水沟功能是否完好，锥坡桥头护岸有无冲蚀、塌陷；

5. 桥上交通信号、标志、标线、照明设施是否损坏、老化、失效，是否需要更换。

（二）上部结构检测。上部结构主要包括主梁、挂梁、湿接缝、横隔板、支座等，具体构件确定按桥梁结构划分。

（三）下部结构检测。下部结构主要包括翼墙、耳墙、桥台、墩台基础等，具体构件确定按桥梁结构划分。

不同结构类型的桥梁，其检测内容及方法不尽相同，这里拿梁式桥来举例，主要的检测内容是针对其上部结构、下部结构以及桥面系不同类别的部件进行病害的检查。

（四）其他检测：

1. 构件无损检测主要检测内容：

（1）混凝土强度检测；

（2）混凝土碳化深度检测；

（3）钢筋位置及混凝土保护层厚度检测；

（4）钢筋锈蚀情况检测。

2. 桥梁周边环境调查：

（1）桥梁运营情况调查：通过向桥梁养护部门调阅历年来的桥梁养护资料和定期检查资料来了解桥梁的状态，并向相关部门调查近年来交通量的变化情况及车辆超载运输情况，结合本次桥梁结构检测及荷载试验结果对桥梁的病害原因进行分析，并对桥梁是否满足现行荷载通行要求做出判断，当不满足时提出加固建议，满足时提出桥梁日常养护时应注意的问题；

（2）桥头引道调查：重点调查台背沉陷情况及其产生的桥头跳车现象，并分析由此产生的对桥梁结构的冲击影响。

（3）对于特大型、大型桥梁，应设立永久性观测点，定期进行控制检测。特大型、大型桥梁竣工时有永久性观测点的，根据原观测点资料测量，应设而没有设置永久性观测点的桥梁，应在定期检查时按规定补设，根据补设观测点进行测量。测点的布设和首次检测的时间及检测数据等，按竣工资料的要求予以归档，并绘制观测点布置图。

三、荷载试验检测

梁承载能力反映了结构抗力效应与荷载效应的对比关系，就桥梁结构而言这种关系往往是不确定的，是不断变化的。

对桥梁的承载能力进行检测，是为了对其进行评定，而评定的主要目的是为了维持现有桥梁安全或可靠水平在规范的要求之上或能满足当前荷载的要求，了解桥梁的真实承载性能，综合分析判断桥梁结构的承载能力和使用条件。

（一）适用条件：

1. 采用基于检测的方法检算不足以明确判断承载能力的桥梁；

2. 交工验收时，单孔跨径大于 40 m 的大桥或特大桥梁；

3. 采用新结构、新材料、新工艺或新理论修建的桥梁；

4. 在投入运营一段时间后结构性能出现明显退化的桥梁；

5. 出现较大变化、主要承重构件开裂严重、基础沉降较大等；

6. 改、扩建或重大加固后的桥梁；

7. 通行荷载明显高于设计荷载等级的桥梁。

（二）荷载试验一般过程。桥梁荷载试验一般包括静力荷载试验与动力荷载试验两部分。一般情况下，桥梁结构试验可分为 4 个阶段，即试验计划、试验准备、加载试验与观测以及试验资料整理分析与总结。

（三）静载试验。静载试验用于采集结构应力、变形数据，并进行结构分析；应变最大实测值与分析值对比，验证校验系数；挠度测试中校验系数验证、残余变形评定。

桥梁静力荷载试验，主要是通过测量桥梁结构在静力试验荷载作用下的变形和内力，用以确定桥梁结构的实际工作状态与设计期望值是否相符，以检验桥梁结构实际工作性能，如结构的强度、刚度等。

荷载试验的目的是了解结构在荷载作用下的实际工作状态，综合分析判断桥梁结构的承载能力和使用条件。

（四）动载试验。动载试验用于分析结构自振频率和振型有无降低和劣化；测定冲击系数。

动载试验的项目内容包括：

1. 检验桥梁结构在动力荷载作用下的受迫振动特性，如桥梁结构动位移、动应力、冲击系数的行车试验。

2. 测定桥梁结构的自振特性，如结构或构件的自振频率、振型和阻尼比等的脉动试验或跳车激振试验。

动载试验的分类：脉动试验、行车试验、跳车激振试验、刹车试验。

行车试验的试验荷载：一般采用接近于检算荷载（标准荷载）重车的单辆载重汽车来充当。试验时，让单辆载重汽车分偏载和中载两种情形，以不同车速匀速通过桥跨结构，测定桥跨结构主要控制截面测点的动应力和动挠度时间历程响应曲线。

跳车激振的试验荷载：一般采用近于检算荷载（标准荷载）重车的单辆载重汽车来充当。试验时，让单辆载重汽车的后轮在指定位置从高度为 15 cm 的三角形垫木上突然下落对桥梁产生冲击作用，激起桥梁的竖向振动。

第九节　隧道检测

一、隧道外观检查及无损检测

（一）检测目的：

1. 对隧道病害进行全面检测，为该隧道的运营、养护、维修或改建提供参考依据。

2. 根据各部件缺损状况，判断缺损原因，确定维修范围及方式，整理隧道检查数据资料，根据检查内容做出相应判定。

3. 针对隧道现状，提出处置措施的建议。

（二）定期检查依据：

《公路工程技术标准》《公路养护技术规范》《公路隧道养护技术规范》《公路隧道施工技术规范》《公路隧道设计规范》各隧道施工图或竣工图。

（三）定期检查内容。公路隧道定期检查是按规定周期对结构的基本技术状况进行全面检查，以掌握结构的基本技术状况，评定结构物功能状态，为制订养护工作计划提供依据。定期检查按检查项目主要分为洞口、洞门、衬砌、路面、检修道、排水系统、吊顶、内装及隧道环境九大部分内容。

（四）结构无损检测。主要检测内容包括：1. 混凝土强度检测；2. 混凝土碳化深度检测；3. 钢筋位置及混凝土保护层厚度检测；4. 钢筋锈蚀情况检测。

（五）检查方式。主要检查方式以步行检查方式为主，配备必要的检查工具或设备，进行目测或测量检查。依次检查各个结构部位，及时发现异常情况，并在相应位置做出标记，并监测其发展变化情况。

针对构件无损检测方式：1. 混凝土强度检测采用超声 - 回弹综合测强法检测；2. 混凝土表面碳化采用人工手锤凿坑，用酚酞溶液显示混凝土碳化分界位置并用混凝土碳化深度测量仪测量其碳化深度；3. 钢筋位置及混凝土保护层厚度采用钢筋位置测定仪进行检测；4. 钢筋锈蚀采用钢筋锈蚀仪进行检测。

二、隧道环境检测

（一）检测内容及目的。隧道环境检测主要对灯具照度、风速及噪声、一氧化碳浓度、烟雾浓度进行检测分析，考察隧道是否满足公路隧道通风照明及环境要求，以充分提高安全使用性能，为养护单位后期工作提供可靠依据。

（二）检测依据：

《公路隧道通风照明设计规范》《公路隧道施工技术规范》《声环境质量标准》。

（三）检测方式

风速检测采用迎面法：测风员面向风流站立，手持风速计，手臂向正前方伸直，然后按一定的路线使风速计均匀移动。由于人体位于风表的正后方，人体的正面阻力降低了流经风表的流速。

隧道周边环境调查：通过向隧道养护部门调阅历年来的隧道养护资料和定期检查资料来了解隧道的状态，并向相关部门了解近年来交通量的变化情况及车辆超载运输情况，结合本次隧道检测结果对桥梁的病害原因进行分析，提出隧道日常养护时应注意的问题。

三、质量检测

（一）主要检测依据：

《公路隧道施工技术规范》；

《公路隧道设计规范》；

《铁路隧道超前地质预报技术指南》；

《公路工程物探规程》；

《公路工程质量检验评定标准》；

《锚杆喷射混凝土支护技术规范》；

《岩土锚杆（索）技术规程》；

《铁路隧道监控量测技术规程规范》；

《铁路隧道衬砌质量无损检测规范》。

（二）主要检测内容及方法：

1. 超前地质预报。超前地质预报采用地质超前预报仪进行检测。

2. 隧道初期支护间距、初期支护背后空隙及回填状况。初期支护间距采用钢卷尺通过尺量的方法进行。

3. 隧道二次衬砌厚度及安全状况描述。

4. 二次衬砌背后空隙及回填状况。衬砌背后回填密实度的主要判定特征为：

（1）密实：信号幅度较弱，甚至没有界面反射信号；

（2）不密实：衬砌界面的强反射信号同相轴呈绕射弧形，且不连续，较分散；

（3）空洞：衬砌界面反射信号强，三振相明显，在其下部仍有强反射界面信号，两组信号时程差较大。

5. 锚杆拉拔力及锚固质量无损检测。

第八章　土木工程安全鉴定

第一节　鉴定的基础

一、鉴定的概念

鉴定的基本解释为辨别并确定事物的真伪优劣。一般情况下，土木工程安全鉴定的对象为现有建筑物、构筑物等。其中现有建筑是指除古建筑、新建建筑、危险建筑以外，迄今仍在使用的现有建筑，也就是说现有建筑只是既有建筑中的一部分。

根据现行规范和相关资料，土木工程安全结构鉴定是指人们根据结构力学、土木工程结构、土木工程材料的专业知识，依据相关的鉴定标准、设计标准、规范和结构工程方面的理论，借助检测工具和仪器设备，结合结构设计和施工经验，对土木工程结构的材料、承载力和损坏原因等情况进行的检测、计算、分析和论证，并最后判定其可靠与安全程度。

二、鉴定的基本思想

土木工程安全鉴定的内容和拟建土木工程在结构设计方面的内容并没有本质差别，它们均需要通过对各种不确定因素的分析，控制或判定结构的性能，二者理论的主要内容均为结构可靠性理论；但是，现有土木工程已成为现实的空间实体，并经历了一定时间的使用，在具体的分析和评定过程中就不能完全套用结构设计中的分析和校核方法。

第一，现有土木工程结构鉴定的实质是对其在未来时间里能否完成预定功能的一种预测和判断，是对未来事物的推断。确定土木工程当前的状况并非鉴定的目的，鉴定的目的是为了评定现有土木工程在未来预期或设计的时间里能否安全和适用。在土木工程的可靠性鉴定中，首先应该明确考虑时间区域，着眼于现有结构和环境在未来可能发生的变化。

第二，与拟建土木工程不同，在鉴定过程中，应充分考虑对鉴定结果有直接影响的前提条件，例如设计失误、施工缺陷、使用不当、围护不周等。

第三，如果因用途变更、改建、扩建等原因而对土木工程进行鉴定，就必须考虑功能的变化，这些变化会改变最初设计时所依据的控制指标和限值。

三、鉴定的分类和适用范围

土木工程安全鉴定主要包括：建筑可靠性鉴定、危险房屋鉴定、建筑抗震鉴定、公路桥梁技术评定以及隧道技术评定等。

建筑可靠性鉴定分为民用建筑可靠性鉴定、工业厂房可靠性鉴定。民用建筑可靠性鉴定适用于建筑物大修前的全面检查，重要建筑物的定期检查，建筑物改变用途或使用条件的鉴定，建筑物超过设计预期继续使用的鉴定，为制定建筑群维修改造规划而进行的普查。工业厂房可靠性鉴定适用于以混凝土结构、砌体结构为主体的单层或多层工业厂房的整体、区段或构件，以钢结构为主体的单层厂房的整体、区段或构件。

危险房屋鉴定是为正确判断房屋结构的危险程度，及时治理危险房屋，确保使用安全的鉴定，适用于现有建筑。

建筑抗震鉴定是为减轻地震破坏、减少损失，并为抗震减灾或采取其他抗震减灾对策提供依据，对现有建筑的抗震能力进行的鉴定，适用于抗震设防烈度为 6 ~ 9 度地区的现有建筑。

公路桥梁技术评定与隧道技术状况评定是根据检测资料与相关规范，将桥梁或隧道功能不足、易损性或损伤导致缺陷参数表示成技术状况，从而对缺陷的主动响应提供清晰的表述，以确保公路桥梁与隧道安全使用，也可为桥梁养护、维修和更换提供决策依据。

四、鉴定的依据和规范

依据旧的规范标准设计的现有土木工程，在严格以现行规范标准为基准来评定时，则可能造成土木工程加固改造规模过大。一定比例的建筑物的性能低于当前标准规定的水平，是科技发展、土木结构性能退化的必然结果，是任何时期都普遍存在和必须面对的问题。因此，较为合理的方法是赋予评定标准一定的弹性：如果土木工程结构的性能仅在较小程度上小于现行规范规定的水平，那么原则上应予以接受；但对于相差较大的土木工程结构，则应作为加固改造的重点对象。

第二节　建筑可靠性鉴定

建筑结构的可靠性是指建筑结构在规定的时间内和有限的条件下完成预定功能的能力，结构的预定功能包括结构的安全性、使用性和耐久性。因此，建筑结构的可靠性鉴定就是根据建筑结构的安全性、使用性和耐久性来评定建筑的可靠程度，要求房屋结构安全可靠、经济实用、坚固耐久。

一、鉴定的方法

（一）传统经验法。传统经验法主要是以有关的鉴定标准为依据，依靠有经验的专业技术人员进行现场目视检测，有时辅以简单的检测仪器和必要的复核计算，然后借助专业人员的知识和经验给出评定结果。该方法鉴定程序简单，但由于受检测技术的制约和个人主观因素的影响，鉴定人员难以获得较为准确完备的数据和资料，也难以对结构的性能和状态做出全面的分析，鉴定结论往往因人而异，工程处理方案也偏保守，不能合理有效处理问题，此方法目前基本已被淘汰。

（二）实用鉴定法。实用鉴定法是应用各种检测手段对建筑物及其环境进行调查分析，并用计算机技术以及其他相关技术和方法分析建筑物的性能和状态，全面分析建筑物存在问题的原因，以现行标准规范为基准，按照统一的鉴定程序和标准，提出综合性鉴定结论和建议。该方法与传统经验法相比，鉴定程序科学，对建筑物性能和状态的认识较准确和全面，具有合理、统一的评定标准，而且鉴定工作主要由专门的技术机构或专项鉴定组承担，因此对建筑物可靠性水平的判定较准确，能够为建筑物维修、加固、改造方案的决策提供可靠的技术依据。此鉴定方法适用于结构复杂、建筑标准要求较高的大型建筑物或重要建筑物。

（三）概率鉴定法。概率鉴定法（可靠度鉴定法）是将建筑结构的作用效应 S 和结构抗力 R 作为随机变量，运用概率论和数理统计原理，计算出 $R < S$ 时的失效概率，用来描述建筑结构可靠性的鉴定方法。该方法针对具体的已有建筑物，通过对建筑物和环境信息的采集和分析，评定其可靠性水平，评定结论更符合特定建筑物的实际情况。从发展趋势上看，概率鉴定法是可靠性鉴定方法的发展方向。

二、民用建筑可靠性鉴定

（一）民用建筑可靠性鉴定的分类

按照结构功能的两种极限状态，民用建筑可靠性鉴定可分为安全性鉴定和正常使用性鉴定。根据不同的鉴定目的和要求，安全性鉴定和正常使用性鉴定可分别进行，或合并为可靠性鉴定以评估结构的可靠性。当鉴定评为需要加固处理或更换构件时，应根据加固或更换的难易程度、修复价值及加固修复对原有建筑功能的影响程度，补充构件的适修性评定（详见《民用建筑可靠性鉴定标准》），作为工程加固修复决策时的参考或建议。

（二）民用建筑鉴定的程序和内容

依托于实用鉴定法，在现行《民用建筑可靠性鉴定标准》中。

1. 初步调查的目的是了解建筑物的历史和现状，为下一阶段的结构质量检测提供有关依据。初步调查应包括下列基本工作内容：

（1）进行资料收集，主要包括：图纸资料，如岩土工程勘察报告、设计计算书、设计变更记录、施工图、施工及施工变更记录、竣工图；竣工质检及验收文件，包括隐蔽工程验收记录、定点观测记录、事故处理报告、维修记录、历次加固改造图纸等；建筑物历史，如原始施工、历次修缮、改造、用途变更、使用条件改变以及受灾等情况。

（2）进行现场工作调查，通过考察现场按资料核对实物，调查建筑物实际使用条件和内外环境，查看已发现的问题，听取有关人员的意见等。

通过资料收集和现场调查，填写初步调查表，最终制订详细调查计划及检测、试验工作大纲并提出需由委托方完成的准备工作。

2. 详细调查是可靠性鉴定的基础，其目的是为结构的质量评定、结构验算和鉴定以及后续的加固设计提供可靠的资料和依据。此时，可根据实际需要选择下列工作内容：

（1)结构基本情况勘查：结构布置及结构形式；圈梁、支撑（或其他抗侧力系统）布置；结构及其支承构造；构件及其连接构造；结构及其细部尺寸，其他有关的几何参数。

（2)结构使用条件调查核实：结构上的作用；建筑物内外环境；使用史（含荷载史）。

（3)地基基础（包括桩基础）检查：场地类别与地基土（包括土层分布及下卧层情况）。地基稳定性（斜坡）；地基变形，或其在上部结构中的反应；评估地基承载力的原位测试及室内物理力学性质试验；基础和桩的工作状态（包括开裂、腐蚀和其他损坏的检查）；其他因素（如地下水抽降、地基浸水、水质、土壤腐蚀等）的影响或作用。

（4）材料性能检测分析：结构构件材料；连接材料；其他材料。

（5)承重结构检查：构件及其连接工作情况；结构支承工作情况；建筑物的裂缝分布；

结构整体性；建筑物侧向位移（包括基础转动）和局部变形；结构动力特性。

（6）围护系统使用功能检查。

（7）易受结构位移影响的管道系统检查。

3. 补充调查是在鉴定评级过程中，在发现某些项目的评级依据尚不充分，或者评级介于两个等级之间的情况下，为获得较正确的评定结果而进行的调查工作。

（三）民用建筑鉴定的层次和等级划分

民用建筑结构体系按照结构失效逻辑关系，划分为相对简单的3个层次：构件、子单元和鉴定单元。构件是鉴定的第一层次，是最基本鉴定单位。子单元是鉴定的第二层次，由构件组成，一般可按地基基础、上部承重结构和围护系统划分为3个子单元。鉴定单元是鉴定的第三层次，根据被鉴定建筑物的构造特点和承重体系的种类，将该建筑物划分成一个或若干个可以独立进行鉴定的区段，每一区段为一鉴定单元。

鉴定时，按规定的检查项目和步骤，首先从第一层次开始，逐层进行评定。根据构件各检查项目评定结果确定单个构件等级；再根据子单元各检查项目及各种构件的评定结果，确定该子单元等级；最后根据子单元的评定结果，确定鉴定单元等级。

鉴定标准用文字统一表述各类结构各层次评级标准的分级原则，对有些不能用具体数量指标界定的分级标准做出解释。民用建筑安全性、使用性、可靠性各层次的分级标准详见《民用建筑可靠性鉴定标准》。

1. 安全性鉴定。民用建筑安全性鉴定划分为构件、子单元和鉴定单元3个层次，每个层次分4个等级进行鉴定。

2. 使用性鉴定。民用建筑使用性鉴定按构件、子单元和鉴定单元3个层次，每个层次分3个等级进行鉴定。由于使用性鉴定中不存在类似安全性严重不足，必须立即采取措施的情况，所以使用性鉴定分级的档数比安全性和可靠性鉴定少一档。

3. 可靠性鉴定。民用建筑可靠性鉴定按构件、子单元和鉴定单元3个层次，每个层次分4个等级进行鉴定。各层次的可靠性鉴定评级，以该层次的安全性和使用性等级的评估结果为依据综合确定。

（四）构件安全性鉴定评级

建筑结构构件安全性评级所涉及的构件主要有混凝土构件、钢结构构件、砌体结构构件与木结构构件。当需通过荷载试验评估结构构件的安全性时，应按现行国家标准进行。若检验合格，可根据其完好程度定为 a_u 级或 b_u 级；若检验不合格，可根据其严重程度定为 c_u 级或 d_u 级。结构构件可仅做短期荷载试验，其长期效应的影响可通过计算补偿。

若其他层次在鉴定评级中，有必要给出其中构件的安全性等级时，可根据其实际完好程度定为\级或\级。但若构件未受到结构性改变、修复、修理、用途与使用条件改变的影响，未遭明显的损坏，工作正常且不怀疑其可靠性不足时，可不参与鉴定。

1. 混凝土结构构件安全性评级。混凝土结构构件的安全性鉴定，应按承载能力、构造、不适于继续承载的位移（或变形）和裂缝等 4 个检查项目，分别评定每一受检构件的等级，并取其中最低一级作为该构件安全性等级。

（1）承载能力项目鉴定评级。混凝土构件承载能力评定，是对构件的抗力 /f 和作用效应 S 按现行《混凝土结构设计规范》进行计算，并考虑结构重要性系数，结合标准评定混凝土构件的承载能力等级。

（2）构造项目鉴定评级。混凝土结构构件的安全性按构造评定时应分别评定连接（或节点）构造、受力预埋件两个检查项目的等级，然后取其中较低一级作为该构件构造的安全性等级。可根据其实际完好程度确定评定结果取 a_u 级或 b_u 级；可根据其实际严重程度确定评定结果取 c_u 级或 d_u 级。构件支承长度的检查结果不参加评定，但若有问题应在鉴定报告中说明并提出处理建议。

（3）位移项目鉴定评级。混凝土结构构件位移的鉴定评级，对于受弯构件应评定挠度和侧向弯曲两个项目，对于柱子则仅评定柱顶水平位移。

混凝土结构构件的安全性按不适于继续承载的位移或变形的标准评定时，对桁架（屋架、托架）的挠度，当其实测值大于其计算跨度的 1/400 时，应验算其承载能力，并结合现行标准中混凝土受弯构件不适于继续承载的变形评定内容评定等级。

对柱顶的水平位移（或倾斜）项目鉴定评级，若该位移与整个结构有关，应结合现行标准中上部承重结构侧向位移评级的内容进行评定，取与上部承重结构相同的级别作为该柱的水平位移等级。

若该位移只是孤立事件，则应在其承载能力验算中考虑此附加位移的影响，当承载能力验算结果不低于 b_u 级时，柱顶位移项目可评定为 b_u 级，但应附加观察使用一段时间的限制，以判别变形是稳定的还是发展的；当承载能力结果低于 bu 级时，可根据其实际严重程度定为 c_u 级或 d_u 级；若该位移尚在发展，应直接定为 d_u 级。

（4）裂缝评定。钢筋混凝土根据裂缝产生的原因不同，可将裂缝分为两大类，即受力裂缝和非受力裂缝。受力裂缝由荷载引起，是材料应力增大到一定程度的标志，是结构破坏开始的特征或强度不足的征兆。从受力裂缝出现到承载力破坏的过程有脆性破坏和延性破坏两种。当分析认为属于剪切裂缝或有压坏迹象时，应根据其实际严重程度评为 c_u 级或 d_u 级。由延性破坏导致的裂缝主要有弯曲裂缝、受拉构件裂缝、大偏心受压构件的拉区裂缝等。凝土结构构件出现受力裂缝时，应结合标准中混凝土构件不适于继续承载的裂缝宽度评定标准，按其实际严重程度定为cu级或du级。

非受力裂缝主要由构件自身引起，对结构的承载力影响不大，但因钢筋锈蚀造成的沿主筋方向的裂缝，会直接影响构件的安全性。对因温度收缩等作用产生的裂缝，若其宽度已超出标准中规定的弯曲裂缝宽度值50%，且分析表明已显著影响结构的受力，则应视为不适于继续承载的裂缝，并应根据其实际严重程度定为c_u级或d_u级。

此外，若混凝土结构构件出现受压区混凝土有压坏迹象，或因主筋锈蚀导致构件掉角以及混凝土保护层严重脱落时，不论其裂缝宽度大小，应直接定为d_u级。

2. 钢结构构件安全性鉴定评级。钢结构构件的安全性鉴定，应按承载能力、构造、不适于继续承载的位移（或变形）等3个检查项目分别评定每一受检构件等级；对冷弯薄壁型钢结构、轻钢结构、钢桩以及地处有腐蚀性介质的工业区，或高湿、临海地区的钢结构，还应以不适于继续承载的锈蚀作为检查项目评定其等级；然后取其中最低一级作为该构件的安全性等级。

（1）承载能力项目鉴定评级。当钢结构构件（含连接）的安全性按承载能力评定时，应根据现行规范，计算出并根据现行标准，分别评定每一验算项目的等级，然后取其中最低一级作为该构件承载能力的安全性等级。当构件或连接出现脆性断裂或疲劳开裂时应直接定为d_u级。

（2）构造项目鉴定评级。当钢结构构件的安全性按构造评定时，应依据现行标准，评定结果a_u级或b_u级，可根据其实际完好程度评定；c_u级或d_u级可根据其实际严重程度评定。

（3）位移项目鉴定评级。钢结构构件位移安全性的鉴定评级，对于受弯构件应评定挠度和侧向受弯或侧向倾斜等项目，对于柱子则仅评定柱顶水平位移或柱身弯曲等项目。

钢结构构件的安全性按不适于继续承载的位移或变形评定：

对桁架（屋架、托架）的挠度，当其实测值大于桁架计算跨度的1/400时，应验算其承载力。验算时，应考虑由于位移产生的附加应力的影响。

钢结构柱顶的水平位移（或倾斜），应参照现行标准中子单元上部承重构件的评级内容进行评定。

（4）锈蚀项目鉴定评级。当钢结构构件的安全性按不适于继续承载的锈蚀评定时，除应按剩余的完好截面验算其承载能力外，尚应根据现行标准中钢结构构件不适于继续承载的锈蚀的评定标准评级。

3. 砌体结构构件安全性鉴定评级。砌体结构构件的安全性鉴定，应按承载能力、构造、不适于继续承载的位移和裂缝等4个检查项目分别评定每一受检构件等级，并取其中最低一级作为该构件的安全性等级。

（1）承载能力项目鉴定评级。当砌体结构的安全性按承载能力评定时，应考虑现行《砌体结构设计规范》对材料强度等级的要求。当所鉴定砲体结构材料的最低强度的等级不适合现行规范要求时，即使按实际材料强度验算砌体承载能力等级高于 c_u 级，也应定为 d_u 级。

根据现行标准，分别评定每一验算项目的等级，然后取其中最低一级作为该构件承载能力的安全性等级。

（2）构造项目鉴定评级。当砌体结构构件的安全性按构造评定时，应根据现行标准规定，分别评定两个检查项目的等级，然后取其中较低一级作为该构件构造的安全性等级。

（3）位移项目鉴定评级。砌体结构位移安全性评级，对墙、柱主要是指侧向水平位移（或侧斜）或弯曲，对拱或壳体结构构件主要指拱脚的水平位移或拱轴变形。

砌体位移或侧斜项目安全性评级遵循的原则与混凝土结构柱顶水平位移的安全性评级原则相同，此处不再赘述。

对因偏差或其他使用原因造成的柱（不包括带壁柱）的弯曲，当其矢高实测值大于柱的自由长度的 1/500 时，应在其承载能力验算中计入附加弯矩的影响，承载能力等级不低于 b_u 级，可评定为 b_u 级；承载能力等级低于 b_u 级，可根据其实际严重程度定为 c_u 级或 d_u 级。

当拱或壳体结构构件拱脚或壳的边梁出现水平位移，拱轴线或筒拱、扁壳的曲面发生变形，可根据其实际严重程度定为 c_u 级或 d_u 级。

（4）裂缝项目鉴定评级。根据产生的原因，砌体结构裂缝可分为受力裂缝和非受力裂缝。受力裂缝由荷载引起；非受力裂缝由温度、收缩、变形或地基不均匀沉降等引起。受力裂缝和非受力裂缝分别根据现行标准评定。

4. 木结构构件安全性鉴定评级。木结构构件的安全性鉴定，应按承载能力、构造、不适于继续承载的位移（或变形）、裂缝、危险性的腐朽及虫蛀等 6 个检查项目，分别评定每一受检构件的等级，并取其中最低一级作为该构件的安全性等级。

（1）承载能力项目鉴定评级。评定承载能力时，应根据国家现行设计规范和现行标准，分别评定每一验算项目的等级，然后取其中最低一级作为该构件承载能力的安全性等级。

（2）构造项目鉴定评级。构造项目的安全性评定的检查项目为连接与屋架起拱值，主要考虑连接方式是否正确、构造是否符合设计规范、有无缺陷等，分别评定 2 个检查项目的等级，并取其中较低一级作为该构件构造的安全性等级。

（3）位移项目鉴定评级。评定不适于继续承载的位移时，检查项目为最大挠度与侧向弯曲矢高，根据现行标准评定等级。

（4）裂缝项目鉴定评级。裂缝项目评定时，应得出受拉构件及拉弯构件、受弯构件及偏压构件、受压构件的斜率评定等级。

（5）腐朽项目鉴定评级。评定腐朽项目的检查项目有表层腐朽（主要出现在上部承重结构构件和木桩）和心腐（出现在任何构件），根据腐朽面积与结构原截面积评定等级。

（6）虫蛀项目鉴定评级。评定虫蛀项目时，通过目测、敲击、仪器探测等方法检查有无划分 ba 级与 ca 级的界限，根据实际情况评定等级。

（五）构件正常使用性评级

建筑结构构件使用性评级所涉及的构件为混凝土构件、钢结构构件与砌体结构构件。对被鉴定的结构构件进行计算和验算，应符合《混凝土结构设计规范》的规定和鉴定标准的要求。验算结果应按现行标准、规范规定的限值评定等级。若验算合格，可根据其实际完好程度评为 a_s 级或 b_s 级；若验算不合格，应定为 c_s 级。若验算结果与观察不符，应进一步检查设计和施工方面可能存在的差错。

1. 混凝土结构构件使用性鉴定评级。混凝土结构构件的正常使用性鉴定，应按位移和裂缝两个检查项目分别评定每一受检构件的等级，并取其中较低一级作为该构件使用等级。

（1）位移项目鉴定评级。混凝土构件使用性评级中的位移，主要指受弯构件的挠度及柱顶的水平位移。

混凝土桁架和其他受弯构件的正常使用性按其挠度检测结果评定时，除了需要现场实测构件的挠度外，还应计算构件在正常使用极限状态下的挠度值，将挠度值与计算值及现行设计规范中的限值比较，根据现行标准评定等级。

混凝土柱的正常使用性需要按其柱顶水平位移（或倾斜）鉴定评级时，若该位移的出现与整个结构有关，应根据现行标准中上部承重结构侧向位移评级的内容进行评定，取与上部承重结构相同的级别作为该柱的水平位移等级；若该位移的出现只是孤立事件，依据现行标准，可根据其检测结果直接评级。

（2）裂缝项目鉴定评级。裂缝对混凝土结构的影响，主要是结构耐久性和观感上的不适。《混凝土结构设计规范》对正常使用极限状态下的最大裂缝宽度规定了验算的限值，并作为鉴定评级中划分级与 c_s 级的界限。

对沿主筋方向出现的锈蚀裂缝，应直接评为 c_s 级；若一根构件同时出现两种裂缝，应分别评级，并取其中较低一级作为该构件的裂缝等级。

当混凝土结构构件的正常使用性按其裂缝宽度检测结果评定时，若检测值小于计算值及现行设计规范限值时，可评为 a_s 级；若检测值大于或等于计算值，但不大于现行设计规范限值时，可评为 b_s 级；若检测值大于现行设计规范限值时，应评为 c_s 级；若计算有困难或计算结果与实际情况不符时，宜根据现行标准中钢筋混凝土构件裂缝宽度等级的评定内容评定等级；混凝土结构构件碳化深度的测定结果，主要用于鉴定分析，不参与评级。但若构件主筋已处于碳化区内，则应在鉴定报告中指出，并应结合其他项目的检测结果提出处理的建议。

2. 钢结构构件使用性鉴定评级。钢结构构件的正常使用性鉴定，应按位移和锈蚀（腐蚀）两个检查项目，分别评定每一受检构件的等级，并以其中较低一级作为该构件使用性等级。对钢结构受拉构件，还应以长细比作为检查项目参与上述评级。

（1）位移项目鉴定评级。钢结构构件的位移，同混凝土一样，主要是指受弯构件的挠度和柱顶的水平位移。当受弯构件的正常使用性按挠度评定时，同样将挠度的实测值与计算值及《钢结构设计规范》的允许限值进行比较，然后按混凝土构件挠度评级相同的规定进行。

当钢桁架或其他受弯构件的正常使用性按其挠度检测结果评定时，若检测值小于计算值及现行设计规范限值时，可评为 a_s 级：若检测值大于或等于计算值，但不大于现行设计规范限值时，可评为 b_s 级；若检测值大于现行设计规范限值时，应评为 c_s 级；一般构件的鉴定中，对检测值小于现行设计规范限值的情况，直接根据其完好程度定为 a_s 级或 b_s 级。

当钢柱的正常使用性需要按其柱顶水平位移（或倾斜）检测结果评定时，若该位移的出现与整个结构有关，应根据现行标准中上部承重结构侧向位移评级的内容进行评定，取与上部承重结构相同的级别作为该柱的水平位移等级；若该位移的出现只是孤立事件，则可根据其检测结果直接评级，评级所需的位移限值可依据现行标准中所列的层间数值确定。

（2）锈蚀（腐蚀）项目鉴定评级。涂漆是建筑钢结构的主要防锈措施。防锈漆层一般分为底漆、中间漆和面漆。因底漆与钢材间有良好的附着力，防锈主要靠底漆；中间漆主要是增加漆膜厚度，增强保护力；面漆既可阻止侵蚀介质进入钢材表面，又可起装饰作用。因此钢结构构件的使用性按其锈蚀（腐蚀）的检查结果评定时，主要考虑涂漆的完好或脱落程度，具体评级内容以现行标准为准。

（3）受拉构件长细比项目鉴定评级。当钢结构受拉构件的正常使用性按其长细比的检测结果评定时，应依据现行标准，根据其实际完好程度确定。

3. 砌体结构构件使用性鉴定评级。砌体结构构件的正常使用性鉴定，应按位移、非受力裂缝和风化（或粉化）等3个检查项目，分别评定每一受检构件的等级，并取其中最低一级作为该构件使用性等级。

（1）位移项目鉴定评级。当砌体墙、柱的正常使用性按其顶点水平位移（或倾斜）的检测结果评定时，应根据现行标准中上部承重结构侧向位移评级的内容进行评定，取与上部承重结构相同的级别作为该柱的水平位移等级；若该位移只是孤立事件，则可根据其检测结果直接评级。

（2）非受力裂缝项目鉴定评级及风化或粉化项目鉴定评级，依据现行标准，根据实际情况评定等级。

4. 木结构构件使用性鉴定评级。木结构构件的正常使用性鉴定，应按位移、干缩裂缝和初期腐朽3个检查项目的检测结果，分别评定每一受检构件的等级，并取其中最低一级作为该构件的使用性等级。

（1）位移项目鉴定评级。位移项目鉴定评级时，通过得出的构件挠度检测结果评定等级。

（2）干缩裂缝项目鉴定评级。干缩裂缝项目鉴定评级时，以干缩裂缝的深度为主，根据有无裂缝、是否为微缝等情况评定等级。

（3）初期腐朽项目鉴定评级。当发现木结构构件有初期腐朽迹象，或虽未腐朽，但所处环境较潮湿时，应直接定为ca级，并应在鉴定报告中提出防腐处理和防潮通风措施的建议。

（六）子单元安全性鉴定评级

民用建筑安全性的第二层次鉴定评级，应按地基基础（含桩基和桩，下同）、上部承重结构和围护系统的承重部分划分为3个子单元。各子单元安全性鉴定分为4个等级，分别用A_u、B_u、C_u、D_u表示。当仅要求对某个子单元的安全性进行鉴定时，该子单元与其他相邻子单元之间的交叉部位也应进行检查，并应在鉴定报告中提出处理意见，若不要求评定围护系统可靠性，也可不将围护系统承重部分列为子单元，而将其安全性鉴定并入上部承重结构中。各子单元安全性与使用性的具体评级原则应严格依据现行标准。

1. 地基基础安全性鉴定评级。地基基础是地基与基础的总称。地基是承担上部结构荷载的一定范围内的地层，应具备不产生过大的沉降变形、承载能力及斜坡稳定性三方面的基本条件。基础是建筑物中间地基传递荷载的下部结构，应具有安全性和正常使用性。地基基础子单元的安全性鉴定，包括地基、桩基和斜坡3个检查项目，以及基础和桩两种主要构件。地基基础（子单元）的安全性等级应根据对地基基础（或桩基、桩身）和地基稳定性的评定结果，按其中最低一级确定。

（1）地基、桩基安全性鉴定评级。地基、桩基的安全性鉴定根据其变形和承载能力两个指标评级，一般情况下，宜根据地基、桩基沉降观测资料或其不均匀沉降在上部结构中的反应的检查结果进行鉴定评级。

当现场条件适宜于按地基、桩基承载力进行鉴定评级时，可根据岩土工程勘察档案和有关检测资料的完整程度，适当补充近位勘探点，进一步查明土层分布情况，并采用原位测试和取原状土做室内物理力学性质试验的方法进行地基检验，根据以上资料并结合当地工程经验对地基、桩基的承载力进行综合评价。若现场条件许可，还可通过在基础（或承台）下进行载荷试验以确定地基（或桩基）的承载力。当发现地基受力层范围内有软弱下卧层时，应对软弱下卧层地基承载能力进行验算。

（2）基础安全性鉴定评级。基础的鉴定评级有直接评定和间接评定。

直接评定：对浅埋基础（或短桩），可通过开挖进行检测、评定；对深基础（或桩），可根据原设计、施工、检测和工程验收的有效文件进行分析。也可向原设计、施工、检测人员进行核实；或通过小范围的局部开挖，取得其材料性能、几何参数和外观质量的检测数据。若检测中发现基础（或桩）有裂缝、局部损坏或腐蚀现象，应查明其原因和程度。根据以上核查结果，对基础或桩身的承载能力进行计算分析和验算，并结合工程经验做出综合评价。

间接评定主要针对一些容易判断的情况，不经过开挖检查，而是根据地基评定结果并结合工程经验进行评定。当地基（或桩基）的安全性等级已评为 A_u 级或 B_u 级，且建筑场地的环境正常时，可取与地基（或桩基）相同的等级；当地基（或桩基）的安全性等级已评为 C_u 级或 D_u 级，且根据经验可以判断基础或桩也已损坏时，可取与地基（或桩基）相同的等级。

（3）斜坡评定。对建造在斜坡上或毗邻深基坑的建筑物，应验算地基稳定性。调查对象应为整个场区，取得工程勘察报告并注意场区的环境。

2. 上部承重结构安全性鉴定评级。上部承重结构（子单元）的安全性鉴定评级，应根据其所含各种构件的安全性等级、结构的整体性等级，以及结构侧向位移等级 3 个方面进行确定。

3. 围护系统承重部分的安全性鉴定评级。围护系统承重部分的安全性评级，应根据该系统专设的和参与该系统工作的各种构件的安全性等级，以及该部分结构整体性的安全性等级进行评定，应当注意的是，围护系统承重部分的安全性等级，不得高于上部承重结构等级。

（七）子单元使用性鉴定评级

民用建筑第二层次的使用性鉴定，同样包括地基基础、上部承重结构和维护系统3个子单元。各子单元使用性鉴定分为3个等级，分别用A_s、B_s、C_s表示。当仅要求对某个子单元的使用性进行鉴定时，该子单元与其他相邻子单元之间的交叉部分也应进行检查，并在鉴定报告中提出处理意见。

1. 地基基础使用性鉴定评级。地基基础的正常使用性，可根据其上部承重结构或围护系统的工作状态进行评估。若安全性鉴定中已开挖基础（或桩）或鉴定人员认为有必要开挖时，也可按开挖检查结果评定单个基础（或单桩、基桩）及每种基础（或桩）的使用性等级。

2. 上部承重结构使用性鉴定评级。上部承重结构（子单元）的正常使用性鉴定，应从其所含各种构件的使用性等级和结构的侧向位移等级两方面进行评定。当建筑物的使用要求对振动有限制时，还应评估振动（颤动）的影响。

3. 围护系统使用性鉴定评级。围护系统的正常使用性鉴定评级，应从该系统的使用功能等级及其承重部分的使用性等级两方面进行评定。

（八）鉴定单元安全性及使用性鉴定评级

鉴定单元是民用建筑可靠性鉴定的第三层次，鉴定单元的评级，应根据各子单元的评级结果，以及与整栋建筑有关的其他问题，分安全性和使用性分别进行评定。鉴定单元的安全性分成4个等级，分别用A_{su}、B_{su}、C_{su}、D_{su}表示。鉴定单元的使用性分成3个等级，分别用A_{ss}、B_{ss}、Q_{ss}表示。

1. 鉴定单元安全性鉴定评级。民用建筑鉴定单元的安全性鉴定评级，应根据其地基基础、上部承重结构和围护系统承重部分等3个方面的安全性等级，以及与整幢建筑有关的其他安全问题进行评定。鉴定单元的安全性等级，应根据各方面评定结果，按下列原则确定：

（1）一般情况下，应根据地基基础和上部承重结构的评定结果按其中较低等级确定。

（2）当鉴定单元的安全性等级按上款评为A_{su}级或B_{su}级但围护系统承重部分的等级为C_{su}级或D_{su}级时，可根据实际情况将鉴定单元所评等级降低一级或二级，但最后所定的等级不得低于C_{su}级。

（3）对于建筑物处于有危房的建筑群中，且直接受到其威胁；或建筑物朝某一方向倾斜，且速度开始变快的情况可直接评为D_{su}级建筑。

（4）当新测定的建筑物动力特性与原先记录或理论分析的计算值相比，建筑物基本周期显著变长或建筑物振型有明显改变时，可判是其承重结构可能有异常，应进一步检查、鉴定后，再评定该建筑物的安全性等级。

2. 鉴定单元使用性鉴定评级。民用建筑鉴定单元的正常使用性鉴定评级，应根据地基基础、上部承重结构和围护系统 3 个子单元的使用性等级，以及与整幢建筑有关的其他使用功能问题进行评定。鉴定单元使用性评级按 3 个子单元中最低的等级确定。

当鉴定单元的使用性等级评为 A_{ss} 级或 B_{ss} 级，但房屋内外装修已大部分老化或残损；或者房屋管道、设备已需全部更新时，宜将所评等级降为 C_{ss} 级。

（九）可靠性鉴定评级

民用建筑的可靠性鉴定应按标准划分的层次，以其安全性和正常使用性的鉴定结果为依据，确定该层次的可靠性等级。当不要求给出可靠性等级时，民用建筑各层次的可靠性可采取直接列出其安全性等级和使用性等级的形式予以表示；当需要给出民用建筑各层次的可靠性等级时，可根据其安全性和正常使用性的评定结果，按下列原则确定：

1. 当该层次安全性等级低于 b_u 级、B_u 级或 B_{su} 级时，应按安全性等级确定。

2. 除上述情形外，可按安全性等级和正常使用性等级中较低的等级确定。

（十）适修性评估

在民用建筑可靠性鉴定中，若委托方要求对 C_{su} 级和 D_{su} 级鉴定单元，或 C_u 级和 D_u 级子单元（或其中某种构件）的处理提出建议时，宜对其适修性进行评估。可按下列处理原则提出具体建议：

1. 对适修性评为或 A_r、B_r 或 A'_r、B'_r 的鉴定单元和子单元（或其中的构件），应修复使用。

2. 对适修性评为 C_r 的鉴定单元和 C'_r 子单元（或其中某种构件），应分别做出修复与拆换两方案，经技术、经验评估后再作选择。

3. 对有纪念意义或有文物、历史、艺术价值的建筑物，不进行适修性评估，而应予以修复和保存。

三、工业建筑可靠性鉴定

工业建筑是为工业生产服务，可进行和实现各种生产工艺过程的建筑物和构筑物。建筑物包括单层和多层厂房等；构筑物包括贮仓、水池、槽罐结构、塔类结构、炉窑结构、构架和支架等。工业建筑可靠性鉴定是根据调查检测和可靠性分析结果，按照一定的评定标准和方法，逐步评定工业建筑各个组成部分以及工业建筑整体的可靠性，确定相应的可靠性等级，指明工业建筑中不满足要求的具体部位和构件，提出初步处理意见，最后得出鉴定报告。

（一）工业建筑鉴定的程序和内容

鉴定的目的、范围和内容，应在接受鉴定委托时根据委托方提出的鉴定原因和要求，经协商后确定，一般以技术合同的形式予以明确。在工业建筑可靠性鉴定中，若发现调查检测资料不足或不准确时，应及时进行补充调查、检测。

1. 初步调查应包括下列基本工作内容：

（1）应查阅资料，包括图纸资料，如工程地质勘察报告、设计图、竣工资料、检查观测记录、历次加固和改造图纸和资料、事故处理报告等；工业建筑的历史情况，包括施工、维修、加固、改造、用途变更、使用条件改变以及受灾害等情况。

（2）考察现场，调查工业建筑的实际状况、使用条件、内外环境、目前存在的问题。

2. 详细调查与检测宜根据实际需要选择下列工作内容：

（1）详细研究相关文件资料。

（2）详细调查结构上的作用和环境中的不利因素，以及它们在目标使用年限内可能发生的变化，必要时测试结构上的作用或作用效应。

（3）检查结构布置和构造、支撑系统、结构构件及连接情况，详细检测结构存在的缺陷和损伤，包括承重结构承构件、支撑杆件及其连接节点存在的缺陷和损伤。

（4）检查或测量承重结构或构件的裂缝、位移或变形，当有较大动荷载时测试结构或构件的动力反应和动力特性。

（5）调查和测量地基的变形，检测地基变形对上部承重结构、围护结构系统及吊车运行等的影响。必要时可开挖基础检查，也可补充勘察或进行现场荷载试验。

（6）检测结构材料的实际性能和构件的几何参数，必要时通过荷载试验检验结构或构件的实际性能。

（7）检查围护结构系统的安全状况和使用功能。

可靠性分析与验算，应根据详细调查与检测结果，对建筑物、构筑物的整体和各个组成部分的可靠度水平进行分析与验算，包括结构分析、结构或构件安全性和正常使用性校核分析、所存在问题的原因分析等。

（二）工业建筑物鉴定的层次和等级划分

现行《工业建筑可靠性鉴定标准》将工业建筑物划分为构件、结构系统和鉴定单元3个层次，各层分级并逐步综合进行可靠性评定。构件是鉴定的基础层次；结构系统是鉴定的中间层次，由构件组成，一般可按地基基础、上部承重结构和围护结构系统进行鉴定；鉴定单元是鉴定的最高层次，根据被鉴定建筑物的构造特点和承重体系的种类，将该建筑物划分成一个或若干个可以独立进行鉴定的区段，每一区段为一鉴定单元。

其中结构系统和构件两个层次的鉴定评级，包括安全性等级和使用性等级评定，或合并为可靠性鉴定以评估结构的可靠性；安全性分 4 个等级，使用性分 3 个等级，各层次的可靠性分 4 个等级，并应按评定项目分层次进行评定。当不要求评定可靠性等级时，可直接给出安全性和正常使用性评定结果。工业建筑可靠性鉴定的构件、结构系统、鉴定单元详细的评级标准与原则请查阅《工业建筑可靠性鉴定标准》。

注: 若上部承重结构整体或局部有明显振动时，尚应考虑振动对上部承重结构安全性、正常使用性的影响进行评定。

（三）建筑结构构件的鉴定评级

单个构件的鉴定评级，应对其安全性等级和使用性等级进行评定，或将两者合并综合评定构件的可靠性，评定时均依据《工业建筑可靠性鉴定标准》评定等级。

1. 混凝土结构鉴定评级。混凝土结构或构件的鉴定评级包括安全性评级和使用性评级。其中安全性评级中有承载力、构造和连接 2 个项目，并取其中较低等级作为构件的安全性等级；使用性评级中有裂缝、变形、缺陷和损伤、腐蚀 4 个项目评定，同样取其中的最低等级作为构件的使用性等级。

（1）承载能力项目鉴定评级。承载能力是混凝土结构项目评级中的主要项目，对结构安全性及可靠性具有关键意义，应计算出构件的抵抗力与作用效应的比值评定等级。

（2）构造和连接项目鉴定评级。构件的构造合理、可靠，是构件能够安全承载的保障。混凝土构件的构造和连接项目包括构造、预埋件、连接节点的焊缝或螺栓等。评级时，应根据对构件安全使用的影响评定等级，并取较低等级作为构造和连接项目的评定等级。

（3）裂缝项目鉴定评级。混凝土构件的受力裂缝宽度应依据现行标准中钢筋混凝土构件裂缝宽度评定，采用热轧钢筋配筋的预应力混凝土构件裂缝宽度评定，采用钢绞线、热处理钢筋、预应力钢丝配筋的预应力混凝土构件裂缝宽度评定三部分的内容，根据实际情况评定等级。

混凝土构件因钢筋锈蚀产生的沿筋裂缝在腐蚀项目中评定，其他非受力裂缝应查明原因，判定裂缝对结构的影响，可根据具体情况进行评定。

（4）混凝土结构和构件的变形分为整体变形和局部变形两类。整体变形是指反映结构整体工作情况的变形，如结构的挠度和侧移等；局部变形是指反映结构局部工作情况的变形，如构件应变、钢筋的滑移。混凝土构件的变形项目评级应依据现行标准评定。

（5）缺陷和损伤项目鉴定评级。混凝土构件缺陷和损伤项目，根据实际情况评定等级。

（6）腐蚀项目鉴定评级。腐蚀项目包括钢筋锈蚀和混凝土腐蚀两部分，根据实际情况评定等级，该项等级应取钢筋锈蚀和混凝土腐蚀评定结果中的较低等级。

2. 钢结构鉴定评级。钢结构或构件的鉴定评级包括安全性评级和使用性评级。其中安全性评级以承载力（构造和连接）项目评定，并取其中较低等级作为构件的安全性等级；钢构件的使用性等级应按变形、偏差、腐蚀和一般构造等项目进行评定，并取其中最低等级作为构件的使用性等级。

（1）承载能力项目鉴定评级。承重构件的钢材应符合建造时的钢结构设计规范和相应产品标准的要求，如果构件的使用条件发生根本的改变，还应该符合国家现行标准规范的要求，否则，应在确定承载能力和评级时考虑其不利影响。

钢构件的承载能力项目评级，应计算出构件的抵抗力与作用效应的比值评定等级。在确定构件抗力时，应考虑实际的材料性能和结构构造，以及缺陷损伤、腐蚀、过大变形和偏差的影响。

（2）变形项目鉴定评级。钢构件的变形是指荷载作用下梁板等受弯构件的挠度，应根据实际情况评定等级。

（3）偏差项目鉴定评级。钢构件的偏差包括施工过程中存在的偏差和使用过程中出现的永久变形，应根据实际情况评定等级。

（4）腐蚀和防腐项目、一般构造项目的鉴定评级，根据实际情况评定等级。

3. 砌体结构鉴定评级。砌体结构的安全性等级应按承载能力、构造和连接 2 个项目评定，并取其中的较低等级作为构件的安全性等级。砌体构件的使用性等级应按裂缝、缺陷和损伤、腐蚀 3 个项目评定，并取其中的最低等级作为构件的使用性等级。

（1）承载能力项目鉴定评级。砌体构件的承载能力项目应计算出构件的抵抗力与作用效应的比值评定等级。

（2）砌体构件构造与连接项目鉴定评级。砌体构件构造与连接项目的等级应根据墙、柱的高厚比，墙、柱、梁的连接构造，砌筑方式等涉及构件安全性的因素评定等级。

（3）裂缝项目鉴定评级。砚体构件的裂缝项目应根据裂缝的性质评定等级。裂缝项目的等级应取各种裂缝评定结果中的较低等级。

（4）缺陷和损伤项目鉴定评级。砌体构件的缺陷和损伤项目应根据实际情况评定。缺陷和损伤项目的等级应取各种缺陷、损伤评定结果中的较低等级。

（5）腐蚀项目鉴定评级。砌体构件的腐蚀项目应根据砚体构件的材料类型与实际情况评定等级。腐蚀项目的等级应取各材料评定结果中的较低等级。

（四）建筑结构系统的鉴定评级

结构系统的鉴定评级属于工业建筑物鉴定的第二层次，此鉴定评级过程是在构件鉴定的基础上进行的。结构系统鉴定时，应对其安全性等级和使用性等级进行评定，或将两者合并综合评定其可靠性等级。

1. 地基基础鉴定评级

（1）地基基础安全性鉴定评级。地基基础安全性评定主要通过地基变形和建筑物现状、承载力等项目进行评定，评定结果按最低等级确定。评定时，应先根据地基变形观测资料和建筑物、构筑物现状进行评定；必要时，可按地基基础的承载力进行评定。其中，对于建在斜坡场地上的工业建筑，应对边坡场地的稳定性进行检测评定；对有大面积地面荷载或软弱地基上的工业建筑，应评价地面荷载、相邻建筑以及循环工作荷载引起的附加沉降或桩基侧移对工业建筑安全使用的影响。

①地基变形和建筑物现状项目鉴定评级。当地基基础的安全性按地基变形观测资料和建筑物、构筑物现状的检测结果评定时，应按现行标准评定等级。

②承载能力项目鉴定评级。在需要按承载能力评定地基基础的安全性时，考虑到基础隐蔽难以检测等实际情况，不再将基础与地基分开评定，而视为一个共同工作的系统进行整体综合评定。对地基承载力的确定应考虑基础埋深、宽度以及建筑荷载长期作用的影响；对于基础，可通过局部开挖检测，分析验算其受冲切、受剪、抗弯和局部承压的能力；地基基础的安全性等级应综合地基和基础的检测分析结果确定其承载功能，并考虑与地基基础问题相关的建筑物实际开裂损伤状况及工程经验，按如下规定进行综合评定：在验算地基基础承载力时，建筑物的荷载大小按结构荷载效应的标准组合取值；当场地地下水位、水质或土压力等有较大改变时，应对此类变化产生的不利影响进行评价。

2. 地基基础使用性鉴定评级。地基基础的使用性等级宜根据上部承重结构和围护结构使用状况评定。

3. 地基基础可靠性鉴定评级。评定出建筑物地基基础的安全性等级和使用性等级，当不要求给出可靠性等级时，地基基础的可靠性可采用直接列出其安全性等级和使用性等级的形式共同表达。

4. 上部承重结构鉴定评级

（1）上部结构安全性的鉴定评级。上部承重结构的安全性等级，应按结构整体性和承载功能两个项目评定 / 并取其中较低的评定等级作为上部结构的安全性等级，必要时可考虑过大水平位移或明显振动对该结构系统或其中部分结构安全性的影响。

①结构整体性鉴定评级。结构整体性的评定应根据结构布置和构造、支撑系统两个项目，根据实际情况评定等级，并取结构布置和构造、支撑系统两个项目中的较低等级作为结构整体性的评定等级。

②结构承载功能鉴定评级。上部承重结构承载功能的等级评定，精确的评定应根据

结构体系的类型及空间作用等，按照国家现行标准规范规定的结构分析原则和方法以及结构的实际构造和结构上的作用确定合理的计算模型，通过结构作用效应分析和结构抗力分析，并结合该体系以往的承载状况和工程经验进行。在进行结构抗力分析时还应考虑结构、构件的损伤、材料劣化对结构承载能力的影响。

第一种情况，当单层厂房上部承重结构是由平面排架或平面框架组成的结构体系时，可先根据结构布置和荷载分布将上部承重结构分为若干框架的平面计算单元，然后将平面计算单元中的每种构件按构件的集合及其重要性区分为重要构件集（同一种重要构件的集合）或次要构件集（同一种次要构件的集合）。

各平面计算单元的安全性等级，宜按该平面计算单元内各重要构件集中的最低等级确定。当平面计算单元中次要构件集的最低安全性等级比重要构件集的最低安全性等级低二级或三级时，其安全性等级可按重要构件集的最低安全性等级降一级或降二级确定。

第二种情况，对多层厂房上部承重结构承载功能进行等级评定时，应沿厂房的高度方向将厂房划分为若干单层子结构，宜以每层楼板及其下部相连的柱子、梁为一个子结构；子结构上的作用除本子结构直接承受的作用外，还应考虑其上部各子结构传到本子结构上的荷载作用。

子结构承载功能等级的确定与第一种情况一致。最后，整个多层厂房的上部承重结构承载功能的评定等级可按子结构中的最低等级确定。

（2）上部结构使用性的鉴定评级。上部承重结构的使用性等级应按上部承重结构使用状况和结构水平位移两个项目评定，并取其中较低的评定等级作为上部承重结构的使用性等级，必要时应考虑振动对该结构系统或其中部分结构正常使用性的影响。

①上部承重结构使用状况。第一种情况，对单层厂房上部承重结构使用状况的等级评定，可按屋盖系统、厂房柱、吊车梁 3 个子系统中的最低使用性等级确定；当厂房中采用轻级工作制吊车时，可按屋盖系统和厂房柱两个子系统的较低等级确定。其中屋盖系统、吊车梁系统包含相关构件和附属设施，包括吊车检修平台、走道板、爬梯等。第二种情况，对多层厂房上部承重结构使用状况的等级评定，可按上部结构承载功能鉴定评级第二种情况使用的原则和方法划分出若干单层子结构；单层子结构使用状况的等级可按本部分上述第一种情况的规定评定。

②结构水平位移鉴定评级。当上部承重结构的使用性等级评定需考虑结构水平位移影响时，可采用检测或计算分析的方法得出位移或倾斜值进行评定。当结构水平位移过大，达到 C 级标准的严重情况时，应考虑水平位移引起的附加内力对结构承载能力的影响，并参与相关结构的承载功能等级评定。

③考虑振动的影响。当振动对上部承重结构的安全、正常使用有明显影响需要进行鉴定时，则应进行现场调查检测：调查振动对上部结构的影响范围，调查振动对人员正常活动、设备仪器正常工作以及结构和装饰层的影响情况，需要时进行振动响应和结构动力特性测试。

当判定结果超出专门标准规定限值时，需要考虑振动对上部承重结构整体或局部的影响。若评定结果对结构的安全性有影响，应在上部承重结构承载功能的评定等级中予以考虑；若评定结果对结构的正常使用性有影响，则应在上部结构使用状况的评定等级中予以考虑。

当振动影响上部承重结构安全时，如结构产生共振现象，结构振动幅值较大或疲劳强度不足等，应进行安全性等级评定。当仅进行振动对结构安全影响评定而未做常规可靠性鉴定时，若振动影响涉及整个结构体系或其中某种构件，其评定结果即为振动对上部结构影响的安全性等级；当考虑振动对结构安全的影响且参与上部承重结构的常规鉴定评级时，可将其评定结果参照上部承重结构安全性等级的相应规定评定等级。

当上部承重结构产生的振动对人体健康、设备仪器正常工作以及结构正常使用产生不利影响时，应进行结构振动的使用性评定。结构振动的使用性等级根据影响情况进行评定，并取其中最低等级作为结构振动的使用性等级。当仅进行振动对结构正常使用影响评定而未做常规可靠性鉴定时，若振动影响涉及整个结构体系或其中某种构件，其评定结果即为振动对上部承重结构影响的使用性等级；当考虑振动影响结构正常使用且参与上部承重结构的常规鉴定评级时，可将其影响评定结果的因素参与上部承重结构使用性等级的评定。

5. 上部结构可靠性鉴定评级。评定出建筑物上部承重结构的安全性等级和使用性等级后，当不要求给出可靠性等级时，上部结构的可靠性可采用直接列出其安全性等级和使用性等级的形式共同表达。

上部承重结构的可靠性评级应分别根据每个结构系统的安全性等级和使用性等级评定结果，按下列原则确定：

（1）一般情况应按安全性等级确定，但仅当系统的使用性等级为 C 级，安全性等级不低于 B 级时，宜定为 C 级；

（2）位于生产工艺流程重要区域的结构系统，可按安全性等级和使用性等级中的较低等级确定或调整。

6. 围护结构系统鉴定评级

（1）围护结构安全性鉴定评级。围护结构系统的安全性等级，应按承重围护结构的承载功能和非承重围护结构的构造连接两个项目进行评定，并取两个项目中较低的评定等级作为该围护结构系统的安全性等级。

承重围护结构承载功能的评定等级，应根据其结构类别按本章建筑结构鉴定评级中相应构件和上部结构承载功能鉴定评级中相关构件集的评定规定进行评定。

非承重围护结构构造连接项目的评定等级，可按实际情况评级，并按其中最低等级作为该项目的安全性等级。

（2）围护结构使用性鉴定评级。围护结构系统的使用性等级，应根据承重围护结构的使用状况、围护系统的使用功能两个项目评定，并取两个项目中较低评定等级作为该围护结构系统的使用性等级。

承重围护结构使用状况的等级评定，应根据其结构类别现行标准中构件和上部承重结构使用状况中有关子系统的评级内容评定等级。

围护系统（包括非承重围护结构和建筑功能配件）使用功能的等级评定，宜根据各项目对建筑物使用寿命和生产的影响程度确定出主要项目和次要项目，逐项评定。一般情况下，宜将屋面系统确定为主要项目，墙体及门窗、地下防水和其他防护设施确定为次要项目。

最后，系统的使用功能等级可取主要项目的最低等级，若主要项目为A级或B级，次要项目一个以上为C级，宜根据需要的维修量大小将使用功能等级降为B级或C级。

（3）围护结构可靠性鉴定评级。评定出建筑物上部围护结构的安全性等级和使用性等级后，当不要求给出可靠性等级时，上部承重结构的可靠性可采用直接列出其安全性等级和使用性等级的形式共同表达。

围护结构的可靠性评级应分别根据每个结构系统的安全性等级和使用性等级评定结果，按下列原则确定：

①一般情况应按安全性等级确定，但仅当系统的使用性等级为C级，安全性等级不低于B级时，宜定为C级；

②位于生产工艺流程重要区域的结构系统，可按安全性等级和使用性等级中的较低等级确定或调整。

7. 工业建筑结构的综合鉴定评级

鉴定单元的可靠性等级应根据其地基基础、上部承重结构和围护结构系统的可靠性评级评定结果，以地基基础、上部承重结构为主，按下列原则确定：

（1）当围护结构系统与地基基础和上部承重结构的等级相差不大于一级时，可按地基基础和上部承重结构中的较低等级作为该鉴定单元的可靠性等级。

（2）当围护结构系统比地基基础和上部承重结构中的较低等级低二级时，可按地基基础和上部承重结构中的较低等级降一级作为该鉴定单元的可靠性等级。

（3）当围护结构系统比地基基础和上部承重结构中的较低等级低三级时，可根据实际情况，按地基基础和上部承重结构中的较低等级降一级或降二级作为该鉴定单元的可靠性等级。

四、工业构筑物鉴定评级

工业构筑物的鉴定评级，应将构筑物的整体作为一个鉴定单元，并根据构筑物的结构布置及组成划分为若干结构系统进行可靠性等级评定，构筑物鉴定单元的可靠性等级以主要结构系统的最低评定等级确定；当非主要结构系统的最低评定等级低于主要结构系统的最低评定等级两级时，鉴定单元的可靠性等级应以主要结构系统的最低评定等级降低一级确定。

构筑物结构系统的可靠性评定等级，应包括安全性等级和使用性等级评定。一般情况下，结构系统的可靠性等级应根据安全性等级和使用性等级评定结果以及使用功能的特殊要求，按安全性等级确定；但仅当系统的使用性等级为 C 级，安全性等级不低于 B 级时，宜定为 C 级；对位于生产工艺流程重要区域的结构系统，可按安全性等级和使用性等级中的较低等级确定或调整。

（一）工业构筑物鉴定的层次和等级划分

烟囱、贮仓、通廊、水池等工业构筑物的鉴定评级层次、结构系统划分、检测评定项目、可靠性等级。

烟囱的可靠性鉴定应分为地基基础、筒壁及支撑结构、隔热层和内衬、附属设施 4 个结构系统进行评定。其中，地基基础、筒壁及支撑结构、隔热层和内衬为主要结构系统，应进行可靠性等级评定；附属设施可根据实际状况评定。

地基基础的安全性等级及使用性等级应按现行标准中地基基础鉴定评级有关规定进行评定，其可靠性等级可按安全性等级和使用性等级中的较低等级确定。

烟囱筒壁及支撑结构的安全性等级应按承载能力项目的评定等级确定；使用性等级应按损伤、裂缝和倾斜 3 个项目的最低等级确定；可靠性等级可按安全性等级和使用性等级中的较低等级确定。

烟囱筒壁及支撑结构承载能力项目应根据结构类型按照现行标准中重要结构构件的分级标准评定等级。

烟囱隔热层和内衬的安全性等级与使用性等级应根据构造连接和损坏情况，按现行标准中围护结构系统鉴定评级相关规定进行评定；其他防护设施的评定，可靠性等级可按安全性等级和使用性等级中的较低等级确定。

囱帽、烟道口、爬梯、信号平台、避雷装置、航空标志等烟囱附属设施，可根据实际状况评定。

烟囱鉴定单元的可靠性鉴定评级，应按地基基础、筒壁及支撑结构、隔热层和内衬 3 个结构系统中可靠性等级的最低等级确定。囱帽、烟道口、爬梯、信号平台、避雷装置、航空标志等附属设施评定可不参与烟囱鉴定单元的评级，但在鉴定报告中应包括其检查评定结果及处理建议。

1. 贮仓

贮仓的可靠性鉴定，应分为地基基础、仓体与支承结构、附属设施 3 个结构系统进行评定。地基基础、仓体与支承结构为主要结构系统，应进行可靠性等级评定；附属设施可根据实际状况评定。

地基基础的安全性等级及使用性等级应按上述工业建筑结构系统中相关规定进行评定，其可靠性等级可按安全性等级和使用性等级中的较低等级确定。

仓体与支承结构的安全性等级应按结构整体性和承载能力两个项目评定等级中的较低等级确定；使用性等级应按使用状况和整体侧移（倾斜）变形 2 个项目评定等级中的较低等级确定；可靠性等级可按安全性等级和使用性等级中的较低等级确定。

仓体与支承结构整体性等级可按工业建筑上部结构有关规定进行评定；仓体及支承结构承载能力项目应根据结构类型按照现行标准中重要结构构件的分级标准评定等级，对于贮仓，　　计算结构作用效应时，应考虑倾斜所产生的附加内力。

使用状况等级可按变形和损伤、裂缝两个项目中的较低等级确定。仓体结构的变形和损伤应按内衬及其他防护设施完好程度、仓体结构的变形和损伤程度评定等级。对于仓体及支承结构为钢筋混凝土结构或砌体结构的裂缝项目，应根据结构类型按现行标准中结构鉴定评级相关规定评定等级。仓体与支承结构整体侧移（倾斜）应根据贮仓满载状态或正常贮料状态的倾斜值评定等级。

贮仓附属设施包括进出料口及连接、爬梯、避雷装置等，可根据实际状况评定。

贮仓鉴定单元的可靠性鉴定评级应按地基基础、仓体与支承结构两个结构系统中可靠性等级中较低的等级确定。此外，进出料口及连接、爬梯、避雷装置等附属设施评定可不参与鉴定单元的评级，但在鉴定报告中应包括其检查评定结果及处理建议。

2. 通廊

通廊的可靠性鉴定应分为地基基础、通廊承重结构、围护结构 3 个结构系统进行评定。地基基础、通廊承重结构应为主要结构系统。

地基基础的安全等级及使用性等级应按现行标准工业建筑地基基础鉴定评级中相关规定进行评定，其可靠性等级可按安全性等级和使用性等级中的较低等级确定。

通廊承重结构可按工业建筑上部结构中，单层厂房上部承重结构鉴定评级的规定进行安全性等级和使用性等级评定，当通廊结构主要连接部位有严重变形、开裂或高架斜通廊两端连接部位出现滑移错动现象时，应根据潜在的危害程度将安全性等级评定为C级或D级。可靠性等级一般情况应按安全性等级确定；但当系统的使用性等级为C级，安全性等级不低于B级时，宜定为C级。

通廊围护结构应按工业建筑围护结构系统的规定进行安全性等级和使用性等级评定，可靠性等级一般情况应按安全性等级确定；但当系统的使用性等级为C级，安全性等级不低于B级时，宜定为C级。

通廊结构构件应根据结构种类按工业建筑结构鉴定评级中相关规定进行安全性等级和使用性等级评定。

通廊鉴定单元的可靠性鉴定评级，应按地基基础、通廊承重结构两个结构系统中可靠性等级中较低的等级确定；当围护结构的评定等级低于上述评定等级两级时，通廊鉴定单元的可靠性等级可按上述评定等级降低一级确定。

3. 水池

水池的可靠性鉴定应分为地基基础、池体、附属设施3个结构系统进行评定。地基基础、池体为主要结构系统，应进行可靠性等级评定；附属设施可根据实际状况评定。

地基基础的安全性等级及使用性等级应按工业建筑地基基础鉴定评级中相关规定进行评定，其可靠性等级可按安全性等级和使用性等级中的较低等级确定。

池体结构的安全性等级应按承载能力项目的评定等级确定，使用性等级应按损漏项目的评定等级确定，可靠性等级可按安全性等级和使用性等级中的较低等级确定。

池体结构承载能力项目应根据结构类型按工业建筑结构鉴定评级中相关规定的重要结构构件的分级标准评定等级。

池体损漏应对浸水与不浸水部分分别评定等级，池体损漏等级按浸水及不浸水部分评定等级中的较低等级确定。评定过程中，对于浸水部分池体结构应根据有无裂缝、有无渗漏、表面或表面粉刷有无风化老化等评定等级；对于池盖及其他不浸水部分池体结构应根据结构材料类别按工业建筑结构鉴定评级中相关规定对变形、裂缝、缺陷损伤、腐蚀等评定等级。

第三节　抗震鉴定

现有建筑抗震鉴定，就是针对已建各类建筑的结构特点、结构布置、构造和抗震承载力等因素，采用相应的逐级鉴定方法做出评价，进行综合抗震能力分析，对不符合抗震鉴定要求的建筑提出相应的抗震减震对策和处理意见。本节参考我国现行国家标准《建筑抗震鉴定标准》（以下简称《标准》）的有关规定，主要介绍多层砌体房屋抗震鉴定、多层钢筋混凝土房屋抗震鉴定、内框架和底层框架砖房抗震鉴定、单层砖柱厂房与空旷砖房抗震鉴定、单层钢筋混凝土柱厂房抗震鉴定、烟囱和水塔的抗震鉴定。

国家标准规定，不同后续使用年限的现有建筑，其抗震鉴定方法应符合下列要求：

（1）后续使用年限 30 年的建筑（简称 A 类建筑），应采用《标准》各章规定的 A 类建筑抗震鉴定方法。

（2）后续使用年限 40 年的建筑（简称 B 类建筑），应采用《标准》各章规定的 B 类建筑抗震鉴定方法。

（3）后续使用年限 50 年的建筑（简称 C 类建筑），应按现行国家标准《建筑抗震设计规范》的要求进行抗震鉴定。

一、抗震鉴定范围、方法和流程

（一）抗震鉴定范围。需要进行抗震鉴定的“现有建筑”主要有以下几类：

1. 已接近设计年限的建筑。如 20 世纪五六十年代设计建造的房屋。

2. 原设计未考虑抗震设防或抗震设防偏低的房屋。如新中国成立初期设计建筑的房屋，这类房屋一般未考虑抗震设防或按当时的苏联规范进行抗震设计，设防标准达不到现行国家标准规定的要求。

3. 当地设防烈度提高的建筑。如汶川地震发生后，对部分地震灾区的设防烈度进行了调整，对于设防烈度提高地区的房屋需进行抗震鉴定。

4. 设防类别已提高的建筑。如汶川地震发生后，修订了《建筑工程抗震分类标准》，中小学建筑由原来的标准设防类提高到重点设防类，这类建筑需进行抗震鉴定。

5. 需进行大修改造的建筑。由于使用条件发生变化、结构布局发生变化，这类房屋也需要进行抗震鉴定。

（二）抗震鉴定方法。抗震鉴定方法可分为两级：第一级鉴定应以宏观控制和构造鉴定为主进行综合评价；第二级鉴定应以抗震验算为主结合构造影响进行综合评价。当符合第一级鉴定要求时，可评为满足抗震要求，不再进行第二级鉴定，否则应由第二级鉴定进行判断。

（三）抗震鉴定流程。一般来说，抗震鉴定是对房屋所存在的缺陷进行“诊断”，主要按照下列流程进行：

1. 原始资料收集，如勘察报告、施工图、施工记录和竣工图、工程验收资料等，资料不全时，要有针对性地进行必要的补充实测。对结构材料的实际强度应按现场检测确定。

2. 建筑现状调查，调查建筑现状与原始资料相符合的程度、施工质量及使用维护情况，发现相关的非抗震缺陷。如：建筑有无增建或改建以及其他变更结构体系和构件情况；构件混凝土浇筑和砖墙体砌筑质量，有无蜂窝麻面情况；构件有无剥落、开裂、腐蚀等现象；建筑有无不均匀沉降、变形缝宽度不足或缝隙被堵塞。

3. 综合抗震能力分析。应根据各类结构的特点、结构布置、构造和抗震承载力等因素，根据后续使用年限采用相应逐级鉴定方法，进行建筑综合抗震能力的分析。

二、现有建筑的抗震鉴定

（一）多层砌体房屋抗震鉴定

1. 适用范围。适用于烧结普通黏土砖、烧结多孔砖、混凝土中型空心砌块、混凝土小型砌块、粉煤灰中型实心砌块砌体承重的多层房屋。

横墙间距不超过三开间的单层砌体房屋，可按本节的原则进行抗震鉴定，超过三开间时应按三层空旷房屋的要求进行鉴定。

2. 抗震鉴定检查重点。多层砌体房屋的抗震鉴定应先从鉴定概念着手，根据我国砌体房屋的震害特征，不同烈度下多层砌体房屋的破坏部位变化不大而程度有显著增加，其检查重点一般不按烈度划分。

（1）层数和高度。抗震分析表明，层数和高度是影响砌体房屋抗震程度最主要的因素。因此，多层砌体房屋的抗震鉴定首先是对总高度和层数进行检查。当层数超过鉴定限值时，即评定为不满足鉴定要求，需采用加固和其他措施处理。当层数未超过鉴定限值，但总高度超过鉴定限值时，应提高鉴定要求。

（2）抗震墙的厚度和间距。区分抗震墙与非抗震墙：厚度 120 mm 的砌体由于稳定性差，不能视作抗震墙。通过对抗震墙厚度的检查，以确定房屋的层数与总高度限值，并为第二级鉴定的抗震验算提供依据。

通过对抗震墙间距的检查，判断属于刚性体系房屋还是非刚性体系房屋。对刚性体系房屋，满足第一级鉴定的各项要求时可不进行第二级鉴定；对非刚性体系房屋，应进行两级鉴定和综合能力的评定。

（3）材料强度和砌体质量。重点检查墙体砌筑砂浆的强度等级和砌筑质量。墙体砌筑材料的强度等级一般应结合图纸和施工记录，按国家现行的有关检测进行现场检测，砌筑质量可通过现场观察判断。

（4）墙体交接处的连接。检查墙体交接处是否咬槎砲筑，有无拉结措施，交接处是否有严重削弱截面的竖向孔道（如烟道、通风道等）。

（5）易倒易损结构或构件。检查突出屋面地震中易倒塌伤人的部件，如女儿墙、出屋面烟囱的设置。鉴于地震中楼梯间是重要的疏散通道，该部位也是检查的重点。

位于 7 ~ 9 度区的多层砌体房屋，还应重点检查以下内容：墙体布置的规则性，是否规则对称，是否有明显扭转效应；楼、屋盖处的圈梁布置是否闭合，设置位置是否满足鉴定标准要求；楼、屋盖与墙体的连接构造，如圈梁布置标高及与楼、屋盖构件的连接。

3. 多层砌体房屋的综合抗震能力。多层砌体房屋按房屋高度和层数、结构体系的合理性、墙体材料的实际强度、房屋的整体性连接构造的可靠性、局部易损易倒部位构件自身及其与主体结构连接构造的可靠性、墙体承载能力进行综合分析，对整幢房屋的抗震能力进行鉴定。具体两级鉴定方法参照《标准》第 5 章相关内容进行。

（二）多层和高层钢筋混凝土房屋的抗震鉴定

1. 适用范围。适用于 A、B 类多层和高层钢筋混凝土房屋的抗震鉴定，包括现浇和装配式的钢筋混凝土框架、填充墙框架、框架 – 抗震墙及抗震墙结构。C 类钢筋混凝土房屋可按 B 类房屋的鉴定原则进行。

2. 抗震鉴定的检查重点。不同地震烈度的影响下，钢筋混凝土房屋的破坏部位不同。因此，钢筋混凝土房屋的抗震鉴定，应依据其设防烈度重点检查下列薄弱部位。

（1）6 度时，重点检查局部易掉落伤人的构件、部件以及楼梯间非结构构件的连接构造。

（2）7 度时，除检查上述项目外，还应检查梁柱节点的连接形式、框架跨数、不同结构体系之间的连接构造。

（3）8、9 度时，除检查上述项目外，还应检查梁的配筋、柱的配筋、材料强度、各构件间的连接、结构体型的规则性、短柱分布、使用荷载的大小和分布等，9 度时还应检查框架柱的轴压比。

3. 钢筋混凝土房屋的综合抗震能力评定。钢筋混凝土房屋的抗震鉴定分为两级，第一级鉴定按结构体系的合理性、结构构件材料的实际强度等级、结构构件的纵向钢筋和横向箍筋的配置和构件连接的可靠性、填充墙等与主体结构的连接进行抗震构造措施的鉴定；第二级鉴定以构件抗震承载力为主，结合第一级鉴定的情况对整栋房屋的抗震能力进行综合分析。

（三）内框架和底层框架砖房抗震鉴定

1. 适用范围：

（1）适用于丙类设防的建筑。内框架房屋和底层框架房屋不利于抗震，《标准》中关于内框架房屋和底层框架房屋的鉴定方法只适用于丙类设防的建筑，对于乙类设防的房屋一般不得采用内框架房屋和底层框架结构形式，如仍按乙类建筑继续使用，需采用改变结构形式的方法进行加固。

（2）适用于 6 ~ 9 度区的黏土砖墙和钢筋混凝土柱混合承重的内框架砖房、底层框架砖房、底层框架 - 抗震墙砖房。6 ~ 8 度区由砌块和钢筋混凝土柱混合承重的房屋，可参考本节的原则进行鉴定，但 9 度区的砌块类建筑不适用；底部设置钢筋混凝土墙的底层框架房屋，可结合本部分及上述多层和高层钢筋混凝土房屋的抗震鉴定的规定鉴定。

2. 重点检查内容。内框架和底层框架房屋的鉴定，同样要从抗震概念鉴定着手，对于这类房屋的抗震薄弱环节，应根据不同的烈度、结构类型和震害经验，进行重点检查。

（1）抗震鉴定总体要求：

①房屋高度与层数。同多层砌体房屋一样，高度和层数是控制内框架和底层框架房屋震害的重要措施，高度越高，层数越多，震害就越严重，因此必须对高度和层数严格控制。

②抗震横墙的厚度和间距。墙体厚度是其稳定性的保证，不同于多层砌体房屋，内框架和底层框架房屋较多层砌体房屋稳定性要弱，对墙体厚度的控制要求比多层砌体要严一些。控制横墙间距的目的，一是控制楼屋盖的变形，保证地震作用通过楼屋盖向主要的抗侧力构件传递；二是达到对墙量的控制，保证结构的水平抗震承载能力。

③墙体的砂浆强度等级和砌筑质量。检查方法同多层砌体房屋抗震鉴定。

④底层楼盖类型。对于底层框架或底层内框架房屋，应保证上部地震作用通过底层楼盖传递到底层的抗震墙上，要求底层楼盖有较好的刚度。

⑤底层与第二层的侧移刚度比。要控制底层与第二层的侧移刚度比，一是防止底层产生明显的塑性变形集中；二是防止薄弱层由底层转移到第二层。

⑥结构的均匀对称性。包括结构平面质量和刚度分布的均匀对称，墙体（包括填充墙）等抗侧力构件布置的均匀对称，以减小扭转效应。

⑦屋盖类型和纵向窗间墙宽度。对于内框架房屋，顶层是结构的最薄弱部位，震害最为严重，应保证屋盖的刚性体系、纵向墙体平面内及平面外的承载能力。

（2）7 ~ 9 度时，还应检查框架的配筋、圈梁及其他连接构造。

3. 内框架和底层框架房屋的抗震鉴定方法。

（四）单层钢筋混凝土柱厂房的抗震鉴定

1. 适用范围。适用于装配式的单层钢筋混凝土柱厂房，包括由屋面板、三角钢架、双梁和牛腿柱组成的锯齿形厂房。柱子为钢筋混凝土柱，屋盖为由大开间屋面板、屋面梁构成的无檩体系或槽板等屋面瓦与檩条、各种屋架构成的有檩体系。

本部分同样适用于边列柱为砖柱、中柱为钢筋混凝土柱的混合排架厂房，但仅适合于此类厂房中的混凝土部分，砖柱部分的鉴定按单层砖柱厂房和空旷房屋的有关规定进行。

2. 抗震鉴定时的重点检查部位。抗震鉴定时，下列薄弱部位应重点检查：

（1）6 度时，应检查钢筋混凝土天窗架的形式和整体性、排架柱的选型，并注意出入口等处的高大山墙山尖部分的拉结。

（2）7 度时，除按上述要求检查外，还应检查屋盖中支承长度较小构件连接的可靠性，并注意出入口等处的女儿墙、高低跨封墙等构件的拉结构造。

（3）8 度时，除按上述要求检查外，还应检查各支撑系统的完整性、大型屋面板连接的可靠性、高低跨牛腿（柱肩）和各种柱变形受约束部位的构造，并注意圈梁、抗风柱的拉结构造及平面不规则、墙体布置不均匀等和相连建筑物、构筑物导致质量不均匀、刚度不协调的影响。

（4）9 度时，除按上述要求检查外，还应检查柱间支撑的有关连接部位和高低跨柱列上柱的构造。

3. 单层钢筋混凝土柱厂房的两级鉴定方法。

（五）单层砖柱厂房和空旷房屋的抗震鉴定

1. 适用范围。本部分适用于砖柱（墙垛）承重的单层厂房和砖墙承重的单层空旷房屋。其中，单层厂房包括仓库、泵房等，单层空旷房屋包括剧场、礼堂、食堂等。从横向来看，单层砖柱厂房和空旷房屋均为由屋盖、砖柱（墙垛或墙体）组成的单跨砖排架抗侧力结构体系；单层空旷房屋的横墙间距还应大于三个开间，当不超过三个开间时，应按单层砌体房屋进行鉴定。

2. 抗震鉴定的重点检查部位。进行抗震鉴定时，对影响房屋整体性、抗震承载力和易倒塌的下列关键薄弱部位应重点检查：

（1）6 度时，应检查女儿墙、门脸和出屋面小烟囱和山墙山尖，单层砖柱厂房还应重点检查变截面柱和不等高排架柱的上柱。

（2）7 度时，除检查上述项目外，还应检查舞台口大梁上的砖墙、承重山墙，单层砖柱厂房还应检查与排架柱刚性连接但不到顶的砌体隔墙、封檐墙。

（3）8 度时，除检查上述项目外，还应检查承重柱（墙垛）、舞台口横墙、屋盖支撑及其连接、圈梁、较重装饰物的连接及相连附属房屋的影响。

（4）9 度时，除检查上述项目外，还应检查屋盖的类型等。

3. 单层砖柱厂房和空旷房屋的抗震鉴定方法。单层砖柱厂房和单层空旷房屋的抗震鉴定均分为两级。

（六）烟囱的抗震鉴定

1. 适用范围。本部分适用于普通类型的独立砖烟囱和钢筋混凝土烟囱，特殊形式的烟囱及重要的高大烟囱（高度超过 60 m 的砖烟囱或高度超过 100 m 的钢筋混凝土烟囱）应采用专门的鉴定方法。

2. 烟囱外观质量要求。

（1）烟囱的筒壁不应有明显的裂缝、倾斜和歪扭情况。

（2）砖砌体完整，不应有松动，墙体无严重酥碱。

（3）钢筋混凝土烟囱不应有严重的腐蚀和剥落，混凝土保护层无掉落，钢筋无露筋和锈蚀。

不符合要求时，如为局部缺陷应进行修补和修复，其他情况可结合抗震加固或其他措施进行处理。

3. 烟囱的两级抗震鉴定方法。烟囱的抗震鉴定包括抗震构造鉴定和抗震承载力验算。当符合本部分各项规定时，应评为满足抗震鉴定要求；当不符合时，可根据构造和抗震承载力不符合的程度，通过综合分析确定采取加固或其他相应对策。

（七）A 类水塔的抗震鉴定

1. 适用范围。

对于容积不大于 50 m^3、高度不超过 20 m 的钢筋混凝土筒壁式和支架式水塔，容积不大于 50 m^3、高度不超过 15 m 的砖、石筒壁水塔，可适当降低其抗震鉴定要求。

2. 水塔抗震鉴定的检查重点：

（1）筒壁、支架的构造和抗震承载力。

（2）基础的不均匀沉降。由于水塔为高重心构筑物，不均匀沉降引起的倾斜可使重心偏移，在地震时可能产生倒塌或倾斜，影响水塔安全。

3. 水塔抗震鉴定的承载力验算要求。外观和内在质量良好且符合抗震设计要求的下列水塔及其部件，可不进行抗震承载力验算：

（1）6 度时的各种水塔。

（2）7 度时Ⅰ、Ⅱ类场地容积不大于 10 m³、高度不超过 7 m 的组合砖柱水塔。

（3）7 度时Ⅰ、Ⅱ类场地的砖、石筒壁水塔。

（4）7 度时Ⅲ、Ⅳ类场地和 8 度时Ⅰ、Ⅱ类场地每 4 ～ 5 m 有钢筋混凝土圈梁并配有纵向钢筋或有构造柱的砖、石筒壁水塔。

（5）7 度时和 8 度时 I、n 类场地的钢筋混凝土支架式水塔。

（6）7、8 度时的水柜直径与筒壁直径比值不超过 1.5 的钢筋混凝土筒壁式水塔。

（7）水塔的水柜，但不包括 8 度 m、IV 类场地和 9 度时的支架式水塔下环梁。

水塔符合本小节各项规定时，可评为满足抗震鉴定要求；当不符合时，可根据构造和抗震承载力不符合的程度，通过综合分析确定采取加固或其他相应对策。

（八）B 类水塔抗震鉴定

B 类水塔抗震鉴定类似于 A 类水塔抗震鉴定，具体可按《标准》第 11 章规定的方法进行抗震承载力验算。

三、抗震鉴定处理对策

对符合抗震鉴定要求的建筑可继续使用。

对不符合抗震鉴定要求的建筑提出了 4 种处理对策：

（一）维修。指结合维修处理。适用于仅有少数、次要部位局部不符合鉴定要求的情况。

（二）加固。指有加固价值的建筑。大致包括：

1. 无地震作用时能正常使用。

2. 建筑虽已存在质量问题，但能通过抗震加固使其达到要求。

3. 建筑因使用年限久或其他原因（如腐蚀等），抗侧力体系承载力降低，但楼盖或支持体系尚可利用。

4. 建筑各局部缺陷虽多，但易于加固或能够加固。

（三）改造。指改变使用性能，包括：将生产车间、公共建筑改为不引起次生灾害的仓库，将使用荷载大的多层房屋改为使用荷载小的次要房屋等。改变使用性质后的建筑，仍应采用适当的加固措施，以达到该类建筑的抗震要求。

（四）更新。指无加固价值而仍需使用的建筑或在计划中近期要拆迁的不符合鉴定要求的建筑，需采取应急措施。如：在单层房屋内设防护支架；烟囱、水塔周围划为危险区；拆除装饰物、危险物及荷载等。

第四节　危房鉴定

危险房屋（简称危房）是其结构因种种原因已遭受严重损坏，或承重结构已属危险构件，随时可能丧失稳定和承载力，不能保证正常居住和使用安全的房屋。为了有效地利用已有房屋，正确了解和判断房屋结构的危险度，为及时治理危房提供技术依据，确保居住和使用者生命和财产安全，必须对房屋的危险性做出鉴定。

在进行危房鉴定时，一般应遵循如下鉴定原则：

1. 房屋危险性鉴定应以整幢房屋的地基基础、结构构件危险程度的严重性鉴定为基础，结合历史状态、环境影响以及发展趋势，全面分析，综合判断。

2. 在地基基础或结构构件发生危险的判断上，应考虑它们的危险是孤立的还是相关的。当构件的危险是孤立时，则不构成结构系统的危险；当构件相关时，则应联系结构危险性判定其范围。

3. 全面分析、综合判断时，应考虑下列因素：

（1）各构件的破损程度。

（2）破损构件在整幢房屋中的地位。

（3）破损构件在整幢房屋所占数量和比例。

（4）结构整体周围环境的影响。

（5）有损结构的人为因素和危险状况。

（6）结构破损后的可修复性。

（7）破损构件带来的经济损失。

一、危房鉴定的方法和流程

（一）鉴定方法

危房鉴定一般采用三级综合模糊评判模式进行综合鉴定，具体如下：

1. 第一层次应为构件危险性鉴定，其等级评定分为危险构件（Td）和非危险构件（Fd）两类。危险构件是指其承受能力、裂缝和变形不能满足正常使用要求的结构构件。每一种构件考察若干类因素（构成因素子集），构件危险评定是根据所考察的因素直接列出一系列构件危险的标志，一旦构件出现其中的一种现象，则判断构件出现了危险点，或称危险构件；若该构件没有一个危险点，则可判定为非危险构件。

2. 房屋按照组成部分被划分成地基基础、上部承重结构和围护结构 3 个组成部分。第二层次应为房屋组成部分的危险性鉴定，其等级评定分为 a、b、c、d 四级。其中：

（1）a 级：无危险点。

（2）b 级：有危险点。

（3）c 级：局部危险。

（4）d 级：整体危险。

3. 第三层次应为房屋危险性鉴定，其等级评定为 A、B、C、D 四级。其中：

（1）A 级：结构承载力能满足正常使用要求，未发现危险点，房屋结构安全。

（2）B 级：结构承载力基本满足正常使用要求，个别结构构件处于危险状态，但不影响主体结构，基本满足正常使用要求。

（3）C 级：部分承重结构承载力不能满足正常使用要求，局部出现险情，构成局部危房。

（4）D 级：承重结构承载力已不能满足正常使用要求，房屋整体出现险情，构成整幢危房。

（二）鉴定流程

房屋危险性鉴定应依次按下列流程进行：

1. 受理委托：根据委托人要求，确定房屋危险性鉴定内容和范围。

2. 初始调查：收集调查和分析房屋原始资料，并进行现场勘查。

3. 检测调查：对房屋现状进行现场检测，必要时，采用仪器测试和结构验算。

4. 鉴定评级：对调查、勘查、检测、验算的数据资料全面分析，综合评定，确定其危险等级。

5. 处理建议：对被鉴定的房屋，应提出原则性的处理建议。

6. 出具报告：报告式样应符合相关规定。

二、构件危险性鉴定

构件危险性鉴定是三级综合鉴定的第一（最低）层次，上述已经介绍危险构件是指其承受能力、裂缝和变形不能满足正常使用要求的结构构件。构件危险性鉴定是建立在危险点的判别之上的，《危险房屋鉴定标准》对各类构件分别列出了危险现象的标志，若构件出现其中一种现象（标志），便可将该构件评为危险构件。为便于判别，这些标志大多定量表示，也有部分标志是用语言描述的，这需要鉴定人员根据现场的观察与检测来做出判断。所以进行鉴定工作时一定要做好房屋的调查、勘查和检测工作。

上面已经提到房屋按照组成部分被划分成地基基础、上部承重结构和围护结构 3 个组成部分，在进行分级评判鉴定时，应将房屋的 3 个组成部分分别划分为若干构件。

地基基础、上部承重结构和围护结构的构件危险性鉴定；对后两者根据结构材料性质不同，按混凝土结构、砌体结构、钢结构构件分别介绍。

（一）地基基础

1. 地基基础危险性鉴定应包括地基和基础两部分。

2. 地基基础应重点检查基础与承重砖墙连接处的斜向阶梯形裂缝、水平裂缝、竖向裂缝状况，基础与框架柱根部连接处的水平裂缝状况，房屋的倾斜位移状况，地基滑坡、稳定、特殊土质变形和开裂等状况。

3. 当地基部分有下列现象之一时，应评定为危险状态：

（1）地基沉降速度连续 2 个月大于 2 mm/ 月，并且短期内无终止趋势；

（2）地基产生不均匀沉降，其沉降量大于现行国家标准《建筑地基基础设计规范》规定的允许值，上部墙体产生沉降裂缝宽度大于 10 mm，且房屋局部倾斜率大于 1%；

（3）地基不稳定产生滑移，水平位移量大于 10 mm，并对上部结构有显著影响，且仍有继续滑动迹象。

4. 当房屋基础有下列现象之一时，应评定为危险点：

（1）基础承载能力小于基础作用效应的 85%；

（2）基础老化、腐蚀、酥碎、折断，导致结构明显倾斜、位移、裂缝、扭曲等；

（3）基础已有滑动，水平位移速度连续 2 个月大于 2 mm/ 月，并在短期内无终止趋势。

（二）砌体结构构件

1. 砌体结构构件的危险性鉴定应包括承载能力、构造与连接、裂缝和变形等内容。

2. 需对砌体结构构件进行承载力验算时，应测定砌块及砂浆强度等级，推定砌体强度，或直接检测砌体强度。实测砌体截面有效值，应扣除因各种因素造成的截面损失。

3. 砌体结构应重点检查砌体的构造连接部位，纵横墙交接处的斜向或竖向裂缝状况，砌体承重墙体变形和裂缝状况以及拱脚裂缝和位移状况。注意其裂缝宽度、长度、深度、走向、数量及其分布，并观测其发展状况。

4. 砌体结构构件有下列现象之一时，应评定为危险点：

（1）受压构件承载力小于其作用效应的 85%；

（2）受压墙、柱沿受力方向产生缝宽大于 2 mm、缝长超过层高 1/2 的竖向裂缝，或产生缝长超过层高 1/3 的多条竖向裂缝；

（3）受压墙、柱表面风化、剥落，砂浆粉化，有效截面削弱达 1/4 以上；

（4）支承梁或屋架端部的墙体或柱截面因局部受压产生多条竖向裂缝，或裂缝宽度已超过 1 mm；

（5）墙柱因偏心受压产生水平裂缝，缝宽大于 0.5 mm；

（6）墙、柱产生倾斜，其倾斜率大于 0.7%，或相邻墙体连接处断裂成通缝；

（7）墙、柱刚度不足，出现挠曲鼓闪，且在挠曲部位出现水平或交叉裂缝；

（8）砖过梁中部产生明显的竖向裂缝，或端部产生明显的斜裂缝，或支承过梁的墙体产生水平裂缝，或产生明显的弯曲、下沉变形；

（9）砖筒拱、扁壳、波形筒拱、拱顶沿母线裂缝，或拱曲面明显变形，或拱脚明显位移，或拱体拉杆锈蚀严重，且拉杆体系失效；

（10）石砌墙（或土墙）高厚比：单层大于 14，二层大于 12，且墙体自由长度大于 6 cm，墙体的偏心距达墙厚的 1/6。

（三）混凝土结构构件

1. 混凝土结构构件的危险性鉴定应包括承载能力、构造与连接、裂缝和变形等内容。

2. 需对混凝土结构构件进行承载力验算时，应对构件的混凝土强度、碳化和钢筋的力学性能、化学成分、锈蚀情况进行检测；实测混凝土构件截面有效值，应扣除因各种因素造成的截面损失。

3. 混凝土结构构件应重点检查柱、梁、板及屋架的受力裂缝和主筋锈蚀状况，柱的根部和顶部的水平裂缝，屋架倾斜以及支撑系统稳定等。

4. 混凝土构件有下列现象之一时，应评定为危险点：

（1）构件承载力小于作用效应的 85%；

（2）梁、板产生超过 $L_0/150$ 的挠度，且受拉区的裂缝宽度大于 1mm；

（3）简支梁、连续梁跨中部受拉区产生竖向裂缝，其一侧向上延伸达梁高的 2/3 以上，且缝宽大于 0.5 mm，或在支座附近出现剪切斜裂缝，缝宽大于 0.4 mm；

（4）梁、板受力主筋处产生横向水平裂缝和斜裂缝，缝宽大于 1 mm，板产生宽度大于 0.4 mm 的受压裂缝；

（5）梁、板因主筋锈蚀，产生沿主筋方向的裂缝，缝宽大于 1 mm，或构件混凝土严重缺损，或混凝土保护层严重脱落、露筋；

（6）现浇板面周边产生裂缝，或板底产生交叉裂缝；

（7）预应力梁、板产生竖向通长裂缝；或端部混凝土松散露筋，其长度达主筋直径的 100 倍以上；

（8）受压柱产生竖向裂缝，保护层剥落，主筋外露锈蚀；或一侧产生水平裂缝，缝宽大于 1 mm，另一侧混凝土被压碎，主筋外露诱蚀；

（9）墙中间部位产生交叉裂缝，缝宽大于 0.4 mm；

（10）柱、墙产生倾斜、位移，其倾斜率超过高度的 1%，其侧向位移量大于 h/500；

（11）柱、墙混凝土酥裂、碳化、起鼓，其破坏面大于全截面的 1/3，且主筋外露、锈蚀严重，截面减小；

（12）柱、墙侧向变形，其极限值大于 h/1250，或大于 30 mm；

（13）屋架产生大于 L_0/200 的挠度，且下弦产生横断裂缝，缝宽大于 1 mm；

（14）屋架支撑系统失效导致倾斜，其倾斜率大于屋架高度的 2%；

（15）压弯构件保护层剥落，主筋多处外露锈蚀；端节点连接松动，且伴有明显的变形裂缝；

（16）梁、板有效搁置长度小于规定值的 70%。

（四）钢结构构件

1. 钢结构构件的危险性鉴定应包括承载能力、构造和连接、变形等内容。

2. 当需进行钢结构构件承载力验算时，应对材料的力学性能、化学成分、锈蚀情况进行检测。实测钢构件截面有效值，应扣除因各种因素造成的截面损失。

3. 钢结构构件应重点检查各连接节点的焊缝、螺栓、铆钉等情况；应注意钢柱与梁的连接形式、支撑杆件、柱脚与基础连接损坏情况，钢屋架杆件弯曲、截面扭曲、节点板弯折状况和钢屋架挠度、侧向倾斜等偏差状况。

4. 钢结构构件有下列现象之一时，应评定为危险点：

（1）构件承载力小于其作用效应的 90%；

（2）构件或连接件有裂缝或锐角切口；焊缝、螺栓或铆接有拉开、变形、滑移、松动、剪坏等严重损坏；

（3）连接方式不当，构造有严重缺陷；

（4）受拉构件因锈蚀，截面减少大于原截面的 10%；

（5）梁、板等构件挠度大于 L_0/250，或大于 450 mm；

（6）实腹梁侧弯矢高大于 L_0/600，且有发展迹象；

（7）受压构件的长细比大于现行国家标准《钢结构设计规范》中规定值的 1.2 倍；

（8）钢柱顶位移，平面内大于 h/150，平面外大于 h/500，或大于 40 mm；

（9）屋架产生大于 L_0/250 或大于 40 mm 的挠度；屋架支撑系统松动失稳，导致屋架倾斜，倾斜量超过 L0/150。

三、结构危险性鉴定

房屋危险性鉴定应根据被鉴定房屋的构造特点和承重体系的种类，按其危险程度和影响范围，按照本节相关内容进行鉴定。危房以幢为鉴定单位，按建筑面积进行计算。综合评定时要根据本节要求划分的房屋组成部分，确定构件的总量，并分别确定其危险构件的数量进行房屋的综合评定时，首先要计算房屋危险构件的百分数，其次进行房屋组成部分的等级评定，最后进行房屋的综合等级评定，得出结论。具体评定方法和流程如下。

（一）房屋组成部分的评定等级

在进行危险构件百分数计算以后，进行房屋组成部分的等级评定，根据相应构件危险点所占比重将房屋组成部分划分为 a、b、c、d 四个等级。在此只需要将房屋各组成部分的危险构件百分数 p 带入以下各式中，即可得地基基础、上部承重结构和维护结构对 a、b、c、d 等级的隶属度。

第五节　公路桥梁技术状况评定

一、桥梁技术状况评定原理

依据《公路桥梁技术状况评定标准》，桥梁技术状况评定包括桥梁构件、部件、桥面系、上部结构、下部结构和全桥评定。公路桥梁技术状况评定采用分层综合评定与 5 类桥梁单项控制指标相结合的方法，先对桥梁各构件进行评定，然后评定桥梁各部件，再对桥面系、上部结构和下部结构分别进行评定，最后进行桥梁总体技术状况的评定。

二、桥梁构件技术状况评定

桥梁构件是组成桥梁的最小单元，也是桥梁技术状况评定的最基础评定资料，桥梁中各构件评分进行计算。

桥梁总体评定中符合单项评定指标情况时，依据《公路桥梁技术状况评定标准》中相关单项评定方法确定桥梁类别。

当上部结构和下部结构技术状况等级为 3 类、桥面系技术状况等级为 4 类、且桥梁总体技术状况评分为 $40 \leqslant D_r < 60$ 时，桥梁总体技术状况等级应被评为 3 类。

桥梁总体技术状况等级评定时，当主要部件评分达到 4 类或 5 类且影响桥梁安全时，可按桥梁主要部件最差的缺陷状况评定。

第六节　隧道技术状况评定

目前，我国已建成了大量的铁路隧道、公路隧道及地铁隧道，成为了世界上名副其实的隧道大国。然而，隧道投入运营以后，由于受衬砌结构自身材料劣化、围岩与支护相互作用关系变异及周围水文地质环境等因素的影响，越来越多的隧道出现了诸如衬砌裂损、碳化腐蚀、掉块、渗漏水等病害现象，隧道衬砌结构的承载能力和耐久性不断下降，从而导致隧道衬砌结构设计年限内的预定使用功能降低，甚至会对隧道内的行车和行人安全造成一定的威胁。因此，需要对运营隧道衬砌结构技术状况进行系统评定，全方位掌握隧道衬砌结构的健康状况。国内外专家学者对运营隧道衬砌结构技术状况的评定方法进行了一些研究，也取得了不少有价值的研究成果，如 S.W.Park 等人提出了隧道衬砌结构技术状况评定的缺陷指标法，主要将隧道衬砌结构各种病害划分Ⅰ～Ⅴ级，并根据实际病害程度将其赋予不同的缺陷点数，最后根据实际隧道衬砌缺陷点总数与最大缺陷点数之比将隧道衬砌结构技术状况划分为 A ～ E 级。罗鑫基于乘积标度法、模糊理论和人工神经网络等理论构建了指标层指标的标度权重，并利用模糊综合评价方法建立了公路隧道健康状态的模糊综合评价模型，杨建国等人采用层次分析、物元理论、模糊集合论和信息熵理论，建立了隧道衬砌结构技术状况的熵权物元评估模型，刘鹏举等人利用遗传算法和 BP 神经网络相结合的方法，建立了运营隧道衬砌结构安全评估模型，可以看出，目前常用于隧道衬砌结构技术状况评定的主要方法有加权综合平均法、模糊综合评价法、物元分析法、神经网络法等，这些评定方法将各个评价指标进行复合计算，获取一个综合评定结果，但这些做法可能导致部分权重较小的极端信息淹没，而无法客观反映隧道衬砌结构的真实技术状况，因此，有必要对隧道衬砌结构技术状况的评定方法进行进一步研究，本书根据隧道衬砌结构技术状况评定指标的选取原则，构建了隧道衬砌结构技术状况评定指标体系，通过健康度函数建立了隧道衬砌检测数据与评定结果的函数关系，提出了一种隧道衬砌结构技术状况的分段式量化评定方法。

一、衬砌结构技术状况评定指标体系

隧道衬砌结构技术状况是一个外延不太明确而内涵较为丰富的概念，是一个用多种

技术指标综合反映的复杂系统，具有明显的整体性、相关性和层次性，隧道衬砌结构技术状况是隧道衬砌结构在强度、刚度、稳定性和耐久性（裂损状况、适应性状况）等方面技术特征的总称，如衬砌开裂、衬砌碳化、衬砌起层剥落、衬砌背后空洞等，为了对隧道技术状况进行评定，首先应选择合适的评定指标，隧道衬砌结构技术状况评定指标的选择应满足科学性、相对完备性、独立性、层次性、可测性和时效性等6个原则，本书在此6个原则的基础之上，结合运营隧道的实际情况，选取衬砌裂缝、衬砌背后缺陷、衬砌厚度、衬砌强度、钢筋锈蚀、保护层厚度、衬砌变位、衬砌起层剥落及渗漏水等9项指标，作为隧道衬砌结构技术状况的评定指标，根据评定目标及每项指标的现场检测项目，确定各项指标的属性，据此构建了隧道衬砌结构技术状况评定指标体系。

二、衬砌结构技术状况的评定和分级

为了定量描述隧道衬砌结构的技术状况，同时反映真实的衬砌结构健康状况，需要建立隧道衬砌结构技术状况评定结果的分级制度，以便在隧道衬砌结构技术状况评定结束后，根据评定级别的不同，制定出与之对应的隧道养护和隧道病害整治措施。可见，隧道衬砌结构技术状况评定结果的划分具有实际意义。隧道衬砌结构技术状况评定结果的分级，指结合现场衬砌结构的检测结果，将隧道衬砌结构技术状况评定指标体系中的各个指标及子指标的实际运行状况，划分为若干可度量的级别，评定结果的等级划分，受多种因素的影响，如现行规范标准、评定理论、衬砌结构的自身特征、现场测试技术水平、检测工程师的技术力量等。评定结果分级是一项抽象而复杂的工作，隧道衬砌结构技术状况评定结果的分级数目不能过多，也不能过少，若评定结果分级数目太少，各级别所表示的衬砌技术状况范围太广，同一等级衬砌的实际技术状况差别较大；若评定结果分级数目太多，过于详细，会导致两相邻级别的评定标准过于相似，相邻级别的界限模糊，给评定工作带来困难，目前，国内外隧道衬砌结构技术状况评定分级的原则大致相同，但级别划分数目差别较大，各国之间，甚至同一国家不同时间段的分级数目也有不同，国内外部分专家学者对隧道结构技术状况分级进行了相关的研究，并给出了相应的分级方法，常用方法有三级、四级、五级、十级划分法等。从各种划分方法来看，三级划分法过于简单，等级划分的区间跨度较大，容易弱化某些评定指标的信息，造成评定结果失真，一般可用于日常检查。而十级划分法过于烦琐，级别之间划分界限过于接近，现场操作性较差。

第九章　桩基础施工

第一节　概　述

桩基础指的是通过桩支撑着承台的基础，也就是由承台和支撑着这个承台的桩组成的基础。承台承受上部建（构）筑物的荷载，并把荷载传递给桩，使各桩受力均匀。桩是竖直或微倾斜的基础构件，其作用是把上部结构物的荷载和力传给下部的地基。地基是承受由基础传来的荷载和力的那部分地层。

桩基础有着悠久的发展历史，据历史文物挖掘揭示，早在新石器时代人类就在松软土层中应用下部削尖的树身支撑原始建筑物，这也是人类历史上使用桩基的最早记录。到宋朝，桩基技术已经比较成熟，今山西省太原市的晋祠圣母殿都是现留存的北宋年间修建的桩基建筑物，在英国也保存了部分罗马时代的木桩基础的建筑。后来还有石桩也被人类广泛应用，但是它没有木桩应用的广泛，直到科技进步的今天，木桩仍在世界个别地区得到使用。

在 19 世纪 20 年代人类开始使用铸铁板桩修筑码头，直至 19 世纪中叶，随着水泥工业的问世以及混凝土的广泛使用，逐渐出现了钢筋混凝土桩，由于当时缺乏混凝土的计算理论，且采用的钢筋和混凝土强度都不高，所以无论是桩的质量还是桩施工技术都比较原始化。直至 20 世纪初，尤其第二次世界大战之后，桩基技术和理论才得到较大发展，出现各种各样的桩，桩基的产生和发展过程可总结为三个阶段。

20 世纪中期以后，随着人口的增长和人口城市化速度加快，为解决居住、生活、交通和工农业生产现代化，促使现代建筑立体化，要向地下空间、地上高空发展。由于技术与建筑材料的发展，使地面上的高层建筑、重型建筑和地下建筑物的建造成为可能。传统的浅基础在重型建筑物荷载作用下沉降过多，这就迫使人们不得不把基础伸展到更深、更能胜任的持力层上，就必须采用承载力大的深基础。所以作为深基础之一的桩基础得到了极大的发展，其中灌注桩和预制桩作为桩基础的主要形式，在国内外已被广泛地应用于工程之中。

一、桩的类型

对桩的分类可分别按施工方法和施工工艺、承载性状、桩身材料、使用功能、成桩的排土效应、桩径大小、桩轴方向以及桩的形状等多种方式划分。

实际成桩的施工方法目前已超过 300 种，而且施工方法的变化、完善、更新是日新月异的。

二、桩型的选择

不同桩型的适用条件应符合下列规定：

（一）泥浆护壁钻孔灌注桩宜用于地下水位以下的黏性土、粉土、砂土、填土、碎石土及风化岩层。

（二）旋挖成孔灌注桩宜用于黏性土、粉土、砂土、填土、碎石土及风化岩层。

（三）冲孔灌注桩除宜用于上述地质情况外，还能穿透旧基础、建筑垃圾填土或大孤石等障碍物。在岩溶发育地区应慎重使用，采用时，应适当加密勘察钻孔。

（四）长螺旋钻孔压灌桩后插钢筋笼宜用于黏性土、粉土、砂土、填土、非密实的碎石类土、强风化岩。

（五）干作业钻、挖孔灌注桩宜用于地下水位以上的黏性土、粉土、填土、中等密实以上的砂土、风化岩层。

（六）在地下水位较高，有承压水的砂土层、滞水层、厚度较大的流塑状淤泥、淤泥质土层中不得选用人工挖孔灌注桩。

（七）沉管灌注桩宜用于黏性土、粉土和砂土，夯扩桩宜用于桩端持力层为埋深不超过 20 m 的中、低压缩性黏性土、粉土、砂土和碎石类土。

三、桩的施工工序

旋挖钻孔灌注桩的工序为：（一）用护筒回转器埋设第一节护筒；（二）用连接装置接护筒，一直压至下卧硬层顶面；（三）用短螺旋钻头钻进至硬层顶面；（四）用钻斗或其他钻头钻进至要求孔。

第二节 施工准备

根据工程的特点和要求，施工准备工作必须快速完成，在签订合同后，以项目经理为首的工程项目管理人员要在合同规定的时间内开始现场办公、组织施工队伍立即开始施工准备、临时工程及施工协调工作。

施工准备分为技术准备、施工现场准备和原材料、机械设备准备。具体工作内容包括编写施工组织设计，场地平整，桩位测量放线，布置设备行走轨道和运输道路，设置供电、供水系统，安设冲洗液循环、储备、净化和排水设施，混凝土搅拌站，护筒埋设以及设备、机具、材料的安装和准备等。以上各项工作都应按施工设计要求进行，并在开工前准备就绪。

一、技术准备及施工组织设计的编写

（一）技术准备

1. 组织参加工程的有关管理人员认真学习、核对设计图纸，领会设计意图，明确技术要求，并逐级落实到生产第一线；并积极协助建设、监理单位组织各项设计交底工作。

2. 编制完善补充施工组织设计与施工方案，及时报送监理审批。

3. 按照监理工作程序的要求，及时报送有关文件、资料，为开工做好准备。

4. 分级、分层、分阶段向管理人员，施工队伍进行施工组织设计交底与技术交底。

5. 对施工人员进行安全技术总交底，并针对各专业人员进行各专业安全技术交底。

6. 做好用于施工的各种原材料的采样测试工作。

（二）施工组织设计的意义及作用

桩基础是工程量大、质量要求高的地下隐蔽工程。这项工程是由许多工序组成的，随着地形、地质、水文、气象、交通、工期等条件的不同，而构成错综复杂的施工顺序、施工方法、运输方法、设备机具配套等不同的施工方案。除了基本作业活动以外，还要组织安排准备作业、辅助作业、材料运输以及生活福利设施等，增加了施工活动的复杂性。要正确处理好人与物、空间与时间、天时与地利、工艺与设备、使用与维修、专业与协作、供应与消耗等各种矛盾。必须严密地组织、计划，必须根据各项具体的技术、经济条件，从全局出发，从许多可能的方案中选出比较合理的方案，对施工各项活动做出全面部署，

这就需要施工组织设计来解决。

施工组织设计必须具备下列性质：

合理性：确定的原则和事项必须符合施工队伍的技术水平和装备能力，又具有一定的先进水平，通过努力可以达到。

严肃性：即具有法定效力，必须严格执行，不得任意违背，如遇特殊情况必须变更时，须提出理由报请原批准单位审批后方得修改。

实践性：编写的原则和依据不是一成不变的，应从实际出发，认真调查研究。施工组织设计应随工人的熟练程度及生产水平的提高，施工方法的改进，新机具、新设备的出现而不断改进。

（三）施工组织设计的编写

1. 一般规定

（1）施工设计是施工过程中各项工作的指南，不论工程项目大小，均应认真编审，严格做到没有设计不准施工；按照设计组织施工，设计未经批准同意，任何人不得随意变更。

（2）施工设计由工程施工技术负责人组织有关人员编制，由上一级业务主管部门的总工程师主持审批。

（3）施工设计编制要切合实际，提高预见性和可靠性。首先要全面了解工程的技术要求，详细进行现场调查，搜集和了解该工程的地质资料，然后组织编写，施工单位必须组织全体施工人员学习施工设计，对本岗位的工艺方法、质量要求和技术要点有透彻了解。

（4）凡属重要建筑设施或工程、水文地质条件复杂的地区，以及缺乏施工工艺技术资料的情况下，施工前应酌情进行工艺性试成孔、成桩，以便核对地质资料，检验设计所选的设备、施工方法以及技术要求是否适宜，如出现不能满足工程设计要求的问题时，应修改补充施工设计，否则不准全面施工。

（5）根据桩孔类型和工程、水文地质条件合理选定施工工艺方案，是确保优质、高效的重要前提。

2. 设计的编写

（1）编写施工设计应具备的技术资料

编写施工设计应具备的技术资料如下：

①建筑场地岩土工程勘察报告；

②桩基工程施工图及图纸会审纪要；

③建筑场地和邻近区域内的地下管线、地下构筑物、危房、精密仪器车间等的调查资料；

④主要施工机械及其配套设备的技术性能资料；

⑤水泥、砂、石、钢筋等原材料及其制品的质检报告；

⑥有关荷载、施工工艺的试验参考资料。

（2）施工设计应包括的主要内容

施工设计应包括的主要内容如下：

①工程概况和设计要求，工程类型、地理位置、交通运输条件、桩的规格、数量（含成孔工作量和灌注量）、工程水文地质情况、持力层状况、工程质量要求、设计荷载、工期要求等。

②施工工艺方案和设备选型配套。绘制工艺流程图。计算成孔与灌注速度，确定工程进度、顺序和总工期，绘制工程进度表。根据施工要求确定设备配套表，包括动力机、成孔设备、灌注设备、吊装设备、运输设备等。绘制现场设施平面布置图，合理摆放各类设备、循环系统、搅拌站及各种材料堆放场地。

③施工力量部署。在工艺方法和设备类型确定后，提出工地人员组成与岗位分工，并列表说明各岗人数、职责范围。

④编制主要消耗材料和备用机件数量、规格表，并按工期进度提出材料分期分批进场要求。

⑤工艺技术设计。包括：A. 成孔工艺。包括设备安装、钻头选型、护筒埋设、冲洗液类型、循环方式和净化、钻渣处理、清孔要求、成孔质量检查和成孔的主要技术措施。B. 钢筋笼制作。包括制作图和技术要求。C. 混凝土配制。按设计强度要求，选择砂、石料、水泥及外掺剂，并提出配方试验资料。D. 混凝土灌注。现场搅拌要求、灌注导管和灌注机具配套方案及灌注时间计算；提高灌注质量的技术要点；混凝土现场取样、养护、送检要求。

⑥桩基施工时，对安全、劳动保护、防火、防雨、防台风、爆破作业、文物和环境保护等方面应按有关规定执行。

⑦技术安全和质量保证措施。

⑧施工组织管理措施。

（3）施工平面图设计

施工总平面图是施工组织设计的基本内容之一。它主要综合反映施工平面的总体部署和相互配合关系。通常在设计中要解决点、线、面、体四个方面的问题。

点：如钢筋笼加工场地、混凝土搅拌站、变电室、空气压缩机站、水泵房、宿舍等各项生产临时设施和工地生活设施。这些点要为全工地服务，并与施工对象和施工区域发生联系。

线：如交通道路、供排水管线、泥浆循环管线、施工用电线路、通信线路、压气、蒸气、氧气等管线。这些线路往往将上述的点和施工对象合理地联系起来，为开展施工活动创造必要的条件。

面：如各种材料、机具、构件、设备的堆放场地，起重机械的运行场地，结构装配和设备组装等平面位置的规划及其周转使用期限的安排。

体：如土方挖填平衡，高空和地下障碍物拆迁，各项生产、生活设施的允许高度和安全间隔的确定等。

（4）编制施工进度计划

编制施工进度计划是在既定施工方案的基础上，按流水作业程序编制。在进度计划中要具体规定工程的开、竣工日期，各工序的开工和完工日期，以及各工序的施工顺序等。它是指导现场施工的主要技术文件之一。

二、施工现场准备

（一）施工场地准备要求

1. 施工前应根据施工地点水文、工程地质勘探资料及机具、设备、动力、材料、运输等供应情况进行施工场地布置。

场地为旱地时，应平整场地、清除杂物、换除软土、夯打密实。钻机底座不宜直接置于不坚实填土上，以防产生不均匀沉陷。场地为陡坡时，可用木排架或枕木搭设工作平台。场地为浅水时，宜采用筑岛法，岛顶面通常高出水面 0.5 ~ 1 m。场地为深水时，根据水深、流速及水底地层等情况，采用固定式平台或浮动式钻船。

2. 对设计单位交付的测量资料进行检查，复核测量基线和基点，标定钻孔桩位和高程。

3. 在施工平面图上应标明桩位、编号、施工顺序、水电线路和临时设施；采用泥浆钻进时，应标明泥浆制备设施及其循环系统。

4. 设备进场前要做到“三通一平”，即路通、水通、电（料）通、施工场地平整。

5. 场地布置要力求合理，特别要注意运输畅通，有利于平行交叉作业，废水、废浆、废渣的排放符合环保法规，做到文明施工。

（二）埋置护筒

1. 护筒的作用

护筒的作用包括：（1）固定桩位，并作钻孔导向；（2）保护孔口，防止孔口土层坍塌；

（3）隔离地表水，并保持钻孔内水位高出施工水位以稳定孔壁。

2. 对护筒的一般要求

对护筒的一般要求如下：

（1）护筒内径应比设计的桩径稍大，用冲抓或冲击方法大 0.2 ~ 0.3 m，回转方法大 0.1 ~ 0.2 m。

（2）护筒顶端高度。在旱地施工时，应高出地面 0.3 m，在水上施工时，应高出施工水位 1.0 ~ 1.5 m；若为易塌孔时，宜高出施工水位 1.5 ~ 2.0 m，以保持一定泥浆水头；当孔内有承压水时，应高出稳定水位 1.5 ~ 2.0 m。

（3）护筒制作要求坚固、耐用、不易变形、不漏水，安装和起拔方便并能重复使用。

3. 护筒的埋置

（1）护筒顶标高应高出地下水位和施工最高水位 1.5 ~ 2.0 m；无水地层钻孔因护壁顶部设有溢浆口，护筒顶也应高出地面 0.2 ~ 0.3 m。

（2）护筒底应低于施工最低水位（一般低 0.1 ~ 0.3 m 即可）。深水下沉埋设的护筒应沿导向架借自重、射水、振动或锤击等方法将护筒下沉至稳定深度。入土深度：黏性土不宜小于 1.0 m，砂性土不宜小于 1.5 m。

（3）护筒挖坑不宜过大（一般比护筒直径大 0.60 ~ 1.0 m），护筒四周应夯填密实的黏土，护筒底应埋置在稳固的黏土层中，否则也应换填黏土夯实，其厚度一般为 0.5 m。

4. 护筒的种类

（1）木护筒

木护筒一般用 3 cm 厚木板制作，为加强它的整体性，可在外围加二三道 5 cm 的弧形肋木。为便于拆卸，可将肋木做成两个半圆形，用螺栓加木板连接。护筒板缝应刨平合严，防止漏水。当用于透水性强的地层时，可做成双层木板护筒，两层中间用黏土填实。还有一种双层薄板护筒，中间夹油毡，内外层板缝错开，也可防止漏水。

木护筒重量轻，加工方便，搬运和埋设都较容易。它的缺点是重复使用次数少，易坏，耗用木材多。

（2）钢护筒

钢护筒坚固耐用，重复使用次数多，用料较省，在无水河床或岸滩和深水中都可使用。钢护筒一般用 3 ~ 5 mm 厚的钢板制作。为增加刚度防止变形，可在护筒上下端和中部的两侧各焊一道加强肋。它可做成整体的或两个半圆的。两个半圆钢护筒在竖向和水平向均有用角钢制成的法兰。竖向法兰用螺栓互相连接成为整圆；水平向法兰用螺栓互相连接后，可以逐节接长护筒。用钢丝绳或弹簧作为连接件的双开护筒，使用比较方便，只要护筒长度略大于水深与护筒入土深度之和，在拆卸护筒时就可避免水下作业。

（3）钢筋混凝土护筒

钢筋混凝土护筒适用于深水钻孔，每节长度为 2 ~ 3 cm，壁厚 8 ~ 10 cm，配筋应根据吊装、下沉、加压方法经计算决定。这种护筒一般与桩身混凝土浇筑在一起，不再拔出。

（三）泥浆的制备和处理

1. 除能自行造浆的黏性土层外，均应制备泥浆。泥浆制备应选用高塑性黏土或膨润土。泥浆应根据施工机械、工艺及穿越土层情况进行配合比设计。

2. 泥浆护壁应符合下列规定:（1)施工期间护筒内的泥浆面应高出地下水位 1.0m 以上，在受水位涨落影响时，泥浆面应高出最高水位 1.5 m 以上；（2）在清孔过程中，应不断置换泥浆，直至浇筑水下混凝土；（3）浇筑混凝土前，孔底 500 mm 以内的泥浆相对密度应小于 1.25，含砂率不得大于 8%，黏度不得大于 28s；（4）在容易产生泥浆渗漏的土层中应采取维持孔壁稳定的措施。

3. 废弃的浆、渣应进行处理，不得污染环境。

（四）设备安装

1. 在钻孔过程中，成孔中心必须对准桩位中心，钻机（架）必须保持平稳。

2. 钻台行走钢轨铺设必须平直、稳固，其对称线与桩孔中心线的偏差不得大于 20 mm，轨道面上任意两点的高差不得大于 10 mm。钻台运行时钢轨不应有明显沉陷。

3. 设备安装就位之后，应精心调平，并支撑牢固。作业之前，设备应先试运转检查。

（五）试成孔

施工前必须试成孔，数量不得少于两个，以便核对地质资料，检验所选的设备、施工工艺以及技术要求是否适宜。

三、施工现场的协调工作

（一）与建设单位的协调

为保证施工尽快展开，进场后应积极与建设、总包单位相关部门联系，主要就施工用地、用电、用水等问题逐一落实。施工全过程应与建设方保持经常性联系，积极征询采纳有关单位对质量、进度、变更、安全环保、文明施工等方面的意见，确保施工文明有序，让招标单位达到最大程度的满意。

（二）与设计单位的协调

1. 中标后，协助驻场监理、甲方代表及时同设计单位联系，进行开工前的设计技术交底。

2. 如果在图纸中发现问题，应及时向驻场监理汇报，并向设计人员征求意见，经设计人员同意，办理设计变更后方可进行施工。严格按施工设计图纸施工，未经设计者同意，不得随意更改设计。

3. 积极邀请设计单位的有关人员参加关键部位的技术方案讨论审定会，充分理解设计意图，把设计思想贯穿进实际施工工程中，经理部及时与设计院驻场代表联系，解决施工中产生的变更设计问题，确保工程顺利进行。

（三）与监理工程师的协调

1. 充分配合监理工程师的“质量、进度、投资”控制和合同、信息管理职能，做好基础工作。

2. 在施工过程中，严格按照经甲方及监理工程师批准的施工组织设计进行质量管理。在班组自检和安质部专检的基础上，接受监理工程师的验收和检查，并按照监理要求，予以整改。

3. 贯彻质量控制、检查、管理制度。所有进场的成品、半成品、设备、材料等均要求向监理工程师提交产品合格证、质量保证书及进场报验单，请监理工程师共同把关，审核生产单位的资质、信誉等是否符合本工程的要求。

4. 部分或分项检查工序的质量，严格执行上道工序不合格，下道工序不施工的准则，使监理工程师能顺利展开工作。

5. 积极配合试验监理工程师完成对各项试验项目的有见证送检。

第三节　灌注桩的施工

钻孔灌注桩施工应根据地质条件、桩径大小、入土（岩）深度和设备条件选用适当钻具和钻孔方法，以保证顺利地钻到预计孔深（各种成孔方法见第三章），然后，清孔、下钢筋笼、灌注混凝土等。

一、泥浆护壁钻孔灌注桩成孔施工

（一）桩孔施工的一般规定

下述桩孔施工的有关规定采用了行业标准《建筑桩基技术规范》中的相关部分。

1. 本规定适用于回转、冲击、冲抓、螺旋钻、潜水钻、沉管成孔、钻孔扩底、人工挖孔等桩孔施工，不包括爆扩灌注桩。

2. 在建筑物旧址或杂填土区域施工时，应先用钎探或其他方法，探明桩位处的地下情况。有浅埋旧基础、大石块、废铁等障碍物时，应先挖除或采取其他处理措施。

3. 回转钻机钻架天车滑轮槽缘、回转器中心和桩孔中心三者应在同一铅垂线上，以保证钻孔垂直度，回转器中心同桩孔中心位置偏差不得大于 20 mm。

4. 冲击或冲抓钻机钻架天车滑轮槽缘的铅直线应对准桩孔中心，其偏差不得大于 20 mm。

5. 桩孔施工应尽量一次不间断完成，不得无故中途停钻，施工中，各岗位操作人员必须认真履行岗位职责，详细交代钻进情况及下一班应注意的事项。

6. 桩孔施工到设计深度后，应会同有关部门对孔深、孔径、孔的垂直度、孔位以及其他情况进行检查，确认符合设计要求后，应填写终孔验收单。

7. 桩孔竣工、搬移钻机后，必须保护好孔口，防止人员或杂物不慎掉落孔内。

（二）桩孔质量标准和检测方法

1. 桩孔质量标准

桩孔质量标准如下：

（1）桩孔直径的超径系数（充盈系数）不宜大于1.3，不得小于1.0，孔深达到设计要求。

（2）孔底沉渣或虚土允许厚度。当桩以摩擦力为主时不得大于 100 mm，桩以端承力为主时不得大于 50 mm，桩以抗拔、抗水平力为主时不得大于 200 mm，沉管成孔的灌注桩不得有沉渣。

（3）斜桩倾斜度的偏差，不得大于倾斜角（桩身轴线与铅垂线间的夹角）正切值的15%。

2. 检测方法

桩孔质量检测方法如下：

（1）孔深一般采用校正钻杆和钻具的方法检测或用标准测绳测锤测定。

（2）孔径和孔形一般采用与设计同尺寸的球形孔径检查器，用钢丝绳吊放孔内，如上下顺畅，则为孔径符合设计要求。必要时，可用专门测量孔径的井径仪（例如，伞形孔径仪）测定。

（3）桩位一般用经纬仪、水准仪测定。

（4）桩孔垂直度可在钻杆内下入钻孔测斜仪测定。测斜仪的上下端应加导正环。进行量测时，钻杆下部应连接钻头，上部钢丝绳应拉直，使钻杆柱的轴线与桩孔中心线保持一致。

（5）孔底沉渣一般采用标准测绳测锤、电阻率法、声波法测量。

各种检测仪器和器具应正确操作使用，妥善保管，并定期检修标定。

（三）清孔

清孔的目的是彻底清除孔底沉淀的钻渣和替换孔内浓泥浆，保证灌注混凝土的质量和桩承载力。

1. 清孔的一般规定

（1）清孔是通过循环冲洗液，携带孔底沉渣，使之符合规定要求。干作业施工的桩孔，不得用冲洗液清除孔底虚土，应采用专门的掏土工具或加碎石夯实的办法进行处理。

（2）桩孔终孔后应立即清孔，以免沉渣增多而增加清孔工作量和清孔难度。

（3）清孔过程中应随时观测孔底沉渣厚度和冲洗液含渣量，当冲洗液含渣量小于 4% 时，孔底沉渣符合规定即可停止清孔，并应保持孔内水头高度，防止发生塌孔事故。

（4）清孔结束，应在 2 h 内开始灌注混凝土，并应在灌注混凝土前探测孔底沉渣厚度，若超出规定应重新清孔。

（5）沉渣厚度的测量因所用的钻头不同而采用不同的测量方法。①用平底钻头、冲击钻头、冲抓锥施工的桩孔，沉渣厚度以钻头或冲抓锥底部所到达的孔底平面为测量起点。②用锥底形的钻头施工，孔底为圆锥体形，沉渣厚度以圆锥体形的中点标高（作为桩底设计标高）为测量起点。③沉渣厚度应使用圆锥形测锤测定，锤底直径约为 130 ~ 150 mm，高度约为 180 ~ 200 mm，可用钢板焊制，中间灌钢砂配重，也可用圆钢加工制作，其质量视所系绳索种类，测探深度和泥浆相对密度等确定，一般为 3 ~ 5 kg。测绳以通用的水文测绳为宜。

2. 清孔的方法

（1）压风机清孔（亦称抽浆清孔）

压风机清孔，是用压缩空气抽吸出含钻渣的泥浆而达到清孔的目的。由风管将压缩空气输入排泥（渣）管，使泥浆形成密度较小的泥浆空气混合物，在管外液柱压力下沿排泥管向外排出泥浆和孔底沉渣，同时用水泵向孔内注水，保持水位不变直至喷出清水或沉渣厚度达到设计要求为止。

①压风机清孔适用于孔壁稳定、孔深较大的各种直径的桩孔。

②压风机清孔的主要设备机具包括空气压缩机（简称空压机）、出水管、送风管、气水混合器等。压风机的主要技术参数一般风量为 6 ~ 9 m^3/min，风压 0.7 MPa，出水管直径一般不宜小于 108 mm，送风管直径可为 10 ~ 25 mm。设备机具的规格型号应根据孔深、孔径等进行合理选择。管路系统的连接必须密封良好，无漏气、漏水现象。

③出浆管的下入深度应以出浆管底距沉渣面 300 ~ 400 mm 为宜，出浆管底端宜加工成齿状。风管的下入深度一般以混合器至水位高度与孔深之比为 0.55 ~ 0.65 为宜。

④开始送风时，应先向孔内供水，停止清孔时，应先关气后断水，以防止水头损失塌孔。

⑤送风量应从小到大，风压应稍大于孔底水头压力。当孔底沉渣较厚、块度较大或沉淀密实时，可适当加大送风量，并摇动出浆管，以利排渣。

⑥随孔底沉渣不断减少，出浆管应适时跟进以保持出浆管底口与沉渣的距离为 300 ~ 400 mm。

（2）换浆清孔

换浆清孔是利用正、反循环回转钻机，在钻孔完成后不停钻、不进尺，继续循环清渣，直至达到清孔的质量要求。

①正循环泥浆清孔

A. 正循环泥浆清孔一般适用于淤泥层、砂土层、基岩施工的桩孔，孔径不宜大于 800 mm。

B. 清孔时，先将钻头提离孔底 80 ~ 100 mm，输入相对密度为 1.05 ~ 1.08 的新泥浆进行循环。把桩孔内悬浮大量钻渣的泥浆替换出来，并清洗孔底。若孔底沉渣物粒径较大，正循环泥浆清孔难以将其携带上来，或长时间清孔，孔底沉渣厚度仍超过规定要求时，应改换清孔方式。

C. 清孔时，孔内泥浆上返流速不应小于 0.25 m/s，返回孔内泥浆相对密度不应大于 1.08。

②泵吸反循环清孔

A. 泵吸反循环清孔一般适用于 ϕ600 mm 以上的桩孔，且孔底沉淀物的块度小于钻杆内径。

B. 泵吸反循环钻进施工的桩孔，在钻进到达孔深位置后，停止回转钻具并将钻头提离孔底 50 ~ 80 mm，持续进行泵吸反循环，直到符合清孔的有关规定要求。

C. 清孔时，送入孔内的冲洗液不得少于砂石泵的排量，防止冲洗液补给量不足，孔内水位下降导致塌孔。砂石泵出水阀的开口应根据清孔情况适时调整。以免泵吸量过大吸塌孔壁。返回孔内冲洗液的相对密度不应大于 1.05。

（3）掏渣清孔

干钻（无循环液）施工的桩孔，不得用循环液清除孔底虚土，应采用掏渣筒、抓（斗）锥清孔或采用向孔底投入碎石夯实的办法使虚土密实，达到清孔目的和设计要求。

二、泥浆护壁钻孔灌注桩成桩施工

（一）钢筋笼的制作及吊放

1. 钢筋笼制作的一般规定

（1）钢筋笼制作要求

①钢筋笼主筋直径不宜小于 16 mm，截面配筋率控制在 0.35% ~ 0.5%，钢筋笼长度不应小于 14 倍桩径。

②钢筋的种类、钢号及规格应符合设计要求。对钢筋的材质有疑问时，应进行物理力学性能或化学成分的分析试验。

③制作前应除锈、整直，用于螺旋筋的盘筋不需整直。主筋一般应尽量用整根钢筋。焊接用的钢材，须进行可焊性和焊接质量的检验。

④为了便于运输和下笼，当钢筋笼全长超过 10 m 时宜分段制作。分段后的主筋接头应互相错开，保证同一截面内的接头数目不多于主筋总根数的 50%。两个接头的间距应大于 50 cm。接头可采用搭接、帮条或坡口焊接，也可采用绑扎加点焊。但要保证连接处能承受钢筋笼的自重。

⑤钢筋笼制作的允许偏差应符合下列规定：

主筋间距　± 10 mm

箍筋间距　± 20 mm

钢筋笼直径　± 10 mm

钢筋笼长度　± 100 mm

⑥主筋的混凝土保护层厚度不应小于 30 mm，水下灌注混凝土桩保护层厚度不应小于 50 mm。保护层的允许偏差应符合下列规定：

水下灌注混凝土成桩　± 20 mm

干孔灌注混凝土成桩　± 10 mm

⑦每节钢筋笼的保护层垫块不得少于两组，垫块可用混凝土制作，也可用钢筋或钢管等材料制作。垫块混凝土标号不应低于桩身混凝土标号。垫块应固定在主筋上，靠孔壁的一面应是圆弧形，以减少吊放钢筋笼时的阻力，避免钢筋笼刷撞孔壁。

（2）钢筋笼的焊接要求

①主筋的焊接不得在同一横断面上。应错开焊接。主筋的焊接长度，应为主筋直径的 10 ~ 15 倍。

②加劲筋的焊接长度应为加劲筋直径的 8 ~ 10 倍。加劲筋主筋的焊接应采用点焊。

③螺旋筋与主筋可用细铁丝绑扎，并间隔点焊固定。

（3）加强措施

钢筋笼直径较大或较长时，为防止在吊放或运输中变形，应采取加强措施。

（4）校直

为保证钢筋笼的圆度和直度，制作钢筋笼的主筋必须校直。

（5）其他要求

主筋为高碳钢材质时，不宜采用焊接方法，以免焊接高温影响主筋强度。箍筋宜用细铁丝与主筋绑扎。

2. 钢筋笼的制作

（1）制作钢筋笼的主要设备和工具有电焊机、钢筋切割机、钢筋圈制作台、支撑架等。

（2）钢筋笼制作程序：①根据设计计算箍筋用料长度、主筋分段长度。将所需钢筋校直后用切割机成批切好备用。由于切断待焊的箍筋、主筋、螺旋筋的规格尺寸不尽相同，应注意分别摆放，防止用错。②在钢筋圈制作台上制作箍筋并按要求焊接。③将支撑架按 2 ~ 3 m 的间距摆放在同一水平面上的同一直线上，然后将配好定长的主筋平直地摆放在支撑架上。④将箍筋按设计要求套入主筋（也可将主筋套入箍筋内），且保持与主筋垂直，进行点焊或绑扎。⑤箍筋与主筋焊好或绑扎好后，将螺旋筋按规定间距绕于其上，用细铁丝绑扎并间隔点焊固定。⑥焊接或绑扎钢筋笼保护层垫块。保护层厚度一般以 6 ~ 8 cm 为宜。钢筋混凝土预制垫块或焊接钢筋“耳朵”，钢筋“耳朵”的直径不小于 10 mm，长度不小于 15 cm，高度不小于 8 cm，焊在主筋外侧。⑦将制作好的钢筋笼稳固地放置在平整的地面上，防止变形。

（3）对制作好的钢筋笼应按图纸尺寸和焊接质量要求进行检查，不合格者，应予返工。

（4）钢筋笼制作方法：钢筋笼制作可用钢筋弯弧机、钢筋笼机械模板、钢筋笼滚焊机等制作。

3. 钢筋笼的吊放

（1）钢筋笼的吊放应设 2 ~ 4 个位置恰当的起吊点。钢筋笼直径大于 1300 mm，长度大于 6 m 时，可采取措施对起吊点予以加固，以保证钢筋笼起吊不变形。

（2）吊放钢筋笼入孔时，应对准孔位轻放、慢放入孔。钢筋笼入孔后应徐徐下放，不得左右旋转。若遇阻碍应停止下放，查明原因进行处理。严禁高起猛落、碰撞和强行下放。

（3）钢筋笼过长时宜分节吊放，孔口焊接。分节长度应按孔深、起吊高度和孔口焊接时间合理选定。孔口焊接时，上下主筋位置应对正，保持钢筋笼上下轴线一致。

（4）钢筋笼全部入孔后，应按设计要求检查安放位置并做好记录。符合要求后，可将主筋点焊于孔口护筒上或用铁丝牢固绑扎于孔口，以使钢筋笼定位，防止钢筋笼因自重下落或灌注混凝土时往上窜动造成错位。

（5）桩身混凝土灌注完毕达到初凝后，即可解除钢筋笼的固定措施，以使钢筋笼在混凝土收缩时不影响固结力。

（6）采用正循环或压风机清孔时，钢筋笼入孔宜在清孔之前进行。若采用泵吸反循环清孔，钢筋笼入孔一般在清孔后进行。若钢筋笼入孔后未能及时灌注混凝土，停隔时间较长，致使孔内沉渣超过规定要求，应在钢筋笼定位可靠后重新清孔。

（二）混凝土的配制与灌注

1. 混凝土配制与灌注的一般要求

（1）桩身混凝土在 28 d 龄期后应达到下列要求：①抗压强度达到设计标号强度。②凝固密实，胶结良好，不得有蜂窝、空洞、裂隙、离析、夹层、夹泥渣等不良固结现象。③水泥砂浆与钢筋黏结良好，不得有脱黏露筋现象。④有特殊要求时，混凝土或钢筋混凝土的其他性能指标符合设计要求。⑤桩身混凝土容重为 23 ~ 24 kN/m^3。

（2）混凝土的配制应满足下列要求：①混凝土的配合比符合设计强度要求。②混凝土坍落度：水下灌注为 16 ~ 22 cm，干作业灌注为 8 ～ 10 cm，沉管成孔灌注为 6 ~ 8 cm。③混凝土具有良好的和易性，初凝时间以满足灌注时间需要为原则，一般控制在 4 h 以内。④混凝土应具有良好的黏结性和保水性。

（3）水下混凝土灌注采用导管灌注法。灌注作业应连续紧凑，中途不得中断，使灌注工作在初次灌入的混凝土仍具塑性的时间内完成。灌注中严禁将导管拔出混凝土面，以免出现断桩事故。

（4）实际灌入的混凝土量不得少于设计桩身直径的理论体积，灌注充盈系数，不得小于 1.0，一般也不宜大于 1.3。灌注充盈系数可通过下列公式进行计算检查：

灌注充盈系数 = 实际灌入的混凝土体积（m^3）/ 按设计桩径计算的体积（m^3）

（5）必须认真完整地填写混凝土灌注施工记录，并按要求绘制有关图表，作为检查工程质量的原始依据。

2. 混凝土配制材料

（1）水泥

①水泥是混凝土的胶结料，一般采用硅酸盐水泥、普通硅酸盐水泥（简称普通水泥）。有特殊需要时，可使用高强矿渣硅酸盐水泥（简称矿渣水泥）、火山灰质硅酸盐水泥（简称火山灰水泥）、抗硫酸盐水泥、油井水泥、地勘水泥等特种水泥。

②选用水泥标号时，应以能达到要求的混凝土标号并能尽量减少混凝土的收缩和节约水泥为原则。在不使用外加剂、高强振捣、特殊养护等特殊措施时，选用的水泥标号

应为混凝土标号的 1.5 ~ 2 倍，且不宜低于 425。

③水泥应符合现行水泥标准的规定要求，必须有制造厂的试验报告单、质量检验单、出厂证等文件，并按其品种、标号和试验编号等进行检查验收。工地领用水泥时必须进行核对，避免差错。

④袋装水泥在储运时应妥善保管，防雨、防潮，堆放在距离地面一定高度的堆架上。堆放高度不宜超过 12 袋。不同标号品种、厂家和出厂日期的水泥应分别堆放，以便分别使用和按出厂日期的先后顺序使用。

⑤已受潮的水泥，或不同标号、品种混杂的水泥，不得用于配制钻孔桩混凝土，也不得在一根桩内，使用不同标号品种和厂家的水泥配制桩身混凝土。

（2）粗骨料

①粗骨料宜选用坚硬卵砾石和碎石，其规格应符合要求，不得使用曾受矿化水，特别是酸水侵蚀过的石灰岩碎石。水下混凝土应优先采用符合要求的碎石作粗骨料。

②石料中泥土杂物含量超过规定时，应过筛并用水冲洗以除去泥土杂物；若混入煤、煤渣、白灰、碎砖或锻烧过的石块等难以筛选的杂物，则禁止使用。

③石粒一般采用粒径为 20 ~ 40 mm，最大粒径不得大于导管内径的 1/8 ~ 1/6 和钢筋最小净距的 1/3，用于素混凝土的石料粒径不宜大于 50 mm，最大粒径不得大于导管内径的 1/5 ~ 1/4。

④石粒的级配应保证混凝土具有良好的和易性。石粒规格不符合级配要求时，可通过试验掺加另一种规格的石粒，使之符合设计要求。

⑤每批石粒进场，应有检验报告单以检查石粒是否符合要求。现场石料应堆放于干净之处，不使泥土杂物混入。

（3）细骨料

①细骨料应选用级配合理、质地坚硬、颗粒洁净的天然中、粗河砂。

②每批砂料进场应有检验报告单，以检查砂料是否符合要求。如砂中泥土杂物含量超过要求时，可过筛并用水冲洗后用。

（4）拌和用水

拌制混凝土用水应符合下列规定：

①水中不含有影响水泥正常凝结硬化的有害杂质，不得含有油脂、糖类及游离酸等。

②污水、pH 小于 4 的酸性水和含硫酸根量超过水重 1% 的水均不得使用。

③钢筋混凝土灌注桩不得用海水拌制混凝土。

④拌制混凝土前，应对拌和用水进行水质分析检验。并进行拌和试验。使用供饮用

的自来水或清洁的天然水作拌和用水，可免做试验。

（5）外掺剂

混凝土中掺入适量外掺剂，能改善混凝土的工艺性能，加速工程进度及节约水泥用量。混凝土中掺入的外掺剂，必须先经过试验，以确定外掺剂使用种类、掺入量和掺入程序。外掺剂试验及现场使用，应有专人负责掌握，精确称量，做好记录。常用外掺剂有速凝剂、缓凝剂、减水剂和早强剂。

①减水剂对水泥颗粒起扩散作用，使水泥凝聚体中的水释放出来，使水泥得以充分水化，减少用水量。常用减水剂有纸浆废液（掺量为水泥质量的 0.2% ~ 0.3%，下同）和木质素磺酸钙（0.2% ~ 0.3%）。

②早强剂是提高混凝土早期强度的试剂。常用早强剂有氯化钙（素混凝土掺量 2%）和三乙醇胺复合剂（氯化钠 0.33%+ 三乙醇胺复合剂 0.05%+ 亚硝酸钠 0.5% ~ 1.0%）。

③加气剂能减少用水量，提高抗冻能力，适用于浇筑配筋较密的构件。常用加气剂有松香加气剂（松香酸钠 0.007% ~ 0.01%）和铝粉加气剂（0.05% ~ 8%）。

④速凝剂有加快凝结速度的作用，用于喷射混凝土及地下堵漏工程。常用速凝剂有 711 速凝剂（掺量 2.5% ~ 3.5%）和红星 I 型速凝剂（2.5% ~ 4.0%）。

⑤缓凝剂具有延缓凝结时间的作用。高温季节、泵送混凝土及某些施工操作需用缓凝剂。常用缓凝剂有糖蜜缓凝剂（温度 25℃ ~ 35℃时，掺量 0.1% ~ 0.3%）。

⑥防冻剂为亚硝酸钠和硫酸钠复合剂（-3℃ ~ -10℃时，亚硝酸钠 2% ~ 8%，硫酸钠 3%）。

3. 混凝土拌制

（1）现场拌制混凝土时，材料的配合误差应符合下列规定：①按质量计，水泥和干燥状态的外掺剂，容许误差不得超过 2%。②按质量计，砂、石料，容许误差不得超过 5%。③视砂石的含水率调整水量，以保证混凝土的实际水灰比符合要求。④按质量计，水、外掺剂的水溶液，容许误差不得超过 2%。

（2）混凝土应采用机械搅拌，并搅拌至各种组成材料混合均匀、颜色一致。搅拌时间计算，从全部材料装入搅拌机开始搅拌起，至机内混凝土变黏为止。

（3）首批混凝土出料时应进行坍落度测定，检验混凝土配比。至灌注中期和后期，按灌注的不同部位，进行混凝土坍落度测定，检查混凝土配比的变化情况，并填入“水下混凝土灌注记录表”。

（4）拌制好的混凝土应以最短距离运至待灌注的桩孔并尽快灌注。运送容器应无漏浆、不吸水、无泥土杂物和严重锈蚀。

（5）搅拌机工作完毕应立即冲洗干净，擦净各运转部件的混凝土积物，添加润滑油，按要求做好检修保养。运送混凝土的容器应冲洗清除黏附的混凝土残渣。

4. 混凝土灌注

（1）混凝土灌注分干孔灌注和水下灌注。干孔灌注一般可直接由孔口倾倒，通过混凝土自重捣实，必要时也可利用捣振工具捣实。水下灌注，则通过灌注导管连续灌入混凝土成桩。

（2）灌注导管技术性能应符合下列要求：①每节导管平直，其长度偏差不得超过管长的 10%。②导管连接部位内径偏差不大于 2 mm；内壁应光滑平整。③法兰盘螺眼分布均匀，每个螺眼至导管中心距离相等。④将单节导管连接为导管柱，其轴线偏差不得超过 0.1%。⑤橡胶圈或胶皮垫密封性能可靠，保证在水下作业时导管内不渗漏。橡胶密封圈的直径为 4 ~ 6 mm，胶皮垫的厚度以 3 ~ 5 mm 为宜。⑥导管顶部应设置漏斗和储料斗（槽）。漏斗设置的高度，应适应操作的需要，并应在灌注到最后阶段时，能满足对导管内混凝土柱高度的需要，保证上部桩身的灌注质量。混凝土柱的高度，一般在桩顶低于桩孔中的水位时，应比该水位至少高出 2.0 m，在桩顶高于桩孔中的水位时，应比桩顶至少高出 2.0 m。

（3）新投入使用的灌注导管应先在地面进行连接组拼，检查导管柱是否弯曲、连接是否可靠，丈量核对导管柱的实际长度；进行压力充水试验，检查导管的密封性。充水试验的压力，以不小于 0.5 ~ 0.7 MPa 为宜。

（4）隔水（栓）塞在混凝土开始灌注时起隔水作用，减少初灌混凝土被稀释的量，隔水塞置于漏斗与导管之间。隔水（栓）塞可采用硬栓（木制的或混凝土预制的）、软栓（麻袋内装麻刀、锯屑等）、球栓或带有方向装置的板栓（夹胶皮）等各种形式。

（5）导管吊放入孔，应将橡胶圈或胶皮垫安放周正、严密，确保密封良好，导管在桩孔内的位置应保持居中，防止导管跑管，撞坏钢筋笼并损坏导管，导管底部距孔底高度不宜超过 500 mm。

（6）各项准备工作完成后，即可运输混凝土并开始灌注，但应注意下列事项：①隔水（栓）塞用 8 号铁丝悬挂于导管内水面以上约 50 ~ 300 mm 处。②配制 0.2 ~ 0.3 m 水泥砂浆，灌入隔水（栓）塞以上的导管内，以便剪断铁丝后隔水（栓）塞在导管内下行顺畅，不被卡住。③配制满足初灌量需要的首批混凝土，运送至漏斗和储料斗（槽）内储存。严禁初存量不足。

（7）灌注应连续不断地进行。每斗混凝土的灌注间隔时间应尽量缩短。提升拆卸导管所耗时间应严格限制，一般不超过 15 min。各岗位人员应密切配合，齐心协力，不得中途中断灌注作业。混凝土的灌注速度，一般可控制在 10 ~ 12 m/h。

（8）混凝土运到灌注孔口时，应进行检查，如有泌水离析或坍落度不符合要求的现象，应在不提高水灰比的原则下重新拌和；重新拌和后仍不能达到要求，严禁灌入孔内。

（9）后续的混凝土应徐徐灌入，防止在导管内攒成高压气囊，将导管连接处胶垫挤出，而使导管漏水；或将空气压入混凝土内，增大混凝土含气量，影响混凝土强度。

（10）灌注中应经常用测锤探测混凝土面的上升高度，并适时提升拆卸导管，保持导管的合理埋深。探测次数一般不宜少于所使用的导管节数，并应在每次提升导管前，探测一次管内外混凝土面高度。特别情况下（局部严重超径、缩径、漏失层位，灌注量特别大的桩孔等）应增加探测次数，同时观察返水情况，以正确分析和判定孔内情况。每次探测数据和拆除的导管长度应填入“混凝土配制灌注记录表”并在现场绘制“管外混凝土高度——灌注量”“管内混凝土高度——灌注量”和灌注导管提升曲线。

（11）拆除的导管应用清水冲洗干净，取下密封圈垫，放置妥当。灌注接近桩顶部位时，漏斗及导管的高度应按《建筑桩基技术规范》的规定执行。应控制最后一次混凝土灌入量，使灌注的桩顶标高比设计标高增加约 0.3 m。

（12）深入到桩顶以下的护筒，可在混凝土灌注完毕后，即予提起。在提起过程中，要防止提起过快过猛，造成填土杂物或淤泥侵入混凝土，影响桩身质量。

（13）灌注结束后，各岗位人员必须按职责要求整理冲洗现场，清除设备、工具上的混凝土积物。

（14）在灌注过程中，应经常观察孔内情况。出现故障时，应及时分析和正确判断发生故障的原因，制定处理故障措施。

三、灌注桩后注浆施工

（一）概述

1. 工作过程

后注浆桩施工是指在钻孔、冲孔和挖孔灌注桩在成桩后，通过预埋在桩身的注浆管利用压力作用，将能固化的浆液（如纯水泥浆、水泥砂浆、加外掺剂及掺和料的水泥浆、超细水泥浆、化学浆液等），经桩侧或桩端的预留压力注浆装置均匀地注入地层，压力浆液对桩周或桩端附近的桩周土层起到渗透、填充、置换、劈裂、压密及固结或多种形式的组合等不同作用，改变其物理力学性能及桩与岩、土之间的边界条件，从而提高桩的承载力以及减少桩基的沉降量。

后注浆桩施工技术近 30 余年才发展起来，由于其依附于现有的各类灌注桩，所以与其说是一种新桩型，不如说是一种提高各类灌注桩承载力的辅助新技术。

2. 后注浆桩优缺点

（1）优点：①大幅度提高桩的承载力，技术经济效益显著。其极限荷载为同条件的普通灌注桩的 1.2 ~ 2.5 倍。②压力注浆时可测试注浆量、注浆压力和桩顶上抬量等参数，既能进行压浆桩的质量管理，又能预估单桩承载力。③施工方法灵活，注浆设备简单。

（2）缺点：①施工要求严格，否则会造成注浆管被堵、注浆管被包裹、地面冒浆和地下窜浆等现象。②已完成的相应灌注桩的成孔和成桩质量对后注浆工艺的效果影响较大。③压力注浆必须在桩身混凝土强度达到一定值后方可进行，故增加施工周期。但当施工场地桩数较多时，可采取合适的施工流水顺序以缩短工期。

3. 后注浆桩技术分类

（1）按桩端预留压力注浆装置的形式分类，包括：①预留压力注浆室；②预留承压包；③预留注浆空腔；④预留注浆通道。

（2）按注浆管埋设方法分类：①桩身预埋管注浆法。此法是在沉放钢筋笼的同时，将固定在钢筋笼上的注浆管一起放入孔内；或在钢筋笼沉放入孔中后，将注浆管单独插入孔底；或在钢筋笼沉放入孔中后，将注浆管随特殊注浆装置沉放入孔底。按注浆管埋设在桩身断面中的位置可分为桩身中心预埋管法和桩侧预埋管法。②钻孔埋管注浆法。此类方法往往在处理桩的质量事故以满足设计承载力要求时采用，成桩后，在桩身中心钻孔，并深入桩端持力层一定深度（一般为 1 倍桩径以上），然后放入注浆管，进行桩端压力注浆。③桩外侧钻孔埋管注浆法。此类方法往往在桩身质量无问题，但需提高承载力，以满足设计要求时采用。成桩后，沿桩侧周围相距 0.2 ~ 0.5 m 进行钻孔，成孔后放入注浆管，进行桩端压力注浆。

（3）按注浆工艺分类：①闭式注浆。将预制的弹性良好的腔体（又称承压包、预承包、注浆胶囊等）或压力注浆室随钢筋笼放入孔底。成桩后，在压力作用下，把浆液注入腔体内；随注浆压力和注浆量的增加，弹性腔体逐渐膨胀、扩张，在桩端土层中形成浆泡，浆泡逐渐扩大，压密沉渣和桩端土体，并用浆体取代（置换）部分桩端土层；在压密的同时，桩端土体及沉渣排出部分孔隙水；再进一步增加注浆压力和注浆量，水泥浆土体扩大头逐渐形成，压密区范围也逐渐增大，直至达到设计要求为止。②开式注浆。把浆液通过注浆管（单、双或多根），经桩端的预留注浆空腔、预留注浆通道、预留特殊的注浆装置等，直接注入桩端土、岩体中，浆液与桩端沉渣和周围土体呈混合状态，呈现出渗透、填充、置换、劈裂等效应，在桩端显示出复合地基的效果。

以上两种工艺对提高单桩承载力均有显著的效果，但闭式注浆的效果更好。从施工的难易程度而言，开式注浆工艺简单，闭式注浆工艺复杂。

4. 适用条件

桩端压力注浆桩适应性较大，几乎可适用于各种土层及强、中风化岩层；既能在水位以上施工，也能在有地下水的情况下施工。

（二）后注浆桩提高桩承载力的机理

1. 在细粒土中注浆时，如果浆液压力超过劈裂压力，则土体产生水力劈裂，实现劈裂注浆，单一介质土体被网状结石分割加筋成复合土体；它能有效地传递和分担荷载，从而提局高桩端阻力。

2. 在粗粒土的桩端持力层中注浆时，浆液主要通过渗透、挤密、填充及固结作用，大幅度地提高持力层扰动面及持力层的强度和变形模量，并形成扩大头，增大桩端受力面积，提高桩端阻力。

3. 在非渗透性中等以上风化基岩的桩端持力层中注浆时，在注浆压力不够大的情况下，因受围岩的约束，压力浆液只能渗透填充到沉渣孔隙中，形成浆泡，挤压周围沉渣颗粒，使沉渣间的泥浆充填物产生脱水、固结；在注浆压力足够大的情况下，会发生劈裂注浆及挤密现象。

4. 桩端压力注浆使桩上抬而产生反向摩擦阻力，相当于“预应力”的作用，提高桩侧摩擦阻力。

（三）后注浆桩施工设备和机具

后注浆施工可分为地面注浆装置和地下注浆装置两部分。地面注浆装置由高压注浆泵、浆液拌和机、贮浆桶、地面管路系统及观测仪表等组成；地下注浆装置由竖向导浆管、注浆管及桩端压力注浆装置等组成。

1. 后压浆设备

后压浆设备的性能如何，直接影响后压浆的成败，在施工中，后压浆设备常选用如下性能的设备：

灰浆搅拌机：搅拌桶容量一般选用 400 ~ 900 L，额定功率 11 kW，搅拌机的出口要加滤网，以防止水泥、纸等杂物进入注浆管。

高压注浆管：采用内置钢丝网的胶质高压管，注浆管的额定压力不低于 6 MPa。

高压注浆泵：额定功率 30 kW，注浆压力为 3.9 ~ 7.8 MPa，排量为 118 ~ 320 L/min。

2. 地下注浆装置

（1）桩端压浆装置

桩端压浆装置为灌浆腔时，灌浆腔同钢筋笼底部焊接在一起，一同下入孔中，在灌浆腔下设过程中安装灌浆管，灌浆管自灌浆腔引出地面以上。在对灌浆腔同钢筋笼焊接及下设过程中，要保护好胶囊，以免损坏，灌浆管口要进行保护，以防在浇筑混凝土过程中及后续时间内掉入杂物。

桩端压浆装置为花管时，压浆管用 1 英寸的钢管，管底部超出钢筋笼底端 300 mm，在压浆管底部 500 mm 长度范围内每间隔 100 mm 沿灌浆管四周钻 4 个孔径为 6 mm 的灌浆孔眼，在下放压浆管之前，先用生胶带和条带状橡皮内胎包住孔眼，压浆管连接好后，绑扎在钢筋笼螺旋筋内侧上，随钢筋笼下放，压浆管与压浆管之间采用丝扣连接，连接时丝扣处需用防水胶带缠绕。

常用的桩端灌浆腔装置如下：

压力灌浆腔制作方法一：用汽车内胎，切去内圈后上下各黏结一块胶板，形成一个鼓状的弹性橡胶囊，其中胶囊的一个平面上开两个 ϕ45 mm 的孔，另外加工一个直径小于桩径 50 ~ 100 mm 的圆形钢板，钢板上也打两个与胶囊同直径的孔，然后用螺帽和带丝扣的灌浆管把钢板、胶囊连成一个整体，就制成了一个压力灌浆腔，腔中充填碎石料。

压力灌浆腔制作方法二：加工两块圆形钢板，直径小于桩径 50 ~ 100 mm，钢板上面均布 ϕ10 mm 的小孔，钢板周边有裙边，两钢板之间设 3 根短柱支撑，其中一块钢板上焊有 ϕ45 mm 的灌浆管，把两块钢板叠放在一起，周边包有胶囊，形成一个桩底压力灌浆腔。

（2）桩侧压浆装置

①桩侧压浆装置为花管时，常用花管外径 63.5 mm，孔眼直径 8 mm，间距 100 mm，灌浆管外径 26.75 mm 钢管，底节长 2.0 m，其他均为 1.0 m 平接头连接，止浆塞由橡胶加工成为圆柱形，起止浆作用。

②桩侧压浆装置为压浆环时，压浆管用 1 英寸的钢管作为注浆管，压浆环为 1.2 英寸优质塑料管。下钢筋笼前在钢筋笼上设置 4 道压浆管及带有止回流装置的压浆环。注浆管及压浆环分别用绑丝绑在钢筋笼的外侧，在下放钢筋笼进行孔口焊接时焊接注浆管。

③压浆管顶部采用丝堵头封住管口，以防止浇筑过程中或在等待注浆时管内进入杂物。

3. 对后注浆装置的设置要求

（1）后注浆导管应采用钢管，且应与钢筋笼加劲筋绑扎固定或焊接。

（2）桩端后注浆导管及注浆阀数量宜根据桩径大小设置。对于直径不大于 1200 mm 的桩，宜沿钢筋笼圆周对称设置 2 根；对于直径大于 1200 mm 而不大于 2500 mm 的桩，宜对称设置 3 根。

（3）对于桩长超过 15 m 且承载力增幅要求较高者，宜采用桩端桩侧复式注浆。桩侧后注浆管阀设置数量应综合地层情况、桩长和承载力增幅要求等因素确定，可在离桩底 5 ~ 15 m 以上、桩顶 8 m 以下，每隔 6 ~ 12 m 设置一道桩侧注浆阀，当有粗粒土时，宜将注浆阀设置于粗粒土层下部，对于干作业成孔灌注桩宜设于粗粒土层中部。

（4）对于非通长配筋桩，下部应有不少于 2 根与注浆管等长的主筋组成的钢筋笼通底。

（5）钢筋笼应沉放至底部，不得悬吊，下笼受阻时不得撞笼、墩笼、扭笼等。

四、其他灌注桩施工方法

（一）长螺旋钻孔压灌桩

1. 概述

（1）工作过程

超流态混凝土灌注桩是指采用长螺旋钻机钻至预定深度，通过钻头活门向孔内连续泵注超流态混凝土，至桩顶为止，然后安放钢筋笼形成的桩体。超流态混凝土是一种用于通过螺旋钻杆中心高压灌注成桩的混凝土，由水泥、碎（卵）石、砂、粉煤灰、外加剂和水组成的坍落度为 180 ~ 250 mm 的混凝土。

（2）适用地层

可用于一般地质条件，尤其地下水位以下的黏性土、粉土、砂土（流砂、淤泥）、卵砾石、碎石土等地质条件。

（3）工艺特点

优点：具有无震动、无污染、成桩速度快、单桩承载力高（单桩承载力比同截面的其他桩型可提高 30% ~ 80%）、造价低的优点，它不仅适用于作承载桩，而且适用于基坑支护和帷幕，在城市建设中是其他桩型最好的替代品。

缺点：混凝土和易性不好，影响安放钢筋笼。

2. 承载特性

在压灌超流态混凝土的过程中，压力一般控制在 7 MPa，桩周土被挤密压实，改良了土层性质，承载力是同条件普通灌注桩的 1.3 ~ 1.8 倍，桩身混凝土稳定性好，尤其适合在软弱地层、复杂地层中的施工。

3. 施工注意事项

（1）根据桩身混凝土的设计强度等级，应通过试验确定混凝土配合比；混凝土坍落度宜为 180 ~ 220 mm；粗骨料可采用卵石或碎石，最大粒径不宜大于 30 mm；可掺加粉煤灰或外加剂。

（2）混凝土泵应根据桩径选型，混凝土输送泵管布置宜减少弯道，混凝土泵与钻机的距离不宜超过 60 m。

（3）桩身混凝土的泵送压灌应连续进行，当钻机移位时，混凝土泵料斗内的混凝土应连续搅拌，泵送混凝土时，料斗内混凝土的高度不得低于 400 mm。

（4）混凝土输送泵管宜保持水平，当长距离泵送时，泵管下面应垫实。

（5）当气温高于 30℃时，宜在输送泵管上覆盖隔热材料，每隔一段时间应洒水降温。

（6）钻至设计标高后，应先泵入混凝土并停顿 10 ~ 20 s，再缓慢提升钻杆。提钻速度应根据土层情况确定，且应与混凝土泵送量相匹配，保证管内有一定高度的混凝土。

（7）在地下水位以下的砂土层中钻进时，钻杆底部活门应有防止进水的措施，压灌混凝土应连续进行。

（8）压灌桩的充盈系数宜为 1.0 ~ 1.2。桩顶混凝土超灌高度不宜小于 0.3 ~ 0.5 m。

（9）成桩后，应及时清除钻杆及泵（软）管内残留混凝土。长时间停置时，应采用清水将钻杆、泵管、混凝土泵清洗干净。

（10）混凝土压灌结束后，应立即将钢筋笼插至设计深度。钢筋笼插设宜采用专用插筋器。

（二）振动、振动冲击沉管灌注桩施工

1. 振动、振动冲击沉管灌注桩应根据土质情况和荷载要求，分别选用单打法、复打法、反插法等。单打法可用于含水量较小的土层，且宜采用预制桩尖；反插法及复打法可用于饱和土层。

2. 振动、振动冲击沉管灌注桩单打法施工的质量控制应符合下列规定：（1）必须严格控制最后 30 s 的电流、电压值，其值按设计要求或根据试桩和当地经验确定；（2）桩管内灌满混凝土后，应先振动 5 ~ 10 s，再开始拔管，应边振边拔，每拔出 0.5 ~ 1.0 m，停拔，振动 5 ~ 10 s；如此反复，直至桩管全部拔出；（3）在一般土层内，拔管速度宜为 1.2 ~ 1.5 m/min，用活瓣桩尖时宜慢，用预制桩尖时可适当加快，在软弱土层中宜控制在 0.6 ~ 0.8 m/min。

3. 振动、振动冲击沉管灌注桩反插法施工的质量控制应符合下列规定：（1）桩管灌满混凝土后，先振动再拔管，每次拔管高度 0.5 ~ 1.0 m，反插深度 0.3 ~ 0.5 m；在拔管过程中，应分段添加混凝土，保持管内混凝土面始终不低于地表面或高于地下水位 1.0 ~ 1.5 m 以上，拔管速度应小于 0.5 m/min；（2）在距桩尖 1.5 m 范围内，宜多次反插以扩大桩端部断面；（3）穿过淤泥夹层时，应减慢拔管速度，并减少拔管高度和反插深度，在流动性淤泥中不宜使用反插法。

4. 振动、振动冲击沉管灌注桩复打法的施工要求包括：（1）混凝土的充盈系数不得小于 1.0；对于充盈系数小于 1.0 的桩，应全长复打，对可能断桩和缩颈桩，应采用局部复打。成桩后的桩身混凝土顶面应高于桩顶设计标高 500 mm 以内。全长复打时，桩管入土深度宜接近原桩长，局部复打应超过断桩或缩颈区 1 m 以上。（2）第一次灌注混凝土应达到自然地面。（3）拔管过程中应及时清除黏在管壁和散落在地面上的混凝土。（4）初打与复打的桩轴线应重合。（5）复打施工必须在第一次灌注的混凝土初凝之前完成。

（三）人工挖孔灌注桩施工

1. 人工挖孔桩的孔径（不含护壁）不得小于 0.8 m，且不宜大于 2.5 m；孔深不宜大于 30 m。当桩净距小于 2.5 m 时，应采用间隔开挖。相邻排桩跳挖的最小施工净距不得小于 4.5 m。

2. 人工挖孔桩混凝土护壁的厚度不应小于 100 mm，混凝土强度等级不应低于桩身混凝土强度等级，并应振捣密实；护壁应配置直径不小于 8 mm 的构造钢筋，竖向筋应上下搭接或拉接。

3. 人工挖孔桩施工应采取下列安全措施：（1）孔内必须设置应急软爬梯供人员上下；使用的电葫芦、吊笼等应安全可靠，并配有自动卡紧保险装置，不得使用麻绳和尼龙绳吊挂或脚踏井壁凸缘上下。电葫芦宜用按钮式开关，使用前必须检验其安全起吊能力。（2）每日开工前必须检测井下的有毒、有害气体，并应有足够的安全防范措施。当桩孔开挖深度超过 10 m 时，应有专门向井下送风的设备，风量不宜少于 25 L/s。（3）孔口四周必须设置护栏，护栏高度宜为 0.8 m。（4）挖出的土石方应及时运离孔口，不得堆放在孔口周边 1 m 范围内，机动车辆的通行不得对井壁的安全造成影响。（5）施工现场的一切电源、电路的安装和拆除必须遵守《施工现场临时用电安全技术规范》的规定。（6）开孔前，桩位应准确定位、放样，在桩位外设置定位基准桩，安装护壁模板必须用桩中心点校正模板位置，并应由专人负责。

4. 第一节井圈护壁应符合下列规定：（1）井圈中心线与设计轴线的偏差不得大于 20 mm；（2）井圈顶面应比场地高出 100 ~ 150 mm，壁厚应比下面井壁厚度增加 100 ~ 150 mm。

5. 修筑井圈护壁应符合下列规定：（1）护壁的厚度、拉接钢筋、配筋、混凝土强度等级均应符合设计要求；（2）上下节护壁的搭接长度不得小于 50 mm；（3）每节护壁均应在当日连续施工完毕；（4）护壁混凝土必须保证振捣密实，应根据土层渗水情况使用速凝剂；（5）护壁模板的拆除应在灌注混凝土 24h 之后；（6）发现护壁有蜂窝、漏水现象时，应及时补强；（7）同一水平面上的井圈任意直径的极差不得大于 50 mm。

6. 当遇有局部或厚度不大于 1.5 m 的流动性淤泥和可能出现涌土涌砂时，护壁施工可按下列方法处理：（1）将每节护壁的高度减小到 300 ~ 500 mm，并随挖、随验、随灌注混凝土；（2）采用钢护筒或有效的降水措施。

7. 挖至设计标高，终孔后应清除护壁上的泥土和孔底残渣、积水，并应进行隐蔽工程验收。验收合格后，应立即封底和灌注桩身混凝土。

8. 灌注桩身混凝土时，混凝土必须通过溜槽；当落距超过 3 m 时，应采用串筒，串筒末端距孔底高度不宜大于 2 m；也可采用导管泵送；混凝土宜采用插入式振捣器振实。

9. 当渗水量过大时，应采取场地截水、降水或水下灌注混凝土等有效措施。严禁在桩孔中边抽水、边开挖、边灌注，包括相邻桩的灌注。

第四节 混凝土预制桩与钢桩

一、混凝土预制桩与钢桩制作

（一）混凝土预制桩的制作

1. 混凝土预制桩可在施工现场预制，预制场地必须平整、坚实。

2. 制桩模板宜采用钢模板，模板应具有足够刚度，并应平整，尺寸应准确。

3. 钢筋骨架的主筋连接宜采用对焊和电弧焊，当钢筋直径不小于 20 mm 时，宜采用机械接头连接。主筋接头配置在同一截面内的数量，应符合下列规定：（1）当采用对焊或电弧焊时，对于受拉钢筋，不得超过 50%；（2）相邻两根主筋接头截面的距离应大于 35 dg（dg 为钢筋直径），并不应小于 500 mm；（3）必须符合现行《钢筋焊接及验收规程》和《钢筋机械连接技术规程》的规定。

4. 确定桩的单节长度时应符合下列规定：（1）满足桩架的有效高度、制作场地条件、运输与装卸能力；（2）避免在桩尖接近或处于硬持力层位置处接桩。

5. 灌注混凝土预制桩时，宜从桩顶开始，并应防止另一端的砂浆积聚过多。

6. 锤击预制桩的骨料粒径宜为 5 ~ 40 mm。

7. 锤击预制桩，应在强度与龄期均达到要求后，方可锤击。

8. 重叠法制作预制桩时，应符合下列规定：（1）桩与邻桩及底模之间的接触面不得黏连；（2）上层桩或邻桩的浇筑，必须在下层桩或邻桩的混凝土达到设计强度的 30% 以上时，方可进行；（3）桩的重叠层数不应超过 4 层。

9. 混凝土预制桩的表面应平整、密实，制作允许偏差应符合《建筑桩基技术规范》的规定。

10. 未作规定的预应力混凝土桩的其他要求及离心混凝土强度等级评定方法，应符合《先张法预应力混凝土管桩》《先张法预应力混凝土薄壁管桩》《预应力混凝土空心方桩》的规定。

（二）钢桩的制作

1. 制作钢桩的材料应符合设计要求，并应有出厂合格证和试验报告。

2. 现场制作钢桩应有平整的场地及挡风防雨措施。

二、混凝土预制桩与钢桩的起吊、运输和堆放

（一）实心桩吊运符合的规定

混凝土实心桩的吊运应符合下列规定：

1. 混凝土设计强度达到 70% 及以上方可起吊，达到 100% 方可运输；

2. 桩起吊时应采取相应措施，保证安全平稳，保护桩身质量；

3. 水平运输时，应做到桩身平稳放置，严禁在场地上直接拖拉桩体。

（二）空心桩吊运应符合的规定

预应力混凝土空心桩的吊运应符合下列规定：

1. 出厂前应进行出厂检查，其规格、批号、制作日期应符合所属的验收批号内容；

2. 在吊运过程中应轻吊轻放，避免剧烈碰撞；

3. 单节桩可采用专用吊钩勾住桩两端内壁直接进行水平起吊；

4. 运至施工现场时应进行检查验收，严禁使用质量不合格及在吊运过程中产生裂缝的桩。

（三）空心桩堆放应符合的规定

预应力混凝土空心桩的堆放应符合下列规定：

1. 堆放场地应平整坚实，最下层与地面接触的垫木应有足够的宽度和高度。堆放时桩应稳固，不得滚动。

2. 应按不同规格、长度及施工流水顺序分别堆放。

3. 当场地条件许可时，宜单层堆放；当叠层堆放时，外径为 500 ~ 600 mm 的桩不宜超过 4 层，外径为 300 ~ 400 mm 的桩不宜超过 5 层。

4. 叠层堆放桩时，应在垂直于桩长度方向的地面上设置 2 道垫木，垫木应分别位于距桩端 0.2 倍桩长处；底层最外缘的桩应在垫木处用木楔塞紧。

5. 垫木宜选用耐压的长木枋或枕木，不得使用有棱角的金属构件。

（四）取桩应符合规定

1. 当桩叠层堆放超过 2 层时，应采用吊机取桩，严禁拖拉取桩；

2. 三点支撑自行式打桩机不应拖拉取桩。

（五）钢桩的运输与堆放

钢桩的运输与堆放应符合下列规定：

1. 堆放场地应平整、坚实、排水通畅；

2. 桩的两端应有适当保护措施，钢管桩应设保护圈；

3. 搬运时应防止桩体撞击而造成桩端、桩体损坏或弯曲；

4. 钢桩应按规格、材质分别堆放，堆放层数：ϕ900 mm 的钢桩，不宜大于 3 层；ϕ600 mm 的钢桩，不宜大于 4 层；ϕ400 mm 的钢桩，不宜大于 5 层；H 形钢桩不宜大于 6 层。支点设置应合理，钢桩的两侧应采用木楔塞住。

三、混凝土预制桩与钢桩的接桩

桩的连接可采用焊接、法兰连接或机械快速连接（螺纹式、啮合式）。

（一）对接桩材料的要求

焊接接桩：钢板宜采用低碳钢，焊条宜采用 E43；并应符合《建筑钢结构焊接技术规程》要求。接头宜采用探伤检测，同一工程检测量未得少于 3 个接头。

法兰接桩：钢板和螺栓宜采用低碳钢。

（二）采用焊接接桩的要求

采用焊接接桩除应符合现行行业标准《建筑钢结构焊接技术规程》的有关规定外，尚应符合下列规定：

1. 下节桩段的桩头宜高出地面 0.5 m。

2. 下节桩的桩头处宜设导向箍。接桩时上下节桩段应保持顺直，错位偏差不宜大于 2 mm。接桩就位纠偏时，不得采用大锤横向敲打。

3. 桩对接前，上下端板表面应采用铁刷子清刷干净，坡口处应刷至露出金属光泽。

4. 焊接宜在桩四周对称进行，待上下桩节固定后拆除导向箍再分层施焊；焊接层数不得少于 2 层，第一层焊完后必须把焊渣清理干净，方可进行第二层焊接，焊缝应连续、饱满。

5. 焊好后的桩接头应自然冷却后方可继续锤击，自然冷却时间不宜少于 8 min；严禁采用水冷却或焊好即施打。

6. 雨天焊接时，应采取可靠的防雨措施。

7. 焊接接头的质量检查，对于同一工程探伤抽样检验不得少于 3 个接头。

（三）采用机械快速螺纹接桩的操作与质量规定

采用机械快速螺纹接桩的操作与质量规定如下：

1. 安装前应检查桩两端制作的尺寸偏差及连接件，无受损后方可起吊施工，其下节桩端宜高出地面 0.8 m；

2. 接桩时，卸下上下节桩两端的保护装置后，应清理接头残物，涂上润滑脂；

3. 应采用专用接头锥度对中，对准上下节桩进行旋紧连接；

4. 可采用专用链条式扳手进行旋紧（臂长 1 m 卡紧后人工旋紧再用铁锤敲击板臂），锁紧后两端板尚应有 1 ~ 2 mm 的间隙。

（四）采用机械啮合接头接桩的操作与质量的规定

采用机械啮合接头接桩的操作与质量的规定如下：

1. 将上下接头板清理干净，用扳手将已涂抹沥青涂料的连接销逐根旋入上节桩 I 型端头板的螺栓孔内，并用钢模板调整好连接销的方位。

2. 剔除下节桩Ⅱ型端头板连接槽内泡沫塑料保护块，在连接槽内注入沥青涂料，并在端头板面周边抹上宽度 20 mm、厚度 3 mm 的沥青涂料；当地基土、地下水含中等以上腐蚀介质时，桩端板板面应满涂沥青涂料。

3. 将上节桩吊起，使连接销与Ⅱ型端头板上各连接口对准，随即将连接销插入连接槽内。

4. 加压使上下节桩的桩头板接触，接桩完成。

（五）钢桩的焊接

钢桩的焊接规定如下：

1. 必须清除桩端部的浮锈、油污等脏物，保持干燥；下节桩顶经锤击后变形的部分应割除。

2. 上下节桩焊接时应校正垂直度，对口的间隙宜为 2 ~ 3 mm。

3. 焊丝（自动焊）或焊条应烘干。

4. 焊接应对称进行。

5. 应采用多层焊，钢管桩各层焊缝的接头应错开，焊渣应清除。

6. 当气温低于 0℃或雨雪天无可靠措施确保焊接质量时，不得焊接。

7. 每个接头焊接完毕，应冷却 1 min 后方可锤击。

8. 焊接质量应符合《钢结构工程施工质量验收规范》和《建筑钢结构焊接技术规程》的规定，每个接头除应按《建筑桩基技术规范》规定进行外观检查外，还应按接头总数的 5% 进行超声或 2% 进行 X 射线拍片检查，对于同一工程，探伤抽样检验不得少于 3 个接头。

9.H 形钢桩或其他异形薄壁钢桩，接头处应加连接板，可按等强度设置。

四、混凝土预制桩与钢桩的施工

（一）锤击沉柱

锤击沉桩也称打入桩，是靠打桩机的桩锤下落到桩顶产生的冲击能而将桩沉入土中的一种沉桩方法，该法施工速度快，机械化程度高，适用范围广，是预制钢筋混凝土桩最常用的沉桩方法。但施工时有噪声和振动，对施工场所、施工时间有所限制。

1. 打桩机具

打桩用的机具主要包括桩锤、桩架及动力装置三部分。

（1）桩锤

桩锤是打桩的主要机具，其作用是对桩施加冲击力，将桩打入土中。主要有落锤、单动汽锤和双动汽锤、柴油锤、液压锤。

落锤一般由生铁铸成，质量为 0.5 ~ 1.5 t，构造简单，使用方便，提升高度可随意调整，一般用卷扬机拉升施打。但打桩速度慢（6 ~ 20 次 /min），效率低，适于在黏土和含砾石较多的土中打桩。

汽锤是利用蒸汽或压缩空气的压力将桩锤上举，然后下落冲击桩顶沉桩，根据其工作情况又可分为单动式汽锤与双动式汽锤。单动式汽锤的冲击体在上升时耗用动力，下降靠自重，打桩速度较落锤快（60 ~ 80 次 /min），锤质量为 1.5 ~ 15 t，适于各类桩在各类土层中施工。

双动式汽锤的冲击体升降均耗用动力，冲击力更大、频率更快（100 ~ 120 次 /min），锤质量为 0.6 ~ 6 t，还可用于打钢板桩、水下桩、斜桩和拔桩。

柴油锤本身附有桩架、动力设备，易搬运转移，不需外部能源，应用较为广泛。但施工中有噪声、污染和振动等影响，在城市中施工受到一定的限制。

液压锤是一种新型打桩设备，它的冲击缸体通过液压油提升与降落，每一击能获得更大的贯入度。液压锤不排出任何废气，无噪声，冲击频率高，并适合水下打桩，是理想的冲击式打桩设备，但构造复杂，造价高。

（2）桩架

桩架是吊桩就位，悬吊桩锤，要求其具有较好的稳定性、机动性和灵活性，保证锤击落点准确，并可调整垂直度。

常用桩架基本有两种形式，一种是沿轨道行走移动的多功能桩架，另一种是装在履带式底盘上自由行走的桩架。

（3）动力装置

打桩机构的动力装置及辅助设备主要根据选定的桩锤种类而定。落锤以电源为动力，需配置电动卷扬机等设备；蒸汽锤以高压饱和蒸汽为驱动力，配置蒸汽锅炉等设备；气锤以压缩空气为动力源，需配置空气压缩机等设备；柴油锤以柴油为能源，桩锤本身有燃烧室，不需外部动力设备。

2. 打桩施工工艺

打桩前应做好下列准备工作：处理架空高压线和地下障碍物，场地应平整，排水应畅通，并满足打桩所需的地面承载力；设置供电、供水系统；安装打桩机等。施工前还应做好定位放线。桩基轴线的定位点及水准点，应设置在不受打桩影响的区域，水准点设置不少于两个，在施工过程中可据此检查桩位的偏差以及桩的入土深度。

（1）打桩顺序

由于锤击沉桩是挤土法成孔，桩入土后对周围土体产生挤压作用。一方面先打入的桩会受到后打入桩的推挤而发生水平位移或上拔；另一方面由于土被挤紧使后打入的桩不易达到设计深度或造成土体隆起。特别是在群桩打入施工时，这些现象更为突出。为了保证打桩工程质量，防止周围建筑物受土体挤压的影响，打桩前应根据场地的土质、桩的密集程度、桩的规格、长短和桩架的移动方便等因素来正确选择打桩顺序。

当桩较密集（桩中心距小于或等于 4 倍桩边长或桩径）时，应由中间向两侧对称施打或由中间向四周施打。这样，打桩时土体由中间向两侧或四周均匀挤压，易于保证施工质量。当桩数较多时，也可采用分区段施打。

当桩较稀疏（桩中心距大于 4 倍桩边长或桩径）时，可采用上述两种打桩顺序，也可采用由一侧向另一侧单一方向施打的方式（即逐排施打），或由两侧同时向中间施打。

当桩规格、埋深、长度不同时，宜按“先大后小，先深后浅，先长后短”的原则进行施打，以免打桩时因土的挤压而使邻桩移位或上拔。在实际施工过程中，不仅要考虑打桩顺序，还要考虑桩架的移动是否方便。在打完桩后，当桩顶高于桩架底面高度时，桩架不能向前移动到下一个桩位继续打桩，只能后退打桩；当桩顶标高低于桩架底面高度时，则桩架可以向前移动来打桩。

（2）打桩程序

打桩程序包括：吊桩、插桩、打桩、接桩、送桩、截桩头。

吊桩：按既定的打桩顺序，先将桩架移动至设计所定的桩位处并用缆风绳等稳定，然后将桩运至桩架下，一般利用桩架附设的起重钩借桩机上的卷扬机吊桩就位，或配一台履带式起重机送桩就位，并用桩架上夹具或落下桩锤借桩帽固定位置。桩提升为直立状态后，对准桩位中心，缓缓放下插入土中，桩插入时垂直度偏差不得超过 0.5%。

插桩：桩就位后，在桩顶安上桩帽，然后放下桩锤轻轻压住桩帽。桩锤、桩帽和桩身中心线应在同一垂直线上。在桩的自重和锤重的压力下，桩便会沉入一定深度，等桩下沉达到稳定状态后，再一次复查其平面位置和垂直度，若有偏差应及时纠正，必要时要拔出重打，校核桩的垂直度可采用垂直角，即用两个方向（互成 90°）的经纬仪使导架保持垂直。校正符合要求后，即可进行打桩。为了防止击碎桩顶，应在混凝土桩的桩顶和桩帽之间、桩锤与桩帽之间放上硬木、麻袋等弹性衬垫作缓冲层。

打桩：桩锤连续施打，使桩均匀下沉。宜用“重锤低击”。重锤低击获得的动量大，桩锤对桩顶的冲击小，其回弹也小，桩头不易损坏，大部分能量都用来克服桩周边土壤的摩阻力而使桩下沉。正因为桩锤落距小，频率高，对于较密实的土层，如砂土或黏土也能容易穿过，一般在工程中采用重锤低击。而轻锤高击所获得的动量小，冲击力大，其回弹也大，桩头易损坏，大部分能量被桩身吸收，桩不易打入，且轻锤高击所产生的应力，还会促使距桩顶 1/3 桩长范围内的薄弱处产生水平裂缝，甚至使桩身断裂。在实际工程中一般不采用轻锤高击。

接桩：当设计的桩较长时，但由于打桩机高度有限或预制、运输等因素，只能采用分段预制、分段打入的方法，需在桩打入过程中将桩接长。接长预制钢筋混凝土桩的方法有焊接法和浆锚法，目前以焊接法应用最多。接桩时，一般在距离地面 1 m 左右进行，上、下节桩的中心线偏差不得大于 10 mm，节点弯曲矢高不得大于 0.1% 的两节桩长。在焊接后应使焊缝在自然条件下冷却 10 min 后方可继续沉桩。

送桩：如桩顶标高低于自然土面，则需用送桩管将桩送入土中。桩与送桩管的纵轴线应在同一直线上，拔出送桩管后，桩孔应及时回填或加盖。

截桩头：如桩底到达了设计深度，而配桩长度大于桩顶设计标高时需要截去桩头。截桩头宜用锯桩器截割，或用手锤人工凿除混凝土，钢筋用气割割齐。严禁用大锤横向敲击或强行扳拉截桩。

3. 打桩控制

（1）对桩打入时的要求

①桩帽或送桩帽与桩周围的间隙应为 5 ~ 10 mm；

②锤与桩帽、桩帽与桩之间应加设硬木、麻袋、草垫等弹性衬垫；

③桩锤、桩帽或送桩帽应和桩身在同一中心线上；

④桩插入时的垂直度偏差不得超过 0.5%；

⑤对于密集桩群，自中间向两个方向或四周对称施打；

⑥当一侧毗邻建筑物时，由毗邻建筑物处向另一方向施打；

⑦根据基础的设计标高，宜先深后浅；

⑧根据桩的规格，宜先大后小，先长后短。

（2）桩终止锤击的控制要求

①当桩端位于一般土层时，应以控制桩端设计标高为主，贯入度为辅；

②桩端达到坚硬、硬塑的黏性土、中密以上粉土、砂土、碎石类土及风化岩时，应以贯入度控制为主，桩端标高为辅；

③贯入度已达到设计要求而桩端标高未达到时，应继续锤击 3 阵，并按每阵 10 击的贯入度不应大于设计规定的数值确认，必要时，施工控制贯入度应通过试验确定；

④当遇到贯入度剧变，桩身突然发生倾斜、位移或有严重回弹，桩顶或桩身出现严重裂缝、破碎等情况时，应暂停打桩，并分析原因，采取相应措施；

⑤预应力混凝土管桩的总锤击数及最后 1.0 m 沉桩锤击数应根据当地工程经验确定。

（3）采用射水法沉桩时的要求

①射水法沉桩宜用于砂土和碎石土；

②沉桩至最后 1 ~ 2 m 时，应停止射水，并采用锤击至规定标高。

（4）施打大面积密集桩群时采取的辅助措施

①对预钻孔沉桩，预钻孔孔径可比桩径（或方桩对角线）小 50 ~ 100 mm，深度可根据桩距和土的密实度、渗透性确定，宜为桩长的 1/3 ~ 1/2；施工时应随钻随打；桩架宜具备钻孔锤击双重性能。

②应设置袋装砂井或塑料排水板。袋装砂井直径宜为 70 ~ 80 mm，间距宜为 1.0 ~ 1.5 m，深度宜为 10 ~ 12 m；塑料排水板的深度、间距与袋装砂井相同。

③应设置隔离板桩或地下连续墙。

④可开挖地面防震沟，并可与其他措施结合使用。防震沟沟宽可取 0.5 ~ 0.8 m，深度按土质情况决定。

⑤应限制打桩速率。

⑥沉桩结束后，应普遍实施一次复打。

⑦沉桩过程中应加强邻近建筑物、地下管线等的观测、监护。

⑧施工现场应配备桩身垂直度观测仪器（长条水准尺或经纬仪）和观测人员，随时量测桩身的垂直度。

（5）锤击沉桩送桩要求

①送桩深度不宜大于 2.0 m。

②当桩顶打至接近地面需要送桩时，应测出桩的垂直度并检查桩顶质量，合格后应及时送桩。

③送桩的最后贯入度应参考相同条件下不送桩时的最后贯入度并修正。

④送桩后遗留的桩孔应立即回填或覆盖。

⑤当送桩深度超过 2.0 m 且不大于 6.0 m 时，打桩机应为三点支撑履带自行式或步履式柴油打桩机；桩帽和桩锤之间应用竖纹硬木或盘圆层叠的钢丝绳作“锤垫”，其厚度宜取 150 ~ 200 mm。

（6）送桩器及衬垫设置要求

①送桩器宜做成圆筒形，并应有足够的强度、刚度和耐打性。送桩器长度应满足送桩深度的要求，弯曲度不得大于 1/1000。

②送桩器上下两端面应平整，且与送桩器中心轴线相垂直。

③送桩器下端面应开孔，使空心桩内腔与外界连通。

④送桩器应与桩匹配。套筒式送桩器下端的套筒深度宜取 250 ~ 350 mm，套管内径应比桩外径大 20 ~ 30 mm，插销式送桩器下端的插销长度宜取 200 ~ 300 mm，杆销外径应比（管）桩内径小 20 ~ 30 mm。对于腔内存有余浆的管桩，不宜采用插销式送桩器。

⑤送桩作业时，送桩器与桩头之间应设置 1 ~ 2 层麻袋或硬纸板等衬垫。内填弹性衬垫压实后的厚度不宜小于 60 mm。

（二）静压沉桩法

1. 概述

静压法施工是通过静力压桩机以压桩机自重及桩架上的配重作反力将预制桩压入土中的一种沉桩工艺。早在 20 世纪 50 年代初，我国沿海地区就开始采用静力压桩法。到 80 年代，随着压桩机械的发展和环保意识的增强得到了进一步推广。至 90 年代，压桩机实现系列化，且最大压桩力为 10 000 kN 的压桩机已问世，它既能施压预制方桩，也可施压预应力管桩。适用的建筑物已不仅是多层和中高层，也可以是 20 层及以上的高层建筑及大型构筑物。目前我国湖北、广东、上海、江苏、浙江、福建、吉林等省市都有应用，尤以上海、南京、广州及珠江三角洲应用较多。与我国邻近的东南亚沿海国家也逐步认识了静压桩工法的优越性，如越南、马来西亚、新加坡不断地在我国引进液压静力压桩机设备进行施工。

静压法沉桩即借助专用桩架自重和配重或结构物自重，通过压梁或压柱将整个桩架自重和配重形成结构物反力，以卷扬机滑轮组或电动油泵液压方式施加在桩顶或桩身上，当施加的静压力与桩的入土阻力达到动态平衡时，桩在自重和静压力作用下逐渐压入地基土中。

静压法沉桩具有无噪声、无振动、无冲击力、施工应力小等特点，可减少打桩振动对地基和邻近建筑物的影响，桩顶不易损坏、不易产生偏心沉桩、沉桩精度较高、节省制桩材料和降低工程成本，且能在沉桩施工中测定沉桩阻力为设计施工提供参数，并预估和验证桩的承载能力。但由于专用桩架设备的高度和压桩能力受到一定限制，较难压入 30 m 以上的长桩。当地基持力层起伏较大或地基中存在中间硬夹层时，桩的入土深度较难调节。对长桩可通过接桩，分节压入。此外，对地基的挤土影响仍然存在，需视不同工程情况采取措施减少公害。

静压法适用条件如下：

地层：通常应用于高压缩性黏土层或砂性较轻的软黏土地基。当桩需贯穿有一定厚度的砂性土中间夹层时，必须根据桩机的压桩力与终压力及土层的性状、厚度、密度、组合变化特点与上下土层的力学指标，桩型、桩的构造、强度、桩截面规格大小与布桩形式，地下水位高低，以及终压前的稳压时间与稳压次数等综合考虑其适用性。

桩径及桩长：桩径为 300 ~ 600 mm；桩长最大为 65 m。

2. 静压桩沉桩机理及特点

压桩开始阶段，桩尖“刺入”土体中，原状土的初始应力状态受到破坏，造成桩尖下的土体压缩变形，土体对桩尖产生相应阻力，随着桩贯入压力的逐渐增大，桩尖土体所受应力超过其抗剪强度时，土体发生急剧变形而达到极限破坏，土体产生塑性流动（黏性土）或挤密侧移和下拖（砂土），桩沉入土体以后，桩身与桩周土体之间产生摩阻力。随后的贯入首先要克服桩侧摩阻力，桩身受到因挤压而产生的桩周摩阻力和桩尖阻力的抵抗，当桩顶的静压力大于抵抗阻力，桩将继续“刺入”下沉，反之停止下沉。桩的贯入使土体产生了剧烈变形，改变了原有土体的性质，在挤压作用下，桩周一定范围内出现土的重塑区，土的黏聚力被破坏，土中超孔隙水压力增大，土的抗剪强度降低，桩侧摩阻力明显减小，从而可用较小的压力将桩压入较深的土层中去。压桩结束后，超孔隙水压力消散，土体重新固结，土的抗剪强度及侧摩擦力逐步恢复，从而使工程桩获得较大的承载力。

传统预制桩的沉桩方式主要有锤击法和振动法，然而沉桩施工中常会出现一些问题，如对环境的噪声污染及油烟污染、钢筋混凝土桩头破损或断桩等，静压法沉桩克服了这些缺点。静压法的发展是为了解决沉桩在城市建设中引起的一系列问题，它在许多方面具有独特的优势，主要体现在：

（1）公害低。静压施工法无噪声、无振动、无油污飞溅，居民密集居住区和振动敏感区域非常适合应用该工法。如上海、广州等大城市地基施工将普遍推广应用静压法沉桩施工工艺，传统的锤击打桩将全面淡出中心城区。

（2）成桩质量好。首先，静压桩桩身可在工厂预制，周期短，且施工前的准备期也可缩短，桩身质量有保障；其次，静压桩压入施工时不像锤击桩施工那样在桩身产生动应力，桩头和桩身不会受损，减小了对桩的破坏力，从而可以降低对桩身的强度等级要求，节约钢材和水泥；再次，压桩过程中压桩阻力能自始至终地显示和记录，可定量观测整个沉桩过程，预估单桩承载力；最后，静压桩可以很好地适用于某些特殊地质条件（如岩溶地区、上软下硬或软硬突变地层），而打入式预制桩等一般不适用于这些地区。

（3）桩入土深度便于调整。静压桩送桩深度比打入式桩要深，接桩方便，避免了高空作业，桩长不像沉管灌注桩那样受施工机械的限制，在深厚软土地区使用，有较大的优势。

3. 静力压桩设备

静压法沉桩按加压方法可分为压桩机施工法、锚桩反压施工法和利用结构物自重压入施工法等，本书介绍压桩机施工法。

（1）压桩机按压桩位置可分为中压式和前压式。中压式压桩机的夹桩机构设在压桩机中心，施压时要求桩位周围约有 4 m 以上的空间。前压式压桩机的夹桩机构设在桩机前端，可施压距邻近建筑物 0.6 ~ 1.2 m 处的桩，但因是偏置压桩，压桩力一般只能达到该桩机最大压桩力的 60%。

（2）压桩机按压桩方式可分为顶压式和箍压式。顶压式是指通过压梁将整个压桩机自重和配重施加在桩顶上，把桩逐渐压入土中。抱压式是指压桩时，开动液压泵，通过抱箍千斤顶将桩箍紧，并借助于压桩千斤顶将整个压桩机的自重和配重施加在桩顶上，把桩逐渐压入土中。

（3）静力压桩机的选择。静力压桩机的选择应综合考虑桩的规格（断面和长度）、穿越土层的特性、桩端土的特性、单桩极限承载力及布桩密度等因素。合理利用静力压桩机的途径有经验法、现场试压桩法及静力计算公式预估法等。抱桩式静压桩机结构紧凑、操作简便、工作重心低、移动平稳、转场方便、施工效率高，已逐渐取代顶压式静压桩机，成为建筑工程首选的桩工机械之一。

（4）桩的类型。用于静压桩施工的钢筋混凝土预制桩有 RC 方桩、PC 管桩和 PHC 管桩。

4. 静压法沉桩施工

（1）沉桩施工准备工作

①选择沉桩机具设备，进行改装、返修、保养、并准备运输。

②现场制桩或订购构件、加工件的验收，并办好托运。

③组织现场作业班组的劳动力，按计划工种、人数、需用工日配备齐全，并准备进场。

④进入施工现场的运输道路的拓宽、加固、平整和验收。

⑤清除现场妨碍施工的高空、地面和地下障碍物。

⑥整平打桩范围内场地，周围布置好排水系统，修建现场临时道路和预制桩堆放场地。

⑦邻近原有建筑物和地下管，认真细致地查清结构和基础情况，并研究采取适当的隔振、减振、防挤、监测和预加固等措施。

⑧布置测量控制网、水准基点的数量应不少于 2 个，并应设在打桩影响范围之外。

⑨根据施工总平面图，设置施工临时设施，接通供水、电、气管线，并分别通过试运转且运转正常。

（2）桩的沉设程序

一般采取分段压入、逐段接长的方法，其程序如下：

①桩尖就位、对中、调直，对于 YZY 型压桩机，通过启动纵向和横向行走油缸，将桩尖对准桩位；开动压桩油缸将桩压入土中 1 m 左右后停止压桩，调正桩在两个方向的垂直度。第一节桩是否垂直，是保证桩身质量的关键。

②压桩。通过夹持油缸将桩夹紧，然后使压桩油缸压桩。在压桩过程中要认真记录桩入土深度和压力表读数的关系，以判断桩的质量及承载力。

③接桩。桩的单节长度应根据设备条件和施工工艺确定。当桩贯穿的土层中夹有薄层砂土时，确定单节桩的长度时应避免桩端停在砂土层中进行接桩。当下一节桩压到露出地面 0.8 ~ 1.0 m 时，便可接上一节桩。桩身接头不宜超过 2 个的规定很难执行，目前已有大量桩身接头为 3 ~ 4 个的成功经验。接头主要采用焊接法接桩或硫磺胶泥锚固接头；当桩很长时，应在地面以下第 1 个接头采用焊接形式。

④送桩或截桩。如果桩顶接近地面，而压桩力尚未达到规定值，可以送桩。如果桩顶高出地面一段距离，而压桩力已达到规定值时则要截桩，以便压桩机移位。

静压送桩的质量控制应符合下列规定：A. 测量桩的垂直度并检查桩头质量，合格后方可送桩，压、送作业应连续进行；B. 送桩应采用专制钢质送桩器，不得将工程桩用作送桩器；C. 当场地上多数桩的有效桩长 L 小于或等于 15 m 或桩端持力层为风化软质岩，可能需要复压时，送桩深度不宜超过 1.5 m；D. 除满足 A ~ C 的规定外，当桩的垂直度偏差小于 1%，且桩的有效桩长大于 15 m 时，静压桩送桩深度不宜超过 8 m；E. 送桩的最大压桩力不宜超过桩身允许抱压压桩力的 1.1 倍。

⑤压桩结束。当压力表读数达到预先规定值时，便可停止压桩。

（3）终止压桩的控制原则

静压法沉桩时，终止压桩的控制原则与压桩机大小、桩型、桩长、桩周土灵敏性、桩端土特性、布桩密度、复压次数以及单桩竖向设计极限承载力（为单桩竖向承载力设计值的 1.6 ~ 1.65 倍）等因素有关。各地的控制原则各异。广东地区的终压控制条件如下：

①对于摩擦桩，按照设计桩长进行控制。但在正式施工前，应先按设计桩长试压几根桩，待停置 24 h 后，用与桩的设计极限承载力相等的终压力进行复压，如果桩在复压时几乎不动，即可进行全面施工，否则，设计桩长应修正。

②对于端承摩擦桩或摩擦端承桩，按终压力值进行控制。A. 对于桩长大于 21 m 的端承摩擦桩，终压力值一般取桩的设计极限承载力。当桩周土为黏性土且灵敏度较高时，终压力可按设计极限承载力的 0.8 ~ 0.9 倍取值；B. 当桩长小于 21 m 而大于 14 m 时，终压力按设计极限承载力的 1.1 ~ 1.4 倍取值；C. 当桩长小于 14 m 时，终压力按设计极限承载力的 1.4 ~ 1.6 倍取值，或设计极限承载力取终压力值的 0.6 ~ 0.7 倍，其中对于小于 8 m 的超短桩，按 0.6 倍取值。

③超载施工时，一般不提倡满载连续复压法，但在必要时可以进行复压，复压的次数不宜超过 2 次，且每次稳压时间不宜超过 10 s。

（4）压桩施工注意事项

①压桩施工前应对现场的土层地质情况了解清楚，做到心中有数；同时应做好设备的检查工作，保证使用可靠，以免中途间断压桩。

②压桩过程中，应随时注意使桩保持轴心受压，若有偏移，要及时调整。

③接桩时应保证上、下节桩的轴线一致，并尽可能地缩短接桩时间。

④量测压力等仪表应注意保养、及时检修和定期标定，以减少量测误差。

⑤压桩机行驶道路的地基应有足够的承载力，必要时需进行处理。

5. 辅助沉桩法

随着桩基工程的发展，为适应多种工程环境和复杂的地基条件，发展了新的辅助沉桩法，如预钻孔辅助沉桩法、冲水辅助沉桩法、振动辅助沉桩法、掘削辅助沉桩法、爆破辅助沉桩法以及多种辅助沉桩法组合而成的混合辅助沉桩法。其中预钻孔辅助沉桩法、冲水辅助沉桩法、振动辅助沉桩法是最常用的辅助沉桩法。

（1）预钻孔辅助沉桩

采用本工艺能大幅减少沉桩区及其附近土体变形和超静孔隙水压力，减少对桩区邻近建筑物的危害，还有利于减小沉桩施工中的噪声和振动影响，并可减少地基后期的土体固结沉降量以及相应的负摩阻力。尤其当地基浅层中存在硬夹层时，能提高桩的穿透能力和沉桩效率。施工费约增大10% ~ 20%。但当在浅层为透水性的砂土层地基中施工时，容易使浅层砂土松弛，则一般不宜采用。预钻孔辅助沉桩法主要用于软土层的地基，可分为全钻孔和局部钻孔沉桩法两类。

预钻孔辅助沉桩法：可分为预钻孔锤击沉桩法、预钻孔静压沉桩法、预钻孔振动沉桩法等。

预钻孔锤击沉桩法：常用于黏性土地基，桩长可达50 m以上，桩径为450 ~ 800 mm，桩的承载力较高的长桩基础。本法适应地基土层软硬变化的能力强，能控制打桩应力，打入精度高，桩单节长度大可减少接头，施工设备简单，操作简便，功效高。但预钻孔施工设备较复杂。采用预钻孔锤击沉桩法可显著减小地基变形的影响和减小噪声及振动等公害的影响。

预钻孔静压沉桩法：常用于软黏土地基，桩长为30 m左右，桩径为400 ~ 450 mm，桩的承载能力不太大的中长桩基础。当在预钻孔深度范围内，地基中存在浅层硬土层时，应用本法有显著的优越性。不仅可减小地基变位的影响程度，且可提高沉桩设备的静压能力。本法预钻孔施工设备较复杂，对场地要求较高，施工费用较高，适宜于在城市建设中应用于摩擦桩基础。

预钻孔振动沉桩法：常用于黏性土地基中，为减少地基浅层变位和振动公害影响，提高桩的贯入能力，常与振动沉桩法同时使用。本法噪音较低、无烟火及溅油等公害问题，但仍存在振动公害。桩的承载能力受设备能力限制，常用于持力层较浅的摩擦支承桩基础。有时为了提高桩的贯入能力可采用预钻孔振动静压沉桩法，可使桩较深进入持力层，以提高桩的承载能力。

（2）冲水辅助沉桩

冲水辅助沉桩是为减少沉桩阻力，避免下沉困难，提高桩的贯入能力，采用压力喷射水辅助锤击、振动、静压等沉桩法进行的施工。冲水辅助沉桩的基本原理是在桩尖处设置冲射管喷出高压水，冲刷桩尖处的土体以破坏土的结构，并使一部分土沿桩上涌，从而减小了桩尖处的土体阻力和桩表面与地基土体间的摩擦阻力，使桩在自重以及锤击、振动、静压等作用下沉入土中。停止射水后，经过一段时间桩周松动的土又会逐渐固结紧密，使桩的承载力逐渐获得恢复。为了加强沉桩效果，也可用压缩空气和压力水同时冲刷土层，由于与压缩空气混合的泥浆容重降低，能以较快的速度冲向地面，并使土体对桩的阻力大为减小，从而加速了桩的下沉。

冲水沉桩的施工程序：吊装就位、下沉桩、开动水泵，随着桩的下沉下放射水并不断上下抽动以冲击土体避免喷嘴堵塞。如桩发生偏斜即通过开关调正射水量和压力，使桩恢复到正常位置。当桩下沉至设计标高附近时，停止冲水，改用锤击、振动或静压下沉。

冲水辅助沉桩也可分为冲水锤击沉桩法、冲水振动沉桩法、冲水静压沉桩法。当采用冲水振动沉桩法时，振动锤的必要振幅可以减小二分之一。射水沉桩还可分为内冲内排、内冲外排、外冲外排、外冲内排、内外冲内排等施工方法。按射水管的数量有单管式、双管式和多管式。

（3）振动辅助沉桩

振动辅助沉桩法可增大桩下沉贯穿硬土层的能力，提高工效，与锤击、静压、掘削等沉桩工艺组合沉桩能充分发挥沉桩设备的潜力。虽然工费有所增加，但能显著加快施工速度和提高沉桩工效。振动辅助沉桩法常用于软土地基以及存在硬夹层和硬持力层地基的桩基工程。可分为振动锤击沉桩法、振动静压沉桩法和振动掘削沉桩法。

振动锤击沉桩法用于浅层为较厚的软弱黏性土，深层为硬土层的地基。如采用先振动插桩初沉至硬土层，然后连续锤击下沉至设计标高的施工方法。振动锤可直接安置在锤击沉桩的桩架上，也可另行安置在专业桩架上。前者施工简便，可在场地面积受限制时使用。后者施工操作管理较复杂，要求有较宽阔的施工场地。

振动静压沉桩法用于浅层有硬夹层或硬持力层的地基，为克服静压沉桩设备的沉桩能力不足，可使桩下沉过程中能顺利穿透浅层硬夹层或进入硬持力层足够深度，避免发生滞桩现象。振动施工设备通常安置于静压沉桩的桩架上，振动锤常设置在顶压式压桩架的压梁下端与桩帽之间。当桩静压下沉至浅层硬夹层或硬持力层时，同时启动振动锤辅助将桩静压下沉穿透硬夹层或达到桩的设计标高。此法施工设备简单，能有效地提高静压沉桩设备的能力，常用于软土地基的摩擦支承桩基础中。

振动掘削沉桩法用于较硬的黏性土和松砂土地基，可提高振动沉桩设备的沉桩贯入能力，减少噪声、振动、地基变位等公害，使桩顺利下沉进入持力层达到设计标高。振动锤通常均直接安置在桩顶上，在桩依靠自重下沉过程中，同时在空心桩中采用长螺旋钻连续排土或冲击铲、磨盘钻、短螺旋钻、铲斗等取土钻提升排土的掘削排土使桩下沉，当桩下沉至硬土层时，启动振动锤使桩继续下沉至设计标高。有时也可采用掘削振动静压沉桩施工法。当持力层起伏变化较大时，对桩的长度易于调节，能显著减小噪音、振动、地基变位等公害影响，并提高工效，但施工工艺较复杂。一般应用于水上、陆上、平台上要求承载能力较高的大直径空心钢筋混凝土桩、钢桩、组合桩的直桩基础。

6. 静压沉桩法在应用中存在的问题

静压沉桩法在使用中主要存在以下问题：

（1）该施工法对现场的地耐力要求较高，特别是较笨重的大吨位压桩机，在回填土、淤泥地段及积水浸泡过的场地施工，机器行走困难，场地土过于软弱时容易发生陷机事故，场地土过硬时则压桩机吨位太小时穿透能力差难以压到设计标高而不满足承载力要求。

（2）全液压静力压桩机占地面积大，要求边桩、角桩中心到已有建筑物的距离较大，尽管目前有些厂家生产出前置式压桩机，但压桩力一般只能到达该桩机最大压桩力的 60%，压桩能力有限。

（3）由于压桩力有限，当地层中存在漂石、孤石及其他障碍物时，选择这种施工方法应谨慎，桩可能达不到设计的标高。

（4）静压法沉桩属于挤土桩，在布桩密集地区施工，会产生土体挤压上涌所带来的危害。同时，后压桩由于先压桩的挤密作用而难以压入，要求合理布置施工流程，缩短压桩的停息时间。对工地周围的民房和管道，施工前应采取一定措施，较好的办法是取土填砂。

（5）过大的压桩力易将桩身桩顶夹破夹碎。主要原因有混凝土强度低、桩不直或配筋不当、偏心受压等，针对不同情况可调整桩位，提高混凝土等级，改进配筋设计。

静压桩的沉桩机理非常复杂，与土质、土层排列、硬土层厚度、桩数、桩距、施工顺序、进度等有关，有待进一步研究。静压桩施工中出现的问题也各种各样，最常用的处理方法是提高终压力进行复压或补桩。复压或补桩有一定困难时，要采取其他一些措施处理不合格桩，如灌浆补强、降低桩承载力标准或扩大承台等。相信随着工程实践的不断丰富，能为静压桩出现的问题提供更多的解决方法。

随着城市高速发展，城市居民密集居住，工程建设与城市环境的矛盾也日益尖锐，绿色岩土工程得到大力提倡，它主要强调岩土工程的绿色性与可持续发展。传统的锤击打桩将全面淡出大城市的中心城区，而无噪声、无振动、无油烟和无泥浆等无环境污染的静压桩基础得到了广泛应用。随着静压桩施工技术的发展，液压静力压桩机技术及产品将由粗放型向功能精细化、操作智能化和大吨位方向发展。可以预计，静压桩在今后一段时间内在我国软土地区的桩基础中将独占鳌头，成为我国软土地区应用最多的桩。

第十章　地下连续墙施工

第一节　概　述

一、地下连续墙施工方法的含义

地下连续墙施工方法是一种不用模板在地下建造连续墙的施工方法。其工艺是采用合适的挖槽（孔）设备，沿着开挖工程的周边轴线，在泥浆护壁的条件下，挖出一个具有一定长度、宽度与深度的深槽（孔槽），并在槽内设置预先做好的钢筋笼，然后采用导管法往槽内浇灌混凝土形成一个单元墙段，依序施工，再以适当的接头形式将各单元墙段相互连接起来，最终构成完整的地下连续墙体。

地下连续墙开挖技术起源于欧洲。它是根据打井和石油钻井使用泥浆和水下浇筑混凝土的方法而发展起来的，1914 年开始使用泥浆，1920 年德国首先提出了地下连续墙专利。1921 年发表了泥浆开挖技术报告，1929 年正式使用膨润土制作泥浆。至于在泥浆支护的深槽中建造地下墙的施工方法则是意大利米兰的 C. 维达尔开发成功的。由于米兰的地基是由砂砾和石灰岩构成的，在这样的地质条件下，采用常规的打桩或打板桩的方法来建造地下构筑物非常困难，于是出现了这种先用机械挖出沟槽，然后再浇筑混凝土的地下连续墙工法（也叫米兰法）。1948 年首次在充满膨润土泥浆的长槽中进行试验，以便证实建造堤坝防渗墙的可能性。1950 年在意大利两项大型工程中建造了防渗墙，其一是圣玛丽亚大坝下砂卵石地基中建造深达 40 m 的防渗墙，其二是在凡那弗罗附近由 S.M.E 电力公司使用的储水池和跨沃尔托诺河的引水工程中，在高透水性地基中建造的深为 35 m 的防渗墙。这些防渗墙不仅用于隔断地下水流，同时还要承受垂直和水平的荷载，而需具有足够的强度。按预定工期建成地下墙后，经过从墙身取样试验和观测检查，确认其性能和精度及强度均符合要求。还证明了比采用钢板桩方案节省大量费用。20 世纪

50 ~ 60 年代该项技术在西方发达国家及苏联得到推广，成为地下工程和深基础施工中的有效技术。经过 60 多年的推广与改造，现在世界上主要发达国家都已将这一技术作为深基础施工的一种重要手段。目前地下连续墙的最大开挖深度为 140 m，最薄的地下连续墙厚度为 20 cm。我国水电部门早在 1958 年在山东省月子口水库和北京密云水库，就采用冲击钻机成孔施工排桩式（亦称柱列式）浇灌素混凝土的地下连续墙作为防渗墙的实例，是世界上建造和使用混凝土防渗墙较早的国家之一。目前我国已将地下连续墙施工推广到工业与民用建筑、城建、交通和矿山等建设工程中，成为深基础施工的重要方法。

地下连续墙适用于建造建筑物的地下室、地下商场、停车场、地下油库、挡土墙，高层建筑等的深基础，逆作法施工的围护结构，工业建筑的深池、坑、竖井，邻近建筑物基础的支护以及水工结构的堤坝防渗墙、护岸、码头、船坞、桥梁墩台、地下铁道、地下车站、通道或临时围堰工程等。

二、地下连续墙施工方法的优、缺点

（一）优点

1. 墙体刚度大，强度高，可承重、挡土、截水、抗渗，耐久性能好。

2. 用于密集建筑群中建造深基础，对周围地基无扰动，对相邻建筑物、地下设施影响较小；可在狭窄场地条件施工，与原有建筑物的最小距离可达 0.2 m 左右；对附近地面交通影响较小。

3. 可用于逆作法施工，使地下部分与上部结构同时施工，大大缩短工期。

4. 比常规挖槽施工可节省大量挖土石方工作量，且无须降低地下水位。

5. 施工机械化程度高，精度高，劳动强度低，挖掘工效高。

6. 施工振动小，噪声低，有利于保护城市环境。

（二）缺点

1. 地下连续墙施工，需要较多的机具设备，一次性投资较高，适宜于较大规模的地下工程。

2. 地下连续墙施工方法虽然对地层的适应性很强，但是，由于这种方法主要靠泥浆护壁，在槽壁大面积失去原地基土侧压力的条件下，对于岩溶地区含有较高承压水头的夹层，细、粉砂层，不稳定的流塑软黏土，具有动水渗流的细、粉砂层以及漂石或大的卵石层施工难度较大。

3. 施工工艺较为复杂，技术要求高，质量要求严，施工队伍需具有相当的技术水平。

4. 施工中的废浆（用泥浆护壁时）和弃土量较大，尤其是前者，处理起来费用较高。

第二节　施工前的准备工作

一、地下连续墙的施工设计

编写施工设计前应具有施工场地水文地质、工程地质勘察报告，现场的调查报告等资料。

编写的主要内容包括:（一）工程概况、设计要求、工程地质情况、现场条件及工期等;（二）平面规划，选定的施工设备及其有关的供应计划；（三）泥浆配方设计和管理措施;（四）导墙施工设计;（五）单元槽段施工作业计划;（六）墙体和结构接头的施工样图;（七）钢筋笼制作样图，钢筋笼的加工、运输及吊放工作;（八）混凝土配合比、供应及灌注方法;（九）技术培训、保证质量、安全及节约的技术措施。

二、场地准备

对作业位置放线测量；按设计地面标高进行场地整平，拆迁施工区域内的房屋、通信等障碍物和挖除工程部位地面以下 3 m 内的地下障碍物；必要时加固场地地基。

三、泥浆（或稳定液）制备

根据挖槽的方式不同，有两种类型的泥浆，即静止方式（稳定液）和循环方式。如使用抓斗挖槽机时，随着挖槽深度不断加深，槽内泥浆应随时补充增加，直至浇灌混凝土时将泥浆替换出为止，泥浆一直贮存在槽内，故属静止方式。这种方式使用的泥浆只是为了保持槽壁的稳定而无其他目的。循环式则不同，如用钻头或其他切削刀具回转挖槽时，则需要在槽内充满泥浆的同时，利用泵使泥浆在槽底与地面之间进行循环，泥浆始终处于流动状态，故称循环方式。这种方式使用的泥浆不仅可起稳定槽壁的作用，同时也是排除钻渣的手段。

性能要求：（一）良好的稳定性。经过 24 h 水化后的泥浆应具备一定的稳定性，不应出现离析、沉淀的现象。（二）薄而韧性的泥皮。保证孔壁的稳定性，同时保证连续墙的平整度。（三）一定的黏度。泥浆黏度大小对携带泥浆的能力、泥皮厚度和混凝土灌注是否顺利等会产生直接的影响，必须保证一定的黏度以确保良好的携砂能力，又不宜过大，以免影响混凝土的灌注。（四）适当的密度。（五）良好的触变性。良好的触变性可以避免土粒、砂粒的迅速沉淀，保证混凝土的顺利灌注；同时渗入周围土层的泥浆，因不受扰动而迅速固结，提高孔壁的稳定性。

由于槽壁土质不同，在成槽施工中槽壁坍塌程度也不同，自然对泥浆的要求也不一样。

四、导墙的施工

导墙也叫槽口板，是地下连续墙槽段开挖前沿墙面两侧构筑的临时性结构物。

（一）导墙的作用和要求

1. 导墙是作为地下连续墙按设计要求施工的基准，是挖槽机工作时的导向，导墙的施工精度（宽度、平直度、垂直度及标高等）影响单元槽段施工的精度，高质量的导墙是高质量槽段的基础。

2. 导墙可以有效地保证槽段接近地表部分土体的稳定。一般而言，槽段接近地表部分的土体很不稳定，导墙可以防止槽壁顶部坍塌，保证槽内泥浆液面的设计高度，使成槽作业过程中槽壁始终处于较稳定状态，为高效率地施工奠定良好的基础。

3. 重物的支撑台。导墙是支撑槽段两侧垂直、水平载荷的刚性结构，有了导墙便可以保证成槽机、钢筋笼吊放及混凝土导管安置等施工设备有良好的基础。

4. 导墙还可作为泥浆的储浆池，并维持稳定的液面。

5. 导墙深度一般为 1.2 ~ 1.5 m，墙顶高出地面 10 ~ 15 cm，以防止地表水流入而影响泥浆质量。

6. 导墙底不能设在松散的土层或地下水位波动的部位。

（二）导墙的结构形式

导墙的结构形式常用直墙式。它是在导沟内侧支模，外侧以槽沟壁为模板，内放少量钢筋（根据设计也可不放）再灌注混凝土而成。水泥用量为 200 ~ 300 kg/m^3。每隔 2 ~ 3 m 于顶部及底部各设一根横撑。如果表土十分松散，则应先浇筑导墙，然后填土。填土质量要十分注意，以免泥浆渗入墙内引起坍塌。为使墙后填土稳定，有时需掺入少量的水泥。

普通（板）型：一般适用于表层地基土具有足够强度的土类（如致密的黏性土等），由于这种类型的导墙只能承受较小的上部载荷，因此常在槽段断面尺寸不大的小型地下连续墙工程中使用。

L 形：一般适用于表层地基土不具有足够强度的土类（如含砂质较多的黏土等）。

倒 L 形：一般适用于表层地基土质松散、胶结强度低的土类（如坍塌可能性较大的砂土、回填土地基等）。

槽形：一般适用于表层地基土强度低且导墙需要承受较大荷载的情况，该类型导墙在施工中能较好地保证精度的要求。

（三）导墙施工工艺

导墙墙体材料一般采用现浇、预制混凝土或钢筋混凝土或木板等其他材料。以现浇钢筋混凝土导墙为例。

1. 施工顺序

平整场地—测量确定导墙平面位置—挖导沟（处理土方）—加工钢筋框结构—支模板（严格按设计要求保证模板安装垂直度）—浇灌混凝土—拆除模板（同时设置横撑）—回填导墙外侧空隙并压实。

2. 施工要求

1. 导墙的纵向分段宜与地下连续墙的分段错开一定距离。

2. 导墙内墙面应垂直并平行于连续墙中心线，墙面间距应比地下连续墙设计厚度大 40 ~ 60mm。

3. 墙面与纵轴线的距离偏差一般不应大于 ±10 mm；两条导墙间距偏差不大于 ±5 mm。

4. 导墙埋设深度由地基土质、墙体上部载荷、挖槽方法等因素决定，一般为 1 ~ 2 m；导墙顶部应保持水平并略高于地面，保证槽内泥浆液面高于地下水位 2.0 m 以上；墙厚为 0.1 ~ 0.2 m，带有墙趾的，其厚度不宜小于 0.2 m，一般宜设在老土面以下 10 ~ 15 cm。

5. 导墙背侧须用黏土回填并夯实，不得有漏浆发生。

6. 预制钢筋混凝土导墙安装时，必须保证接头连接质量；现浇钢筋混凝土导墙，水平钢筋必须连接牢固，使导墙成为一个整体，防止因强度不足或施工不善而出现事故。

7. 现浇钢筋混凝土导墙，拆模板后应立即在墙间加设支撑，混凝土养护期间，起重机等重型设备不应在导墙附近作业，防止导墙开裂、位移或变形。

五、设置临时设施并进行试验

按平面及工艺要求安装设备，设置临时设施，修筑道路，在施工区域设置与制配、处理钢筋加工机具设备；安装水电线路；进行试通水、通电，试运转，试挖槽，混凝土试浇筑等工作。

第三节 槽段开挖

槽段开挖是地下连续墙施工过程中最重要的阶段，约占全部工期的二分之一，其质量又是后续工作的保证，是工程能否顺利完成的关键。

一、施工设备

（一）冲击钻进成槽机

冲击钻进施工法一般适用于硬质地层，分为冲击钻进成槽和潜孔锤钻进成槽。

1. 冲击钻进法

冲击钻设备由过去的钢绳冲击式发展为冲击反循环钻机。

冲击钻进法适用于中等规模的地下连续墙的施工，设备简单、操作容易，对地质条件适应性良好。但工效低，形成的槽壁面比较紊乱，垂直精度不高，成槽质量差，国内外已很少采用此种方法进行地下连续墙施工。

2. 潜孔锤钻进法

潜孔锤是在20世纪40年代开始应用于采矿工业，以后很快从矿山、采石发展到水井、油气井及基础桩孔、连续墙孔等。为了满足大直径工程井的要求，目前潜孔锤组合形式分单头和多头两种，国外有代表性的是美国INGERSOLL-RAND公司研制的潜孔锤和日本TONE公司研制的MACH钻具。

潜孔锤钻进稳定，振动小，噪声低，对多类型的基岩均可轻易穿透钻进。潜孔锤只需适中的钻压，故不必使用加重钻杆增大钻压，可用较小的钻机钻进，与常规的回转方法比较，钻杆所需的扭矩也小，回转速度低得多。

（二）抓斗挖掘成槽设备

抓斗挖掘成槽施工法一般适用于软质地基，分为钢丝绳悬吊的机械抓斗、钢丝绳悬吊的液压抓斗、全导杆式液压抓斗和半导杆式液压抓斗。

1. 钢丝绳悬吊的机械抓斗

此类抓斗以意大利SOILMEC公司的BF系列和CASAGRANDE公司的DL和DH系列，以及德国BAUER公司的DSG系列为代表。机械式钢丝绳抓斗是一种用钢丝绳操纵的带有可更换爪与导向装置的抓斗。该抓斗通过装在一台相匹配的起重机上的两个钢丝绳卷筒上两条钢丝绳来操纵，其中一条钢丝绳用于将抓斗下入槽内或提出槽外，另一条钢丝绳则用来打开或闭合抓斗的抓爪。由于结构简单，操作简易，维修方便，价格相对便宜，过去比较常用。但这类抓斗的闭合力是靠吊车的提升力转换而来，这就要求吊车的单绳拉力较高，选配的吊车相应要求吨位较大。抓斗工作时虽对岩土有一定的冲击力，但由于闭合力不足，难以对岩土抓碎成槽，抓斗有效装载率不高，生产效率较低。由于抓斗上下频繁，槽壁受到很大冲击力，超挖现象较多，同时抓斗开挖槽段时导向性差，槽段开挖后的垂直精度不高，成槽质量差。

2. 钢丝绳悬吊的液压抓斗

抓斗的闭合通过抓斗上部的油缸组成的夹紧机构来完成。此类抓斗以德国 BAUER 公司的 DHG 系列为代表。

由于液压抓斗挖掘岩土是用 1 ~ 4 个油缸来驱动，抓斗的闭合力可达到 800 ~ 1800 kN，故生产效率较高，挖掘深度可以较深。这类抓斗配基础工程专用吊车，如德国 BAUER 公司的 DHG60 型钢丝绳悬吊液压抓斗配用的 BS655 吊车，配置有 2 个拉力各为 160 kN 的卷筒，由于没有全导杆或半导杆，当用抓斗挖掘时，2 个卷筒的钢丝绳供抓斗用。需要冲击较硬的岩土时，可将液压抓斗暂时放置一边，用 1 个卷筒吊冲锤，在软硬地层交替作业时，使用方便。在使用中为掌握垂直精度，可配测斜仪，为了提高抓斗工作的稳定性，在抓斗的上下左右、前后共装有 8 块可调整的导向板，抓斗上装有控制前后左右倾斜的电子装置，根据倾斜程度，通过电子装置对导向板予以调整，能够保证较高的垂直精度。

由于闭斗力的增加使土体对斗体的反作用力（垂直向上分力）也加大，必须有较重的抓斗重量来克服。这在抓斗的设计与液压系统的匹配方面是一个大的难题，如解决不好，则会失去液压抓斗的优越性。

3. 全导杆式液压抓斗

这是一种装在伸缩式方钻杆上的由液压操纵的抓斗，具有可更换的抓爪及导向装置。这种设备开挖时噪声和振动很小，对周围土层的扰动也少。因此它是在松散砂层、软黏土或开挖时需仔细控制剪切作用的灵敏性土层中进行开挖的理想设备。这类抓斗以意大利 CASAGRANDE 公司的 KRC 系列伸缩方钻杆加 K 系列液压抓斗为代表，配备该公司生产的 C 系列基础工程专用吊车。

由于伸缩方钻杆有导向，定点卸料或抓斗重新进入槽段时无钢丝绳摆动问题，最初开挖时垂直度也由方钻杆予以保证，成槽质量好。但由于伸缩导杆间有间隙，长时间使用后间隙加大，影响施工质量，由于伸缩方钻杆自身重量影响了抓斗的施工深度，同时因自身重量大，抓斗侧面的导向板不能做得很长，深槽中下落时，整个重心偏于抓斗上部，也会影响槽段施工的垂直度。

4. 半导杆式液压抓斗

从抓斗由地表开挖，到抓斗进入地表下 1.5 m 以前，由方导杆在方导向架中运行，作为抓斗升降的导向，抓斗进入地下 1.5 m 以后，又成为钢丝绳悬吊式液压抓斗，由于不是全导杆，抓斗重心偏下，抓斗按自由落体自重导向。此类抓斗以意大利 SOILMEC 公司的 BH−7、BH−12 液压抓斗为主，配置基础工程专用 HC−60 型履带吊车。吊车桅杆顶部有液压马达驱动的回转机构，可使导向架、半导杆、抓斗一起回转 ±180°，在挖掘施工时，可随时回转 180°，避免抓斗在槽段中向一边偏斜。

（三）回转挖掘成槽机械

回转式成槽机目前在国际上应用范围很广，发展速度也很快。它是一种以潜水电动机为动力，通过多轴旋转钻头的无钻杆钻机。这种钻机由于不需要安装钻杆，节省了时间，动力靠近钻头，所以功率消耗小，利用重力定向，钻孔垂直精度高。钻渣以反循环方式从钻机中心的排浆管吸出槽外。有用垂直轴钻头挖掘的垂直多轴式回转钻机和用横轴滚筒切削的水平多轴式回转钻机两种形式。前者适用的壁厚受限，施工速度也比后者慢，因此生产的数量逐年减少。

1. 垂直多头钻成槽机

多头钻一般由 3 ~ 5 个轴的小钻头组成。潜水电机是由地面上的配电板，通过橡胶套电缆供电，提供回转和扭矩，3 个并联的主轴通过减速齿轮传动并列的钻头，其旋转方向交替反向，以平衡扭矩反力。适用于黏性土、砂质土、砂砾层以及淤泥等土层。其特点是成槽深度大，效率高，操作安全，对周围建筑物影响小，施工的槽壁尺寸较准确，扩孔率小（小于 3%），壁面平整。该钻机可防止钢丝绳扭绞。排渣一般可用泵吸反循环或气举反循环。为了使沟槽壁面平滑，该设备布置有边刀，由钻头旋转带动边刀上下来切平沟槽。

2. 水平多轴式回转钻机

国际上大型地下连续墙的工程大多使用这种钻机。这种反循环的成槽钻机，可穿透范围很大的土层，如黏土层、粉砂层、砂层、砾石层以及岩石等。在硬土层和岩石中使用这种机械时，不需要冲击，避免了由此而产生的振动，是城市施工中使用的一种理想工具。但它的循环液用量较大（600 m^3/h），泥浆处理起来费用较高。

液压滚铣式成槽机（简称双轮铣），是依据反循环原理，由液压运转的滚铣式破碎机械。这种成槽机械有两个带有切削齿的铣削轮，由重型液压马达单独驱动，铣削轮本身又驱动一切削链条，以保证在整个槽宽范围内进行铣削。该液压滚铣式成槽机在铣削轮附近装有一台大功率的潜水泵，它可将土层及岩石的碎屑连同槽内的稳定液一起输送到地表，以清洗槽底并重复循环。两个铣削轮可以被独立驱动，其速度可以调节，以适应土层的变化或借此来校正墙的垂直度。液压滚铣式成槽机挖槽深度可达 150 m，并确保槽的垂直度在 2‰以下。

常用的地下连续墙施工设备中双轮铣的效率是最高的，平均可达到 15 m^3/h。经过长期的工程实践，单一的地下连续墙施工设备不仅效率低而且成本较高，特别是在地层复杂的地段，所以在实际运用中大都采用交叉作业，充分发挥各种设备特点，不仅效率大大提高，而且施工成本也得到改善。

目前国内使用的双轮铣设备主要有德国宝娥公司、意大利卡沙特兰地地基设备有限公司以及法国索莱唐日公司的铣削式成槽机，不过它们的成槽原理基本相同。一套全进口 40 ~ 50 吨级的双轮铣售价大约在 5000 万元左右。上海金泰自主研发了国内首台 SX40 双轮铣，率先打破了长期被国外技术垄断的局面，填补了国内该领域的技术空白。且 SX40 双轮铣的售价大约为 1300 万，不足国外进口设备的四分之一。

双轮铣的主要优缺点如下：

（1）对地层适应性强，更换不同类型的刀具即可在淤泥、砂、砾石、卵石及中硬强度的岩石、混凝土中开挖。

（2）钻进效率高，在松散地层中钻进效率为 20 ~ 30 m^3/h，在中硬岩石中钻进效率为 1 ~ 2 m^3/h。

（3）孔形规则（墙体垂直度可控制在 3‰以下）。

（4）运转灵活，操作方便。双轮铣的履带式起重机可自由行走，不需要轨道，在控制室可方便安全操作。

（5）排碴同时即清孔换浆，减少了混凝土浇筑准备时间。

（6）自动记录仪监控全施工过程，同时全部记录。

（7）低噪音、低振动，可以贴近建筑物施工。

（8）不适用于存在孤石、较大卵石等地层，此种地层下需和冲击钻或爆破配合使用。

（9）受设备限制连续墙槽段划分不灵活，尤其是二期槽段。

（10）对地层中的铁器掉落或原有地层中存在的钢筋等比较敏感。

（11）设备维护复杂且费用高。

（12）设备自重较大对场地硬化条件要求比传统设备高。

此类设备单价较高，一般在下列条件下才会考虑使用：①工程量大、工期紧；②中风化岩层在总工程量中，占的比重较大，用其他设备效率低；③对于比较深的地下工程，一般在大于 40 m 深度以下，其他设备基本不能施工；④在敏感建筑物附近施工。

（四）成槽方法的比较

双轮铣设备施工进度与传统的液压抓斗和冲孔机在土层、砂层等软弱地层中优势并不十分明显，大约为液压抓斗的 2 ~ 3 倍。液压抓斗成孔效率约为 10 m³/h，双轮铣成槽速度在此种地层（小于 50 MPa 的岩石）中效率为 20 ~ 30 m³/h。一旦进入岩段，双轮铣就显出其优势，在岩层段选择合适刀具，在中风化岩层中（50 ~ 100MPa 的岩石），施工效率可达 5 ~ 8 m³/h，在微风化岩层（大于 100 MPa 的岩石）中可达 1 ~ 2 m³/h，而在此种地层中液压抓斗基本无法使用，必须采用冲击钻机来完成，冲孔速度在中风化岩层中效率约为 0.3 ~ 0.5 m³/h，若在微风化地层中钻进就异常困难，每台班进尺仅能维持在几十厘米上下，不仅效率极低而且成槽形状差。

二、槽段长度的划分

（一）槽段划分考虑的因素

槽段的划分就是确定单元槽段的长度，并按连续墙设计平面构造要求和施工的可能性，将墙划分为若干个单元槽段。单元槽段长度长、接头数量少，可提高墙体整体性和截水防渗能力，简化施工，提高工效。但由于种种原因，单元槽段长度又受到限制，必须根据设计、施工条件综合考虑。一般决定单元槽段长度的因素有：

1. 设计构造要求，墙的深度和厚度。

2. 地质水文情况，开挖槽面的稳定性。

3. 对相邻结构物的影响。

4. 钢筋笼质量、尺寸，吊放方法及起重机的能力。

5. 泥浆生产和护壁的能力。

6. 单位时间内混凝土的供应能力。必须在 4 h 内灌注完毕，所以可由 4 h 所供应的混凝土量来计算槽段长度。

7. 施工技术的可能性，占地面积，连续操作有效工作时间。

8. 划分槽段时还应考虑接头位置。为保证地下连续墙的整体性和强度，接头要避开拐角部分。

9. 应是挖槽机挖槽长度的整数倍。其中最重要的是槽壁的稳定性。一般采用挖槽机最小挖掘长度（即一个挖掘单元的长度）为一单元槽段。地质条件良好，施工条件允许，亦可采用 2 ~ 4 个挖掘单元组成一个槽段，长度为 4 ~ 8 m。

（二）各槽段的施工顺序

根据已划分的单元槽段长度，在导墙上标出各槽段的相应位置，即 1，2，3，4，5，6，…，n。可采取两种施工顺序：

1. 按序（顺墙）施工：顺序为 1，2，3，4，…，n 将施工的误差在最后一单元槽段解决。

2. 间隔施工：即 2n−1 → 2n+1 → 2n。能保证墙体的整体质量，但较费时。

三、施工工艺

（一）施工方法

1. 多头钻施工法

下钻应使吊索保持一定张力，即使钻具对地层保持适当压力，引导钻头垂直成槽。下钻速度取决于钻渣的排出能力及土质的软硬程度，注意使下钻速度均匀，下钻速度最大为 9.6 m/h；采用空气吸泥法及砂石泵时，速度一般为 5 m/h。

2. 抓斗式施工法

导杆抓斗安装在一般的起重机上，抓斗连同导杆由起重机操纵上下、起落卸土和挖槽，抓斗挖槽通常用“分条抓”或“分块抓”两种方法。分条抓或分块抓是先抓两侧“条”（或“块”），再抓中间“条”（或“块”），这样可避免抓斗挖槽时发生侧倾，保证抓槽精度。

3. 钻抓式施工法

钻抓式挖槽机成槽时，采取两孔一抓挖槽法，预先在每个挖掘单元的两端，先用潜水钻机钻两个直径与槽段宽度相同的垂直导孔，然后用导板抓斗形成槽段。

4. 冲击式施工法

其挖槽方法为常规单孔桩方法，采取间隔挖槽施工。

（二）施工注意事项

1. 由地面至地下 10 m 左右的初始挖槽精度对整个槽壁精度影响很大，首先应将钻头调整到准确位置，同时必须慢速均匀钻进，严加控制垂直度和偏斜度在允许偏差范围内。

2. 每一槽段挖掘完成后，钻头要空转一定时间，把残渣用吸泥管排至地面，待清槽完成后，再退出钻机，再进行下一槽段的施工。

第四节　清　槽

连续墙槽孔的沉渣，大部分随泥浆循环排出槽孔外，少量密度大的沉在底部，如不清除，会沉在底部形成夹层，使地下连续墙沉降量增大，承载力降低，并减弱其截水防渗性能，甚至会导致发生管涌。而且，泥渣混入混凝土中会使混凝土强度降低，钻渣被挤至接头处会影响接头部位防渗性能。沉渣会使混凝土的流动性降低，使浇筑速度降低、钢筋笼上浮。如沉渣过厚，也会使钢筋笼不能吊放到预定深度，所以必须清槽。

清槽的目的是置换槽孔内稠泥浆，清除钻渣和槽底沉淀物，以保证墙体结构功能要求。同时为后续工序提供良好的条件。

清槽的一般方法采用导管吸泥泵法、空气升液法和潜水泵排泥法三种排渣方式。一般操作程序是（以回转挖掘法为例）：到设计深度后，停止钻进，使钻头空转 4 ~ 6 min 并同时用反循环方式抽吸 10 min，使泥浆密度在要求的范围内。

为提高接头处的抗渗及抗剪性能，对地墙接合处，用外形与槽段端头相吻合的接头刷，紧贴混凝土凹面，上下反复刷动 5 ~ 10 次，保证混凝土浇筑后密实、不渗漏。

在地下连续墙成槽完毕，经过检验合格后，但在下锁口管、钢筋笼、下导管的过程中，总会有一些沉渣产生，将影响以后地下墙的承载力并增大沉降量。所以对基底沉渣进行处理就显得十分必要。

清渣一般在钢筋笼安装前进行。混凝土浇筑前，再测定沉渣厚度，如不符合要求，再清槽一次。

清槽的质量要求是：清槽结束后 1 h，测定槽底沉渣淤积厚度不大于 100 mm；槽底 100 mm 处的泥浆密度不大于 1150 kg/m。

第五节　接头处理

如何把各单元墙段连接起来，形成一道既防渗止水，又承受荷载的完整地下连续墙，特殊的接头工艺是技术关键。

一、地下连续墙的接头及其作用

（一）结构接头

当地下连续墙作为主体结构时，地下连续墙与内部结构的楼板、柱、梁等进行连接，为保证地下结构的整体性，必须采用钢筋进行刚性连接，钢筋的连接可以用以下方式：

预埋钢筋方式：这种方式把预埋钢筋处的墙面混凝土凿掉，弯出预埋的钢筋，通过搭接方式与内部结构钢筋连接，连接钢筋直径宜小于 22 mm。

预埋中继钢板方式：把预埋在钢筋笼上的钢板凿露出来，使钢板与内部结构中的钢筋连在一起，从而使地下连续墙与内部结构连成一体。

预埋剪力连接件：把预埋在钢筋笼上的剪力连接件凿露出来，通过焊接的方式加以连接。施工中为保证混凝土易于流动，剪力件形状越简单越好，但承压面积要大。

除此之外，还可在墙体上预留或凿出槽孔，将预制构件插入孔洞内填筑干硬性混凝土，使墙体与内部结构连接在一起。

（二）施工接头

施工接头是指单元墙段间的接头。它使地下连续墙成为一道完整的连续墙体，因此要求连接部位既要防渗止水，又要承受荷载，同时便于施工。

1. 防渗止水。使用过程中，墙后水流在压力作用下沿墙体贯通裂隙流入坑内，而施工接缝恰恰是薄弱环节。为阻止水流通过，一是采用特殊结构和黏接材料加强接缝黏接，避免缝隙产生；二是改变接缝形状，延长水流渗透路径，如平面式接缝，相邻墙段接触面为平面，接触面积小，黏接不牢固，承受荷载时易产生裂隙，且水流沿最短的直线路径通过，防渗止水效果较差；而曲面式接缝，相邻墙段以曲面进行咬合黏接，黏接牢固，同时水流沿曲线路径渗透，路径长，水头损失大，渗透能力差，具有较好的防渗效果。曲面形式可通过改变接头装置和施工工艺来控制。

2. 承受荷载。由于地下连续墙必须承受墙后土压力、水压力和上部结构荷载或地震引起的荷载，因此，连接部位必须和单元墙段一样具有相同的刚度和强度，满足整体性要求。显然，曲面式咬合接缝具有较高的刚度和强度，可以承受较大的荷载，目前广泛采用的就是这种连接方式。

槽段清基合格后，立刻吊放接头管，由履带起重机分节吊放拼装垂直插入槽内。接头管的中心应与设计中心线相吻合，底部插入槽底 30 ~ 50 cm，以保证密贴，防止混凝土倒灌。上端口与导墙连接处用木榫楔实。

二、施工接头的形式及选择

（一）接头管式接头，优点是接头刚性较大，可以承受较大的剪力，而且渗径也较长，抗渗性能较好。缺点是接头管须拔出，施工复杂，钢管的拔出时机难以掌握。

（二）工字钢式接头，优点是结构简单，施工方便、速度快。工字钢接头缺点是接头刚度比较小，不能承受过大的横向剪切力，而且渗径较短，抗渗性能较差，且由于工字形接头与钢筋笼成整体，导致下放困难。上海基础公司的十字钢板式接头，基本克服了工字钢式接头的缺点，但施工复杂。

（三）钢板柱接头，解决了工字形接头常导致钢筋笼无法下放的问题，接头刚度大，抗渗性能好。

（四）接头孔式接头，因接头部位单独于邻近的墙体，故接头位置刚度较小，抗剪性能差，而且两端先施工槽段的端头位置难以保证垂直。接头结构与墙体之间可能存在渗水通道，其抗渗性能在以上几种接头形式中最差。优点是不必采用钢材。

（五）V 形接头，结合了工字钢式接头和接头管式接头的优点。具有接头刚度大，抗剪能力强，渗径比较长的特点，同时具备了工字钢式接头施工速度快、施工简便的优点，是一种较好的接头形式。

（六）扩大式接头是在 V 形接头形式的基础上进一步扩大了接头位置的尺寸，从而加大接头位置的刚度和渗径，进一步提高接头位置的抗剪能力和抗渗能力。

（七）CWS（coffrage water stop）接头，是法国地基建筑公司研发的一种新型接头，较好地解决了常规接头起拔时间控制、密实度差而产生的漏水问题。

三、接头装置的起拔时间

接头装置的起拔时机对工程质量及施工有很大影响，起拔时间过早，会导致混凝土因未初凝而坍塌；相反，起拔过迟，由于混凝土已初凝，起拔阻力增大，会导致接头起拔困难甚至拔不出来。因此，最佳起拔时机是既要保证混凝土不流动坍塌，又要使起拔阻力小，合理确定接头装置的起拔时间是施工中极为关键的一环。

接头管的起拔阻力包括混凝土对接头管表面的摩擦阻力、混凝土与接头管的黏结力以及接头管的自重。起拔时间应控制在混凝土不坍塌的前提下使起拔阻力最小。由于黏结力值较小，通过实测一般为摩擦力的 5%，而摩擦力在浇筑速度一定时是随时间变化的，所以根据混凝土在初凝时的剪切破坏曲线来计算出起拔力随时间变化的数值，从而确定最佳起拔时间，也可通过实验来确定。一般施工中，起拔时间控制在 $1.1t_0$（t_0 为混凝土初凝时间）。

四、接头插入和拔出应注意的事项

（一）接头吊入预定深度后，在地表用楔块定位。

（二）接头管的拔出采用吊车和千斤顶。

（三）起拔速度：0.5 ~ 1.0 m/30 min；拔出 0.5 ~ 1.0 m 观察几分钟。

第六节　钢筋笼的制作和吊放

一、钢筋笼的制作

钢筋笼的制作应根据设计钢筋配置图和槽段的具体情况及吊放机具能力而定。钢筋笼按一个单元槽段宽制作，在墙转角则制成 L 型钢筋笼。

为保证钢筋笼的几何尺寸和相对位置正确，钢筋加工一般应在工厂平台上放样成型，下端纵向主筋宜稍向内弯曲一点，以防止钢筋笼放下时，损伤槽壁。钢筋笼在现场地面平卧组装，先将闭合钢筋排列整齐，再将通长主筋依次穿入钢箍，点焊就位，要求钢筋笼表面平整度误差不得大于 5 cm。为保证钢筋笼具有足够的刚度，吊放时不发生变形，钢筋笼除设结构受力筋外，一般还设纵向钢筋桁架和主筋平面内的水平及斜向拉条，与闭合箍筋点焊成骨架。钢筋笼的主筋（包括主筋组成的纵向桁架）和箍筋交点采用点焊，也可视钢筋笼结构情况除四周两道主筋交点全部点焊外，其余采用 50% 交错点焊和用 0.8 mm 以上铁丝扎结。成型时用的临时绑扎铁丝，应在焊后全部拆除，以免挂泥。对较宽尺寸的钢筋笼，应增设直径 25 mm 的水平筋和剪力拉条组成的横向水平桁架，主筋保护层厚度一般为 7 ~ 8 cm，水平筋端部距接头管和混凝土接头面应有 10 ~ 15 cm 间隙。一般在主筋上焊 50 ~ 60 cm 高的钢筋耳环或扁钢板作为定位垫块，其垂直方向每隔 2 ~ 5 m 设一排，每排每个面不少于 2 块，垫块与壁面间留有 2 ~ 3 cm 间隔，可防止插入钢筋笼时擦伤槽壁和保证位置正确。钢筋笼内净空尺寸应比混凝土导管连接处的外径大 10 cm

以上，这部分空间要求贯通，钢筋叠置的地方要确保混凝土流动的必要距离。有的还在混凝土导孔内两侧各焊 1 ~ 2 根通长的钢筋作导向用，以便下放混凝土导管。钢筋笼纵向筋距槽底应有 20 ~ 30 cm。

钢筋套筒冷挤压接驳技术是最近开始使用的一种新型钢筋连接技术，可以克服上述常规连接方法的缺点，是一个比较理想的连接方法。

钢筋笼制作尺寸必须正确，其允许偏差为：主筋间距 ±10 mm；箍筋间距 ±20 mm；钢筋笼厚度和宽度 ±10 mm；总长 ±50 mm。

对长度小于 15 m 的钢筋笼，一般采用整体制作，用 15 t 或 25 t 履带式吊车一次整体吊放；对长度超过 15 m 的钢筋笼，常采取分二段制作吊放，接头尽量布置在应力小的地方，先吊放一节，在槽上用帮条焊焊接（或搭接焊接）。由于一般是一个单元槽段为一个钢筋笼，因此宽度较大，应采用二副铁扁担或一副铁扁担及二副吊钩起吊的方法，以防钢筋笼弯曲变形。先六点绑扎水平起吊，使其在空中不晃动，辅助起重机吊下部两点或四点，然后主机升起，系在钢筋笼上口的横担将钢筋笼吊直对准槽口，使吊头中心对准槽段中心，缓慢垂直落入槽内，避免损伤槽壁。在放到设计标高后，用横担设吊钩或在四角主筋上设弯钩，搁置在导墙上，进行混凝土灌注。为保证槽壁不塌，应在清完槽 3 ~ 4 h 内下完钢筋笼，并开始灌注混凝土。

第七节　混凝土的配制与灌注

一、混凝土配合比的选择

混凝土配合比的设计除满足设计强度要求外，还应考虑导管法在泥浆中灌注混凝土的施工特点（要求混凝土和易性好、流动度大、缓凝）和对混凝土强度的影响。混凝土强度一般比设计强度提高 5 MPa。水泥应采用 425# 或 525# 普通水泥或矿渣水泥；石子宜用卵石，最大粒径不大于导管内径的 1/6 和钢筋最小净距的 1/4，且不大于 40 mm；使用碎石时的粒径宜为 0.5 ~ 20 mm；砂宜用中粗砂；水灰比不大于 0.6；单位水泥用量不大于 370 kg/m^3；含砂率宜为 40% ~ 45%；混凝土应具有良好的和易性，坍落度宜为 18 ~ 20 cm，并有一定的流动度保持率，坍落度降低至 15 cm 的时间不宜小于 1 h，扩散度宜为 34 ~ 38 m。混凝土初凝时间应满足灌注和接头施工工艺要求，一般宜低于 3 ~ 4 h。

如运输距离过远，一般宜在混凝土中掺加减水剂，可减小水灰比，增大流动度，减少离析，防止导管堵塞，并延缓初凝时间。

二、灌注方法

通常采用履带式吊车吊混凝土料斗（或翻料斗），通过下料漏斗提升导管灌注。导管内径一般选用 150 ~ 300 mm，用 2 ~ 3mm 厚钢板卷焊而成，每节长 2 ~ 2.5 m，并配几节 1 ~ 1.5 m 的调节长度用的短管，由管端粗丝扣或法兰螺栓连接，接头处用橡胶垫圈密封防漏，接头外部应光滑，使之在钢筋笼内上拔不挂住钢筋。当单元槽段长度在 4 m 以下时，采用单根导管，槽段长度在 4 m 以上用 2 ~ 3 根导管，导管间距一般在 3 m 以下，最大不得超过 4 m，同时距槽段端部不得超过 1.5 m。接头管在地面组装成 2 ~ 3 节一段，用吊车吊入槽孔连接，导管的下口至槽底间距，一般取 0.4 m 或 1.5 m 为导管直径）。

采用球胆或预制圆柱形混凝土隔水塞，球胆预先塞在混凝土漏斗下口，当混凝土灌注后，从导管下口压出漂浮在泥浆表面；混凝土塞则用 8 号铁丝吊在导管口，上盖一层砂浆，待混凝土达一定量后，剪断铁丝，混凝土塞下落埋入底部混凝土中。在整个灌注过程中，混凝土导管应埋入混凝土中 2 ~ 4 m，最小埋深不得小于 1.5 m，否则会把混凝土上升面附近的浮浆卷入混凝土内；亦不宜大于 6 m，埋入太深，将会影响混凝土充分地流动。导管随灌注随提升，避免提升过快造成混凝土脱空现象，或提升过晚而造成埋管拔不出的事故。灌注时利用不停灌注及导管出口混凝土的压力差，使混凝土不断从导管内挤出，使混凝土面逐渐均匀上升，槽内的泥浆逐渐被混凝土置换而排出槽外，流入泥浆池内。

三、混凝土灌注注意事项

（一）灌注要连续进行，不得中断，并控制在 4 ~ 6 h 内完成，以保证混凝土的均匀性，间歇时间一般应控制在 15 min 内，任何情况下不得超过 30 min。

（二）灌注时要保持槽内混凝土面均衡上升，而且要使混凝土面上升速度不大于 2 m/h。灌注速度一般为 30 ~ 35 m^3/h，导管不能做横向运动，否则会使泥渣、泥浆混入混凝土内。

采用多根导管时，各导管处的混凝土面高差不宜大于 0.3 m。导管提升速度应与混凝土的上升速度相适应，始终保持导管在混凝土中的插入深度不小于 1.5 m，也不能使混凝土溢出漏斗或流进槽内。

（三）在混凝土灌注过程中，要随时用探锤测量混凝土面实际标高（至少三处，取平均值），计算混凝土上升高度，导管下口与混凝土相对位置，统计混凝土灌注量，及时做好记录。

（四）搅拌好的混凝土应在 1.5 h 内灌注完毕，夏季应在 1.0 h 内浇完。否则应掺加缓凝剂。混凝土灌注到顶部 3 m 时，可在槽段内放水适当稀释泥浆，或将导管埋深减为 1 m，或适当放慢灌注速度，以减少混凝土排除泥浆的阻力，保证灌注顺利进行。

（五）当混凝土灌注到墙顶层时，由于导管内超压力减少，混凝土与泥浆混杂，质量较差。所以应超灌 0.5 ~ 0.6 m。

第八节　地下连续墙工程验收

地下连续墙工程质量验收标准分为竣工验收标准和施工过程中验收标准两部分，按《地基基础工程施工质量验收规范》和《建筑工程施工质量验收统一标准》等进行验收。

一、竣工验收标准

（一）地下连续墙裸露墙面应符合的规定（基本项目）包括：1. 合格：表面密实，无渗漏。孔洞、露筋、蜂窝累计面积不超过单元槽段裸露面积的 5%。2. 优良：表面密实，无渗漏。孔洞、露筋、蜂窝累计面积不超过单元槽段裸露面积的 2%。3. 检查数量：按单元槽段全数检查。4. 检查方法：观察和尺量检查。

（二）地下连续墙槽段混凝土完整性及密实度：可采用锤击法或机械效应法检验。

（三）垂直度（保证项目）：应满足设计要求。检验方法：采用锤球方式检查或建立工程师与施工单位共同商榷检查方式。

（四）地下连续墙的接头应符合的规定（基本项目）包括：1. 合格：接缝处仅有少量夹泥，无漏水现象。2. 优良：接缝处无明显夹泥和渗水现象。3. 检查数量：按单元槽段全数检查。4. 检查方法：观察检查。

二、施工过程中的验收标准

施工过程中验收部分包括地下连续墙成槽开挖、钢筋笼成型安装、混凝土浇筑等内容。

（一）地下连续墙的钢筋骨架和预埋管件的安装应符合下列要求（基本项目 1. 合格：安装后基本无变形，预埋件无松动和遗漏，标高、位置符合要求。2. 优良：安装后无变形，预埋件牢固，标高、位置及保护层厚度正确。3. 检查数量：按单元槽段全数检查。4. 检查方法：观察、尺量检验和检查施工记录。

（二）挖槽的平面位置、深度、宽度和垂直度必须符合设计要求。检查方法包括：1. 尺量检查和检查挖槽施工记录。2. 采用成槽测斜仪器检查成槽时垂直度。

（三）泥浆的配制质量、稳定性、槽底清理和置换泥浆必须符合施工规范规定（保证项目）。检查方法为取样检查和检查泥浆质量记录。

（四）地下连续墙工程所用原材料、混凝土抗压强度、抗渗标号必须符合设计要求和施工规范规定（保证项目）。检查方法为观察检查和检查材料合格证、试验报告。

（五）地下连续墙的允许偏差和检验方法应符合规定。检查数量应按单元槽段全数检查。

三、竣工时提交下列资料

竣工时提交的资料有：（一）工程竣工图；（二）单元槽段验收记录；（三）设计变更及材料代用通知单；（四）混凝土试块的试验报告单；（五）钢筋焊接头的试验报告；（六）质量事故的处理资料。

第九节　地下连续墙其他施工方法

一、SMW 地下连续墙施工技术

SMW（soil minxing wall）地下连续墙施工技术是基于深层搅拌桩施工方法发展起来的，具有很大经济潜力的一种新颖的地下连续墙施工技术。

（一）工作过程

SMW 工法是用多轴长螺旋钻孔机在土层中钻孔，在钻孔的同时通过钻杆从钻头端部注入水泥浆和高压空气，在原位置上建成一段水泥墙，然后再进行第二段墙施工，使相邻的水泥墙彼此有重合段，连续施工形成连续墙，并按墙功能在墙体中插入加强心材。

（二）SMW 工法的特点

1. 对周围地层影响小

SMW 工法是直接把水泥浆液就地与破碎的地基土混合，不存在槽（孔）壁坍塌现象，故不会造成邻近地面下沉、房屋倾斜、道路裂损或地下设施破坏等危害。

2. 抗渗性好

由于钻削与搅拌反复进行，使浆液与土得以充分混合形成较均匀的水泥土，且墙幅完全搭接无接缝，比传统地下墙具有更好的止水性，水泥土渗透系数很小，达 10^{-7} ~ 10^{-8}cm/s。

3. 施工噪声小、无振动、工期短

SMW 挡墙采用就地加固原土而一次筑成墙体，成桩速度快，墙体构造简单，施工效率高，省去了挖槽、安放钢筋笼等工序，同槽式地下连续墙施工相比，工期可缩短约二分之一。

4. 废土产生量少，无泥浆污染

水泥浆液与土混合不会产生废泥浆，不存在泥浆回收处理问题。先做废土基槽，限制了废水泥土的溢流污染，最终产生的少量废水泥土经处理还可再利用作为铺设场地道路的材料，这样既降低了成本，同时又消除了建筑垃圾的公害。

5. 大壁厚、大深度

成墙厚度在 550 ~ 1300 mm，最大深度已达 65 m。视地质条件尚可施工更深，并且成孔垂直精度高，安全性大。

（三）适用土质范围

适用于从软弱地层到砂、砂砾石地层及直径 100 mm 以上的卵石，甚至风化岩层等，如果采用预钻孔方法还可适用于硬质地层或单轴抗压强度 60 MPa 以下的岩层。

（四）墙体施工方法

施工时，保证墙体的连续性和垂直精度，各墙段均需搭接施工。施工方式分为连续方式和先钻孔后造墙方式。

1. 连续方式

一般适用于 N 值在 50 以下的土质。先做第一工段，然后再做第二工段。做第三工段时，将其 A 轴和 C 轴分别插入第一工段的 C 轴和第二工段的 A 轴（完全搭接）。依此类推，第四段、第五段直至做成连续的 SMW。

2. 先钻孔后造墙方式

适用于 N 值在 50 以上较密实的土质和 N 值在 50 以下但混有碎石块的砂砾土质等。

先用单轴螺旋钻孔机预先钻孔，使地基有一定的松动并将石块等粉碎，然后再用多轴螺旋钻机连续钻孔方式将各孔连接起来做成 SMW。

二、TRD 工法

（一）概述

TRD 工法（Trench-Cutting&Re-mxing Deep WallMethod，即水泥加固土地下连续墙浇筑施工法）是把插入地基中的链锯式刀具与主机进行连接，并横向移动切割及灌注水泥浆，使水泥浆在槽内形成对流，从而混合搅拌和固结在原来位置上的泥土的一种施工方法。

此工法形成的地下连续墙与三轴搅拌桩（SMW 工法）不同，它所形成的是完全连续墙，止水防渗性能特别好，另外，根据地基深度的不同，通过链锯式刀具的上下移动，能够在垂直方向将全土层完全混合搅拌，即使是原地基的土质和强度不同，混合后的地基也尽可能地减小了成桩的深度和透水系数的偏差。因此此工法形成的连续墙质量非常稳定，特别适合在砂砾、硬质黏土、砂质土、黏土等土层中进行施工。其成墙深度可达 50m，并可通过改变刀具的宽度来形成不同的厚度，是一种十分有利于在地下形成连续墙的施工方法。

TRD 工法的优点与不足：

1. 采用 TRD 工法施工时，由于刀具上下搅拌均匀，使水泥浆与各层土层紧密结合，所以成墙的质量很高，同时由于墙体防渗，所以避免了因透水而引起的倾覆。

2.TRD 工法水平及垂直切削精度极高作为槽壁进行加固施工时，能有效地提高地下连续墙成墙垂直度及平整度。

3. 由于墙体连续没有间隙，所以整体稳定性高。

4. 环境保护程度较高，施工时不产生扬尘等现象。

5. 不足之处主要在于处理复杂地形及土层时施工速度较慢，同时因为设备及配件均为进口，所以维修周期长。

（二）施工工艺

TRD 工法主要分为：切割箱自行挖掘下沉工序—切割成墙工序—切割箱拔出分解工序。其中，切割成墙工序包括：先行挖掘、回撤挖掘、成墙搅拌三个步骤，即切割箱钻至设计深度后，在挖掘液配合下先挖掘一段距离，然后回撤挖掘至原处，最后在固化液注入同时向前推进搅拌成墙。

其施工要点：

1. 要做好各项施工前的准备工作，如清障、修筑施工便道，铺设钢板测量放线定位，特别是对施工便道的确认，必要时对施工便道地基进行加固，以确保履带桩机推进的安全和成墙的垂直度。

2.TRD 主机拼装完成后，用经纬仪从正面、侧面 2 个方向确认导杆的垂直度。

3.TRD 工法中，在进行切割箱自行打入挖掘的工序时，在确保垂直精度的同时，将挖掘液的注入量控制到最小，使混合泥浆处于高浓度、高黏度状态，以便应对急剧的地层变化；部分易坍塌砂层，切割箱先行退避养生，施工时应注入或掺入膨润土。

4. 先行挖掘，若能顺利启动及切边时，则可按照操作流程进行施工，但遇到深度大及砂石地基为主体的工程时，应迅速对挖掘液进行调配采取相应的变更措施，以便切割箱能够顺利启动先行挖掘。

5.TRD 工法回撤挖掘：切割箱先行挖掘结束，回撤横移挖掘至成墙位置时，应尽量减少挖掘排量，以控制置换土发生量。

6. 成墙搅拌，由于经过先行挖掘和回撤挖掘，被加固土体已经被松动。成墙搅拌时，要确保横向较快速度推进，泵的压力和浆液流量要匹配供应，以防止由于推进速度缓慢而导致切割箱体水泥浆附着层不断增厚，造成切削箱推进阻力不断增加，最后导致抱死的事故发生。

7. 成墙搭接，新老墙体区域搭接质量要严格控制，尤其是挖掘和搅拌速度，使土体中混合泥浆与固化液充分搅拌和混合。搭接宽度宜控制在 50 cm 左右。

8.TRD 工法退避养生。TRD 工法成墙搅拌结束后，在墙前 1 ~ 2 m 的距离内用少量清水对设备管路进行清洗，清洗后用高浓度（20%）的膨润土浆液，在墙前 2.0 m 区间内进行临时养生区挖掘，并原地停留 30 min 以稳定混合泥浆的状态。

9. 为防止切割箱停留在砂性土层发生抱死的现象，现场应备有增黏剂，当膨润土不能满足混合泥浆的流动性要求时，可添加适量的增黏剂。

10. 通过安装在切割箱内部的多段式测斜仪，对墙体的垂直度进行实时控制，确保 1/250 以内的垂直精度；通过激光经纬仪射出的光束投射到安装在主机上的 2 块透明丙烯板上，以控制与其平行的 TRD 工法墙体中心线的允许偏差可控制在 ±25 mm 以内。

11. 建议现场配备发电设备，确保停电时及时恢复供浆，避免切割箱因时间过长造成埋置事故。

12. 加强设备的维修保养，特别是在硬质地层作业时，链板、刀板、切削合金块等钻具的磨耗比较大，要准备好充足量的各类备件，以供及时更换、镶补，确保正常施工。

13. 为防止切割箱被抱死，当液压马达驱动的水平和垂直油缸压力接近 600 ~ 650 kN 时，应立即采用专用切割刀具对切削箱四周的砂土、水泥进行切边。

14. 当成墙搅拌结束或转角时，起拔切割箱的时间应控制在 4 h 之内进行（宜配置大吨位吊车和振动器），根据切割箱长度、吊车起吊能力以及操作空间因素，将切割箱分割成 2 ~ 3 段拔出，应边分解边拔除。施工过程必须严格控制切割箱的拔出速度。拔出切割箱的过程中，注入浆量要能够补充切割箱拔出的体积，以防止混合泥浆液面下降。

三、多轴大直径深层搅拌防渗墙施工技术

（一）工作过程

多轴大直径深层搅拌桩防渗成墙技术是在单头桩基础上发展起来并突破多轴小直径的一项堤坝防渗技术，该工法是应用多轴深层搅拌机把水泥浆喷入搅拌切削的土中并重复搅拌，通过若干组相割的桩体组成水泥土连续墙体。由于水泥固化和碳化作用，水泥

土连续墙的抗压强度和渗透指标满足堤坝防渗要求。

（二）主要施工机械设备

主要设备有：多轴大直径深层搅拌桩机、多种喷浆钻头、泥浆泵、水泥搅拌桶、电脑计量仪、清水桶等。可满足墙厚 190 ~ 450 mm、深度可达 25m 的防渗墙施工。

（三）施工工艺

1. 采用二喷二搅施工工艺：即喷浆下钻，浆量达到整根桩浆量的 80%，到达设计深度后喷浆搅拌 30 s，然后喷浆提升，提升速度 0.9 m/min。到达设计桩顶时停止提升，搅拌数秒，以保证桩头均匀密实。

2. 根据设计要求采用三次成墙或二次成墙或一次成墙。

3. 水泥浆的水灰比为 0.8 ∶ 1。水泥与土体的掺入比为 15%。

四、板桩工法施工防渗墙的技术

（一）工作过程

板桩工法是利用大功率振动锤将一个具有一定厚度和长度的模板（根据设计要求模板厚一般为 18 cm）振动进入预定深度地层，再起出地面，在起拔模板的同时，向已成槽段内灌注防渗材料。振动成第一槽段后，在紧邻第一槽段的位置再连续振动成第二槽段，相邻槽段保持有 10 ~ 20 cm 的重复切入段。

（二）主要机械设备及工具

主要机械设备及工具有：JZZ-90 振动打桩机、90 kW 振动锤、规格为 0.6 m × 18 m 的模板、JB-12 型搅拌机、WB-250 型灌浆机。

（三）操作方法

在振动锤高频振动作用下将模板振入土层，当振入至设计深度时，在振动锤激振力和吊车提升力的共同作用下，将模具缓慢提升，同时边提升边注浆直到槽口。成槽、护壁、注浆、成墙工序在模板振入和提升过程中一次完成。然后移动桩机，进行循环作业，形成连续的防渗墙。

五、预制地下连续墙施工

（一）工作过程

采用常规的成槽方法，但墙体采用预制混凝土板吊入，采用特殊接头连为一体的地下连续墙施工技术。

（二）就地灌注的地下连续墙存在的缺陷

1. 混凝土在水下浇筑，容易因夹泥而引起墙面的无规则渗水。

2. 有时操作不当会发生堵管事故，严重的甚至会发生断墙事件。

3. 当土层软弱或为砂性土时，若泥浆护壁处理不当，槽壁可能发生坍塌问题，常见的是墙面有外鼓现象（最大处超过 20 cm），墙面平整度也难以控制，严重者会引起邻近地面沉降。

4. 如果连续墙作为地下建筑主体结构的一部分（即“两墙合一”），由于现浇墙接头处泥皮较厚，抗渗指标达不到技术要求，还需砌内衬墙或做复合墙的处理，不仅增加成本，也减小了地下室的面积。另外现浇墙的接头结构只能传递剪力，而不能传递弯矩，墙与底板、墙与梁连接处预埋筋的位置也不易保证。

（三）预制地下连续墙的特点

1. 预制地下墙的墙段在地面预制，混凝土的浇筑质量可以保证，墙面的平整度和渗漏问题也可得到控制。

2. 成槽完毕后即可连续吊放墙段，无须养护，其施工速度不仅远快于现浇地下墙，还减少了槽壁的不稳定性。

3. 预制时可采用不同的构造措施，来改善和加强地下墙受力的整体性。

4. 地下墙作为主体结构时，其墙体与底板和梁连接的预埋筋的位置准确，通过构造措施满足结构自防水要求。

（四）墙段之间的接头处理方法

预制地下连续墙各墙段之间应满足抗渗和传递墙间内力的要求，接头施工时可采用注浆法和小口径导管浇筑法（视墙段构造设计实际情况而定）。

另外，当地下墙作为主体结构墙时，其渗漏水的路径可分为地下墙与底板接缝间的渗水和接头处渗水两个方面。对前者可在底板与墙连接处通过设计剪力凹槽和设橡胶止水带或钢板止水带；对后者除采用注浆法或小口径导管浇筑法进行接头处理外，可在墙段预制时，于基坑内侧的墙段接缝处预埋钢筋，做一个扶壁桩，提高墙段之间的抗剪强度。

（五）墙体恢复摩擦阻力和抗浮性能的方法

地下墙成槽过程中对槽的两侧土体产生扰动后，会使土体丧失部分摩擦阻力。预制地下墙是将预制成的墙段放入槽内，槽与墙体设计厚度一般有 1 ~ 2 cm 的空间。因此当预制地下墙用作主体结构墙时，在基础施工时其摩擦阻力和抗浮性就不能满足设计要求。对此问题采取的对策是通过导墙上的预留孔对地下墙两侧和槽底进行注浆，使地下墙很快地恢复摩擦阻力和具有承重、抗浮性能。它的控制指标是，当空隙中的泥浆被置换出来，水泥浆溢出时即认为达到要求。

第十一章　非开挖施工技术

第一节　概　述

非开挖技术简述即为非开挖管线工程施工技术，起源于西方发达国家，称为“No-Dig”或“Trenchless Technology”，译为非开挖技术。非开挖施工技术是指利用岩土钻凿手段在地表不挖槽的情况下，在各类地层中进行各类用途、各类材质管线的铺设、修复和更换等工作。

该技术自20世纪70年代末80年代初进入实际工程施工以来，以其独特的技术特征、对环境和交通的最小干扰和危害以及高效率和较低的综合成本，日益受到发达国家各方面的重视和提倡，并取得了很好的社会和经济效益。

20世纪90年代，在产业结构调整的大环境下，建设部成立了“地下管线管理技术专业委员会”，同时国外非开挖设备大量进入，有关媒体也在大力提倡，并开展了以导向钻机为主体的非开挖设备的研制开发，推动了我国非开挖技术的发展。1998年4月组建了中国非开挖技术协会（CSTT），并于同年7月加入国际非开挖协会，成为该协会第20个国家会员。与此同时，上海、广东、北京和四川先后成立了非开挖技术协会；中国地质大学、成都理工大学、吉林大学等院校开始设立非开挖课程，并培养研究生；中国地质大学（武汉）还成立了中美联合非开挖工程研究中心。在设备方面，近几年国内有数家单位已先后研制出成套的设备和施工工艺；在施工技术方面，已有了穿越黄浦江、海河、黄河、长江的成功工程实例。但总体而言，由于起步晚，与国外相比，国内非开挖工法少，服务领域窄，管线修复与更换技术刚起步，关键的测控仪器研制还处于初级阶段，复杂地质条件下铺管技术不成熟。面对21世纪我国城市地下空间开发利用的广阔市场，我国非开挖的工程施工量和投入的设备数量均以每年40%的高速度增长，非开挖技术在我国已形成了一个新兴的产业。

一、非开挖施工方法分类

非开挖施工方法很多，按其用途可分为管线铺设、管线更换和管线修复三类。

（一）管线铺设

管线铺设（installation of pipelines）有下面两种情况：

1. 管径大于 ϕ900 mm 的人可进入的管线铺设方法：顶管施工法、隧道施工法。

2. 管径小于约 900 mm 的人不可进入的管线铺设方法：主要有水平钻进法、水平导向钻进法、冲击矛法、夯管法、水平螺旋钻进法、顶推钻进法、微型隧道法、冲击钻进法等。

（二）管线更换

管线更换（replacement of pipelines）有吃管法、爆管法、胀管法、抽管法等四种。

（三）管线修复

管线修复（rehabilitation of pipelines）有内衬法和局部修复两种。

内衬法：传统内衬法、改进内衬法、软衬法、缠绕法、铰接管法、管片法、滑衬法（sliplining）、原位固化法（国内通常称为翻转法）（cured-in-placepipe，CIPP）、折叠内衬法（fold-and-formpipe，FFP）、变形还原内衬法（deformed/reformedpipe，DRP）和贴合衬管法（swage-lining）等。

局部修复（pointrepair）：灌浆法、喷涂法、化学稳定法、机器人进管修补法等。

目前各种非开挖施工技术根据所适用的管径大小、施工长度、地层和地下水的条件以及周围环境的不同而有所不同。

二、非开挖技术与开挖施工技术相比的优点

（一）可以避免开挖施工对居民正常生活的干扰，以及对交通、环境、周边建筑基础的破坏和不良影响。非开挖施工不会阻断交通，不破坏绿地、植被，不影响商店、医院、学校和居民的正常生活和工作秩序。

（二）在开挖施工无法进行或不允许开挖施工的环境（如穿越河流、湖泊、重要交通干线、重要建筑物的地下管线），可用非开挖技术从其下方穿越铺设，并可将管线设计在工程量最小的地点穿越。

（三）现代非开挖技术可以高精度地控制地下管线的铺设方向、埋深，并可使管线绕过地下障碍（如巨石和地下构筑物）。

（四）有较好的经济效益和社会效益。在可比性相同的情况下，非开挖管线铺设、更换、修复的综合技术经济效益和社会效益均高于开挖施工，管径越大、埋深越深时越明显。

三、常用施工设备

（一）管线安装设备类：定向钻机与导向钻机；夯管设备；微型隧道掘进机与顶管设备；螺旋钻、泥水盾构型、硬岩切割型、置换（吃管）型、侧向型、扩孔型、导向监测型；冲击矛分：非转向、自由转向、钻孔安装式可转向三类；辅助设备：泵、泥浆处理机、空气压缩机。

（二）管线更换与修复设备类：拖管与改型拖管设备；侧向更新设备；局部修复设备；原位硬化树脂更新设备；沿管喷浆设备；型模改型设备。

（三）管线替换设备：气管设备；爆管设备；切削设备。

（四）人员可进入管道修复设备。

（五）工作井掘进设备。

（六）监控、定位、测量仪设备类：探地雷达；闭路电视；声波、超声波仪；压力实验机。

（七）测漏设备。

（八）地理信息系统。

（九）腐蚀测绘仪。

（十）清洗设备：雨水清洗设备、高压水切刮设备、沉淀物清洗设备、真空罐。

第二节　顶管法

一、概述

顶管施工就是借助于主顶油缸及管道间中继站（中继间）等的推力，把工具管或掘进机从工作坑内穿过土层一直推到接收坑内吊起，与此同时，也就把紧随工具管或掘进机后的管道埋设在两坑之间，这是一种非开挖的铺设地下管道的施工方法。

顶管施工最早始于 1896 年美国的北太平洋铁路铺设工程的施工中。我国的顶管施工最早始于 1953 年的北京，后来上海也在 1956 年开始顶管试验。但均为手掘式顶管，设备比较简陋。在 1964 年前后，上海一些单位已进行了大口径机械式顶管的各种试验。当时，口径在 2 m 的钢筋混凝土管的一次推进距离可达 120 m，同时，也开创了使用中继间的先河。1984 年前后，我国的北京、上海、南京等地先后开始引进国外先进的机械式顶管设备。1986 年上海穿越黄浦江输水钢质管道，应用计算机控制、激光导向等先进技术，单向顶进距离 1120 m，顶进轴线精度：左右小于 ±150 mm，上下小于 ±50 mm。1981 年浙江镇海穿越甬江管道，直径 2.6 m，单向顶进 581 m，采用 5 只中继环，上下左右偏差小于 10 mm。从而，使我国的顶管技术上了一个新台阶。随之也引进了一些顶管理论、施工技术和管理经验。随后，诸如土压平衡理论、泥水平衡理论、管接口形式和制管新技术都风行起来。

（一）顶管分类

顶管施工的分类方法很多，而且每一种分类方法都只是从某一个侧面强调某一方面，不能也无法概全，所以，每一种分类方法都有其局限性。下面我们介绍几种使用最为普通的分类方法。

1. 按所顶管子口径的大小可分为大口径（ϕ2000 以上）、中口径（ϕ1200 ~ ϕ1800 mm）、小口径（ϕ500 ~ ϕ1000 mm）和微型顶管（ϕ75 ~ ϕ400 mm）四种。

2. 以推进管前工具管或掘进机的作业形式可分为：（1）手掘式。推进管前只有一个钢制的带刃口的管子，具有挖土保护和纠偏功能的被称为工具管，人在工具管内挖土。（2）挤压式。工具管内的土被挤进来再做处理。（3）机械顶管。在推进管前的钢制壳体内有机械。为了稳定挖掘面，这类顶管往往需要采用降水、注浆或采用气压等辅助施工手段。该类顶管又可分为：泥水式、泥浆式、土压式和岩石式。

3. 以推进管的管材分，可分为钢筋混凝土管顶管、钢管顶管以及其他管材的顶管。

4. 按顶进管子轨迹的曲直分，可分为直线顶管和曲线顶管。曲线顶管技术相当复杂，是顶管施工的难点之一。

5. 按工作坑和接收坑之间距离的长短，可分为普通顶管和长距离顶管。而长距离顶管是随顶管技术不断发展而发展的。过去把 100 m 左右的顶管就称为长距离顶管。随着注浆减摩技术水平的提高和设备的不断改进，现在通常把一次顶进 300 m 以上距离的顶管才称为长距离顶管。

（二）顶管方法与其他铺设管道方式比较顶管施工的优点：

1. 可以应用于任何地层，最合适地层为稳定的粒状和黏土地层；

2. 无须明挖土方，对地面影响小；

3. 设备少、工序简单、工期短、造价低、速度快、精度高；

4. 适用于中型管道（1.5 ~ 2 m）施工；

5. 大直径、超长顶进；

6. 可穿越公路、铁路、河流、地面建筑物进行地下管道施工；

7. 可以在很深的地下铺设管道。

顶管施工的缺点：

1. 施工人员需要大量的培训和知识储备；

2. 高成本；

3. 任何对管线和钻进角的调整耗资都非常昂贵。

顶管施工有它独特的优点，但也有其局限性。下面比较顶管施工和开槽埋管以及盾构施工的优缺点。

1. 与开槽埋管相比较的优点

（1）开挖部分仅仅只有工作坑和接收坑，土方开挖量少，而且安全，对交通影响小。

（2）在管道顶进过程中，只挖去管道断面的土，比开槽施工挖土量少许多。

（3）施工作业人员比开槽埋管少。

（4）建设公害少，文明施工程度比开槽施工高。

（5）工期比开槽埋管短。

（6）在覆土深度大的情况下比开槽埋管经济。

但是，它与开槽埋管相比较，也有以下不足之处：

（1）曲率半径小而且多种曲线组合在一起时，施工非常困难。

（2）在软土层中易发生偏差，而且纠正这种偏差又比较困难，管道容易产生不均匀下沉。

（3）推进过程中如果遇到障碍物时处理这些障碍物非常困难。

（4）在覆土浅的条件下显得不很经济。

2. 与盾构施工相比较的优点

（1）推进完后不需要进行衬砌，节省材料，同时也可缩短工期。

（2）工作坑和接收坑占用面积小，公害少。

（3）挖掘断面小，渣土处理量少。

（4）作业人员少。

（5）造价比盾构施工低。

（6）与盾构相比，地面沉降小。

与盾构施工相比的缺点：

（1）超长距离顶进比较困难，曲率半径变化大时施工也比较困难。

（2）大口径，如 45 000 mm 以上的顶管几乎不太可能进行施工。

（3）在转折多的复杂条件下施工，工作坑和接收坑都会增加。

顶管法是地下管道铺设常用的方法，是一种不开挖或者少开挖的管道埋设施工技术。

顶管法施工就是在工作坑内借助于顶进设备产生的顶力，克服管道与周围土壤的摩擦力，将管道按设计的坡度顶入土中，并将土方运走。一节管完成顶入土层之后，再下第二节管子继续顶进。其原理是借助于主顶油缸及管道间、中继间等推力，把工具管或掘进机从工作坑内穿过土层一直推进到接收坑内吊起。管道紧随工具管或掘进机后，埋设在两坑之间。

无论是何种形式的顶管，在施工过程中要保证地面无沉降和隆起。关键要保证顶进面土压力与掘进机头保持动平衡。它有两方面的基本内容：第一，顶管掘进机在顶进过程中与它所处土层的地下水压力和土压力处于一种平衡状态；第二，它的排土量与掘进机推进所占去的土体积也处于一种平衡状态。只有同时满足以上两个条件，才是真正的土压平衡。

从理论上讲，掘进机在顶进过程中，其顶进面的压力如果小于掘进机所处土层的主动土压力时，地面就会产生沉降。反之，如果在掘进机顶进过程中，其顶进面的压力大于掘进机所处土层的被动土压力时，地面就会产生隆起。并且，上述施工过程的沉降是一个逐渐演变过程，尤其是在黏性土中，要达到最终的沉降所经历的时间会比较长。然而，隆起却是一个立即会反映出来的迅速变化的过程。隆起的最高点是沿土体的滑裂面上升，最终反映到距掘进机前方一定距离的地面上。裂缝自最高点呈放射状延伸。如果把土压力控制在主动土压力和被动土压力之间，就能达到土压平衡。

从实际操作来看，在覆土比较厚时，从主动土压力到被动土压力这一变化范围比较大，再加上理论计算与实际之间有一定误差，所以必须进一步限定控制土压力的范围。一般常把控制土压力 P 设置在静止土压力正负 20 kPa 范围之内。

目前，在顶管施工中最为流行的平衡理论有三种：气压平衡、泥水平衡和土压平衡理论。

气压平衡理论：所谓气压平衡又有全气压平衡和局部气压平衡之分。全气压平衡使用最早，它是在所顶进的管道中及挖掘面上都充满一定压力的空气，以空气的压力来平衡地下水的压力。而局部气压平衡则往往只有掘进机的土仓内充以一定压力的空气，达到平衡地下水压力和疏干挖掘面土体中地下水的作用。

泥水平衡理论：所谓泥水平衡理论是以含有一定量黏土且具有一定相对密度的泥浆水充满掘进机的泥水舱，并对它施加一定的压力，以平衡地下水压力和土压力的一种顶管施工理论。按照该理论，泥浆水在挖掘面上能形成泥膜，以防止地下水的渗透，然后再加上一定的压力就可平衡地下水压力，同时，也可以平衡土压力。该理论用于顶管施工始于 20 世纪 50 年代末期。

土压平衡理论：所谓土压平衡理论就是以掘进机土舱内泥土的压力来平衡掘进机所处土层的土压力和地下水压力的顶管理论。

三、顶管设备

顶管施工设备由顶进设备（液压站、液压缸）、掘进机（工具管）、中继环、注浆设备、起吊装置（行车、汽车吊）、工程管、平台（导轨、后背、激光经纬仪、顶铁）、排土设备（拉土车、泥水循环系统）等组成。

主要介绍土压式和泥水式两种类型顶管的设备。

（一）土压平衡式顶管

该方法是通过机头前方的刀盘切削土体并搅拌，同时由螺旋输土机输出挖掘的土体的一种顶管方法。在土压机头的前方面板上装有压力感应装置，操作者通过控制螺旋输土机的出土量以及顶速来控制顶进面压力，和前方土体静止土压力保持一致即可防止地面沉降和隆起。

土压平衡式顶管机从刀盘的分类可分为单刀盘和多刀盘两种。

1. 单刀盘式

DK 式土压平衡顶管掘进机是日本大丰建设株式会社等公司在 20 世纪 70 年代初期开发成功的一种具有广泛适应性、高度可靠性和技术先进性的顶管掘进机。它又称为泥土加压式掘进机，国内则称为辐条式刀盘掘进机或加泥式掘进机。

该机型在国内已成系列，最小的有外径 ϕ440 mm，适用于 ϕ200 mm 口径混凝土管；最大的有外径 ϕ3540 mm，适用于 ϕ3000 mm 口径混凝土管。在该机型的施工条件中，有中砂也有淤泥质黏土，有穿越各种管线也有穿越河川和建筑物，都取得了相当大的成功，累计施工长度已达数千米以上。

掘进机有两个显著的特点：第一，该机刀盘呈辐条式，没有面板，其开口率达 100%；第二，该机刀盘的后面设有多根搅拌棒。以上两点，就是该掘进机成功的关键所在。

由于它没有面板，开口率在 100%，所以，土仓内的土压力就是挖掘面上的土压力，所测压力准确。刀盘切削下来的土被刀盘后面的搅拌棒在土仓中不断搅拌，就会把切削下来的“生”土，搅拌成“熟”土。而这种“熟”土具有较好的塑性和流动性，又具有较好的止水性。如果“生”土中缺少具有塑性和流动性及止水性所必需的黏土成分，如在砂砾石层或卵石层中顶进，这时，就可以通过设置在刀排前面和中心刀上的注浆孔，直接向挖掘面上注入泥浆，然后，把这些泥浆与砂砾或卵石进行充分搅拌，同样可使之具有较好的塑性、流动性和止水性。还有，在砂砾石中施工时，刀盘上的扭矩会比黏性土中增加许多。这时，如果加入一定量的黏土，刀盘扭矩就会有较大的下降。

2. 多刀盘式

多刀盘土压平衡顶管掘进机是把通常的全断面切削刀盘改成四个独立的切削搅拌刀盘，所以它只能用于软土层中的顶管，尤其适用于软黏土层的顶管。如果在泥土仓中注入一定量的黏土，它也能用于砂层的顶管。

通常大刀盘土压平衡顶管掘进机的质量约为它所排开土体积质量的0.5 ~ 0.7倍，而多刀盘土压平衡掘进机的质量只有它所排开土体积质量的0.35 ~ 0.40倍。正因为这样，所以多刀盘土压平衡顶管掘进机即使在极容易液化的土中施工，也不会因掘进机过重而使方向失控，产生走低现象。另外，由于该机采用了四把切削搅拌刀盘对称布置，只要把它们的左右两把刀盘按相反方向旋转，就可以使刀盘间的扭矩得以平衡，从而不会如同大刀盘在初始顶进中那样产生顺时针或逆时针方向的偏转。

此外，还有输土车、螺旋输送机、皮带输送机等辅助设备。

（二）泥水平衡顶管机

在顶管施工的分类中，我们把用水力切削泥土以及虽然采用机械切削泥土而采用水力输送弃土，同时有的利用泥水压力来平衡地下水压力和土压力的这类顶管形式都称为泥水式顶管施工。

从有无平衡的角度出发，又可以把它们细分为具有泥水平衡功能和不具有泥水平衡功能的两类。如常用的网格式水力切割土体的，是属于没有泥水平衡功能的一类。即使它采用了局部气压——向泥土仓内加上一定压力的空气，也只能属于气压平衡而非泥水平衡。

在泥水式顶管施工中，要使挖掘面上保持稳定，就必须在泥水仓中充满一定压力的泥水，泥水在挖掘面上可以形成一层不透水的泥膜，它可以阻止泥水向挖掘面里面渗透。同时，该泥水本身又有一定的压力，因此，它就可以用来平衡地下水压力和土压力，这就是泥水平衡式顶管最基本的原理。

泥水式顶管施工有以下优点：

1. 适用的土质范围比较广，如在地下水压力很高以及变化范围较大的条件下，它也能适用。

2. 可有效地保持挖掘面的稳定，对所顶管周围的土体扰动比较小。因此，采用泥水式顶管，特别是采用泥水平衡式顶管施工引起的地面沉降也比较小。

3. 与其他类型顶管比较，泥水顶管施工时的总推力比较小，尤其是在黏土层表现得更为突出。所以，它适宜于长距离顶管。

4. 工作坑内的作业环境比较好，作业也比较安全。由于它采用泥水管道输送弃土，不存在吊土、搬运土方等容易发生危险的作业。它可以在大气常压下作业，也不存在采用气压顶管带来的各种问题及危及作业人员健康等问题。

5. 由于泥水输送弃土的作业是连续不断地进行的，所以它作业时的进度比较快。在黏土层中，由于其渗透系数极小，无论采用的是泥水还是清水，在较短的时间内，都不会产生不良状况，这时在顶进中应考虑以土压力作为基础。在较硬的黏土层中，土层相当稳定，这时，即使采用清水而不用泥水，也不会造成挖掘面失稳现象。然而，在较软的黏土层中，泥水压力大于其主动土压力，从理论上讲是可以防止挖掘面失稳的。但实际上，即使在静止土压力的范围内，顶进停止时间过长时，也会使挖掘面失稳，从而导致地面下陷，这时，我们应把泥水压力适当提高些。

该类顶管机有刀盘可伸缩式、偏压破碎型、砂砾石破碎型、偏压破碎岩盘机等，下面以刀盘可伸缩式为例来说明。

它分为大小两种口径：小口径机人无法进入，采用远距离控制，称为 TM 型；大口径机人可以进入，人直接在管内操作，则称为 MEP 型。除此以外，两者的工作原理完全相同。

刀盘是一个直径比掘进机前壳体略小的具有一定刚度的圆盘。圆盘中还嵌有切削刀和刀架。刀盘和切削刀架之间可以同步伸缩，也可以单独伸缩。而且，不论刀盘停在哪一个位置上，切削刀架都可以把刀盘的进泥口关闭。刀架上的切土刀呈八字形，无论刀盘是正转还是反转，它都可以切土。刀盘的中心有一三角形的中心刀。刀盘的边缘有两把对称安装的边缘切削刀，该刀可在土中挖掘成一个直径与掘进机外径相等或者比掘进机外径大一些的隧洞，便于推进。刀盘上还有一些螺旋形布置的先行刀，它的主要功能是进行辅助切削。

TM 或 MEP 型掘进机的工作原理如下：刀盘前土压力过小时，它就往前伸；刀盘前土压力过大时，它就往后退。刀盘前伸时，应加快推进速度；刀盘后退时，应减慢推进速度。这样，就可以使刀盘前的土压力控制在设定的范围内。如果刀盘前压力小于土层的主动土压力 A 时，地面就下陷；反之，如果刀盘前压力大于土层的被动土压力 B 时，地面就隆起。

整个刀盘由和刀盘主轴为一体的一台油缸支撑，设定土压力后就可以调定油缸的压力。当刀盘受到大于设定的土压力时就后退，反之则前伸。只要推进速度得当，刀盘就可以保持浮动状态。

由于有以上刀盘可伸缩的浮动特性以及刀架可开闭的进泥口调节特性，这种掘进机就可以实现用机械来平衡土压力的功能。另外，TM 或 MEP 的泥水压力也是可调节的，刀架的开闭状态就使其具有用泥水压力来平衡地下水压力的功能。不过，这种顶管掘进机比较适用于软土和土层变化比较大的土层，用它施工后的地面沉降很小，一般在 5 mm 以内。

四、顶管施工

（一）施工前的准备

对于非开挖施工之一的顶管施工法来说，施工前的场地勘察具有非常重要的意义，它是工程施工设计、确定施工工艺和选择施工设备的主要依据。顶管法施工前的勘察主要了解地层地质情况、施工现场地形、地下水情况、地下管线的分布、可能出现的地下障碍物以及考虑在施工过程中对挖掘出的土渣堆放和清运等工作。

（二）水平钻顶管施工法

水平钻顶管施工法适用于地下水位以上的小口径管道顶进作业。主要采用水平螺旋钻具或硬质合金钻具，在油压力下回转钻进，切削土层或挤压土体成孔，然后将管逐节顶入土层中。采用水平螺旋钻具施工工序如下：

1. 安装钻机，先将导向架和导轨按照设计安装于工作井内，严格检查其方向和高度。然后，在导轨上边安放其他部件。

2. 安装首节管，管内装有螺旋钻具。

3. 启动电动机，边回转边顶进。

4. 螺旋钻具输出管外的土由土斗接满后，用吊车吊出工作井运走。

5. 顶完一节管，卸开夹持器，螺旋钻具法兰盘，加接螺旋输土器（钻杆），同时加接外管。整个管道依照上述方法，循环工作，直至结束。

6. 螺旋钻孔顶管施工还有一种方法，就是先用钻具成孔，然后将管一节节顶入。这种方法只适用于土层密实、钻孔时能形成稳定孔壁的土层中顶进施工。

（三）逐步扩孔顶管施工法

采用逐步扩孔顶管施工时，先挖好工作井和接收井，再将水平钻机安装于工作井，使钻机钻进方向和设计顶进方向一致。开动钻机在两井之间钻出一个小径通孔，从孔中穿过一根钢丝绳，钢丝绳的一端系在接收井内的卷扬机上，另一端系于从工作井插入的扩孔器上，扩孔器在卷扬机的往复拖动下，把原小径通孔逐步扩大到所需要的直径，再将欲铺设的管子牵引入洞完成管道施工。这种逐步扩孔顶管施工方法只适应于黏性土、塑性指数较高、不会坍塌的地层。在这种方法的施工中，用于扩孔的扩孔器可以是螺旋钻具、筒形钻具、锥形扩孔器、刮刀扩孔器。这种施工方法的优点是，管道施工精度高，所需动力较小。

（四）钢筋混凝土管及钢管顶管施工法

钢筋混凝土管的顶进与其他管材的顶进方法相同，且混凝土管及钢管的口径可大可小。只是在顶进过程中混凝土管强度低，易损坏，从而影响顶进距离，顶进时须加以保护。另一个问题是管与管间的连接和密封问题，应严格按照国家有关规范和规定执行。一般的做法是，在两管接口处加衬垫，施工完后，再用混凝土加封口。钢管的顶进方法同混凝土管，只是其连接和密封均靠焊接，焊接时要均布焊点防止管节歪斜。

第三节　微型隧道法

一、概述

微型隧道（microtunneling）是一种小直径的可遥控、可导向顶管施工方法。广泛用于地下管线的铺设。微型隧道施工主要由机械掘进系统、顶管系统、导向系统、出渣系统、控制系统等组成。微型隧道所适用的管道内直径一般小于 900 mm，这一管道直径通常被认为是无法保障人在里面安全工作，但是日本的相关人员认为 800 mm 管道内径就已经足够人在里面工作，而欧洲人则把这一上限提高到 1000 mm，特别是在长距离顶管施工中。无论其精确的管道直径是多大，微型隧道的施工精度比较高，采用地表遥控的方法来施工可以事先确定方位和水平的管道，施工中工作面的掘进、泥砂的排运和掘进机的导向等全部采用远程控制。

因此，顶管技术和微型隧道的主要区别是管道直径的大小，而不是是否采用了远程控制系统，因为同一个设备制造商的同一规格的远程控制掘进机的直径系列可能从 500 mm 到 1500 mm 甚至更大，而远程控制设备也趋于用来铺设直径为 2000 mm 的较大管道。

微型隧道铺管方法诞生于日本。1975 年，日本 Komatsu 公司推出了世界第一台微型隧道设备。日本政府从 1976 年开始资助的一系列排污管铺设新技术项目对该技术在日本的发展起了重要的推动作用。1980 年，联邦德国开始执行一项大规模的研究和开发计划，由联邦研究和技术部投资，研究和开发用于排污管施工的微型隧道技术。在引进日本技术的基础上，根据德国国情，进行了更深入的开发。如今微型隧道铺管方法已经成为欧洲和美国、日本应用最广泛的铺管方法。我国从 20 世纪 80 年代起开始从日本和德国引进国外微型隧道铺管技术和设备，在引进的同时，也在研究开发自己的产品，从 20 世纪

90 年代以来，在直径 1.2 ~ 3 m 的微型隧道顶管机方面，已经先后研制了先进的反铲顶管机、土压平衡顶管机和泥水加压顶管机，国内已完全有能力制造国产机械，替代进口设备。

微型隧道施工法分为以下几类：先导式微型隧道工法、螺旋排土式微型隧道工法、水力排土式微型隧道工法、气力排土式微型隧道工法、其他机械排土式微型隧道工法、土层挤密式微型隧道工法、管道在线更换微型隧道工法和连接住户的微型隧道工法等。

二、微型隧道施工法设备系统

（一）机械掘进系统

机械掘进系统是将由安装于钻进机内的电力或者液压马达驱动的切割头安装在微型隧道掘进机表面组成的。切割头适用于各种土层条件，并且已经成功应用于岩石中。一些工程实例声明它们可以使用非限制抗压强度达到 200 MPa 来钻进岩石。并且，掘进机配置有节点可控单元，带有可控顶管和激光控制靶。微型隧道可以独立计算平衡地层压力和静水压力。可以通过计算平衡泥浆压力或者压缩空气来控制地下水保持在原始地层高度。

（二）动力或顶管系统

如前述，微型隧道施工是顶管的过程。微型隧道和钻铤的动力系统由顶管框架和驱动轴组成。为微型隧道特殊设计的顶管单元能够提供压缩设计和高推进能力。根据工程长度和驱动轴直径以及需要克服的土体阻力的不同，推进力可以达到 1000 ~ 10 000 kN。动力系统为操作人员提供两组数据：1. 动力系统施加于推进系统上的总压力或者水力压力。2. 管道穿透地层的穿透速率。

（三）钻渣移除系统

微型隧道钻渣移除系统可以分为泥浆排渣运输系统和螺旋除渣系统。

在泥浆系统的帮助下，操作系统可以提高地层控制精度，减少由于钻机面对的不同钻进角度而带来的误差。这两种系统在美国应用十分广泛。在泥浆系统中，废渣与钻井液混合流入位于钻进机的切割刀头之后的腔室中。废渣通过位于主管道内部的钻进液排出管水力排出。这些废渣最终通过隔离系统排出。因为钻井液腔室压力与地下水压力此消彼长。所以钻井液流速和腔室压力的检测和控制至关重要。

螺旋除渣系统利用安装于主管道中的独立封闭套管进行排渣。废渣首先被螺旋钻进到驱动轴中，收集在料车中，然后卷扬到靠近驱动轴的表面存储装置。一般会在废渣中加水来加速废渣移动。但是，螺旋除渣系统的一大优点是移动废渣不需要达到其抽稠度。

当钻进复杂地层时，仔细的地质勘查、钻进机器的选择、参数设置以及操作是最核心的内容。设计相应的补救措施和快速的弥补方法也至关重要，诸如应对钻井液漏失、地层坍塌或者钻进卡钻等事故的发生。

（四）导向系统

多数导向系统的核心是激光导向。激光可以提供校准评估信息，帮助钻进机器（盾构机）不偏离管道线路。位于钻进机器头部的激光束从驱动轴到靶标之间必须是无障碍通道。激光导向必须有顶管坑支持，这样才能避免任何由驱动系统所产生的力导致的运动对激光导向产生的影响。用于接收激光信号的靶标可以是主动或者被动系统。被动系统包括安装于可控钻头上用于接受激光光束的目标网格。靶标由安装在钻头中的可视闭路电视显示。然后，这些信息被传输回在钻进设备中的显示屏上。控制员可以根据这些信息对钻进路线做出必要的可控调整。主动系统在靶标上含有感光元件，这些元件可以将激光信息转化为数码数据。这些数据传送回显示屏，为控制员提供数码可读信息，帮助激光光束击中靶标。被动和主动系统都是应用广泛和可靠的导向系统。

（五）控制系统

所有的微型隧道都依靠远程控制系统，允许操作员坐在靠近驱动轴的舒适安全的操作室中。操作员可以直接观察检测驱动轴的运行情况。如果由于空间限制不能设置靠近驱动轴的操作室，操作员可以通过闭路电视显示器观察驱动轴的活动。控制室一般尺寸是 2.5 m × 6.7 m。但是，控制室可以根据实际空间来调节大小。操作员的水平对于控制系统至关重要。他们需要观察工人的操作情况与现场的其他情况。其他需要观察的信息有掘进机器的角度和线路，切割钻头的扭矩，顶管的推进力，操作导向压力，泥浆流动速度，泥浆系统压力和顶管前进速度等。

控制系统现有人工操作控制系统和自动操作控制系统两种方式。人工操作控制系统需要操作员监视一切信息。自动操作控制系统由电脑监控，根据设置的时间间隔来提供各种参数。自动操作控制系统还会进行自动纠正。人工操作控制系统和自动操作控制系统相结合的方式也是可行的。

（六）管道润滑系统

管道润滑系统由混合池和必要的泵压设备组成，用于从靠近驱动轴的混合池向润滑剂连接点传送润滑剂。管道润滑不是强制要求的，但是一般对于长管道铺设都推荐使用。润滑剂是由膨润土或者聚合物材料构成。对于直径小于 1 m 的非进人的管道，大多数的润滑剂连接点是在掘进机的盾牌上。对于直径大于 1 m 的要求人员进入的管道，润滑剂连接点可以选择在管道内部。这些润滑剂连接点是可以插入和随着副线的完成而减少的。润滑剂的使用可以减少顶管的推进力。

三、微型隧道在施工中的主要应用领域

微型隧道的主要应用领域在于铺设重力排水管道，其他形式的管道也可以采用此法，但应用比例还不大；在某些施工条件下，微型隧道可能是在交叉路口铺设排污管道的有效方法。

在研究用于新管道铺设远程控制微型隧道掘进机的同时，人们还开发了用于旧的污水管道在线更换的微型隧道掘进机，使旧管道的破碎、挖掘和更换铺设在同一施工过程中一次完成。

第四节　气动夯管锤施工技术

一、概述

（一）气动夯管锤工作过程

气动夯管锤是一种不需要阻力支座，利用动态的冲击能将空心的钢管推入地层的机械。它实质上是一个低频、大冲击功的气动冲击器，由压缩空气驱动，将所铺设的钢管沿设计路线夯入地层，实现非开挖铺设管线。施工时，夯管锤的冲击力直接作用在钢管的后端，通过钢管传递到前端的切削管靴上切削土体，并克服土层与管体之间的摩擦力，使钢管不断进入土层。随着钢管的前进被切削的土心进入钢管内，在第一节钢管夯入地层后，后一节钢管与其焊接在一起，如此重复，直到夯入最后一节钢管，待钢管全部夯到目标后，取下切削管靴，用压缩空气、高压水、螺旋钻、人工掏土等方式将管内土排出，钢管留在孔内，完成铺管作业。

（二）气动夯管锤铺管的特点

气动夯管锤铺管时由于夯管锤对钢管是动态夯进，产生强力的冲击和振动，绝大部分泥土随着钢管进入土层而不断进入管道，这样大大减小了夯管的管端阻力，且减小对穿越处地面的隆起破坏。同时，振动作用也有利于使钢管周围的土层产生一定程度的液化，并与地层间产生一定的空隙，减少了钢管与地层间的摩擦阻力。由于动态夯进可以击碎障碍物，所以在含卵砾石地层或回填地层中铺管时，比管径大的砾石或石块可将其击碎后一部分进入管内并穿过障碍物，而不是试图将整个障碍物排开或推进。基于此，气动夯管锤具有以下特点：

1. 地层适用范围广。夯管锤铺管几乎适应除岩层以外的所有地层。

2. 铺管精度较高。气动夯管锤铺管属不可控向铺管，但由于其以冲击方式将管道夯入地层，在管端无土楔形成，且在遇障碍物时，可将其击碎穿越，所以具有较好的目标准确性。

3. 对地表的影响较小。夯管锤由于是将钢管开口夯入地层，除了钢管管壁部分需排挤土体之外，切削下来的土心全部进入管内，因此即使钢管铺设深度很浅，地表也不会产生隆起或沉降现象。

4. 夯管锤铺管适合较短长度的管道铺设，为保证铺管精度，在实际施工中，可铺管长度按钢管直径（mm）除以 10 就得到夯进长度（以 m 为单位）。

5. 对铺管材料的要求。夯管锤铺管要求管道材料必须是钢管，若要铺设其他材料的管道，可铺设钢套管，再将工作管道穿入套管内。

6. 投资和施工成本低。施工条件要求简单，施工进度快，材料消耗少，施工成本较低。

7. 工作坑要求低，通常只需很小施工深度，无须进行很复杂的深基坑支护作业。

8. 穿越河流时，无须在施工中清理管内土体，无渗水现象，确保施工人员安全。

（三）气动夯管锤铺管技术在我国的发展现状

气动夯管锤铺管技术在我国的开发和研制工作起步较晚，1994 年才开始该项技术的研究。但初期产品无论从铺管能力、使用寿命、工作可靠性和机具配套方面都比进口产品相差甚远。随着不断改进与实验，我国的气动夯管锤性能也逐步达到了较高水平。

二、气动夯管锤的结构及工作原理

（一）气动夯管锤的结构

气动夯管锤实质是一种以压缩空气作为动力的低频大功率冲击器，其结构简单，由配气装置、活塞、汽缸、外套及一些附属件组成。

1. 配气装置

配气装置的作用是将压缩空气分别交替地送至汽缸的前后室，使活塞做往复运动而冲击夯管锤外套，由外套将冲击力传递至钢管上。因此，要求配气装置气路简单、拐弯少、断面大、密封性好、压力损失小、阀体轻、动作灵敏、结构简单、制造容易、具有抗冲击耐磨性、寿命高等。

2. 活塞

活塞在夯管锤中是主要的运动件，在汽缸中做往复运动，前进行程终了到冲击锤体外壳上端部，将能传递至钢管上，而使钢管切割土体前进。为此，活塞应能在汽缸内灵活运动，且密封性好，以免压气漏失，与锤体有适当的碰撞质量比，有合理的形状及尺寸，以达到高的冲击频率。

3. 汽缸与外套

夯管锤的汽缸被活塞分割成前后气室，活塞在其中做往复运动。汽缸与锤体外壳为一体，锤外套端部受活塞冲击震动，为此，锤外套应具有较强的抗冲击性。

（二）气动夯管锤的工作原理

气动夯管锤按其配气装置的形式属于无阀式冲击器，它利用布置在活塞和汽缸壁上的配气系统控制活塞往复运动，即活塞运动时自动配气，如图 11–1 所示。压缩空气由气管进入夯管锤后，进入夯管锤的内腔沿内缸与外壳之间的环状空隙，经活塞的环腔进入下气室，推动活塞上行。

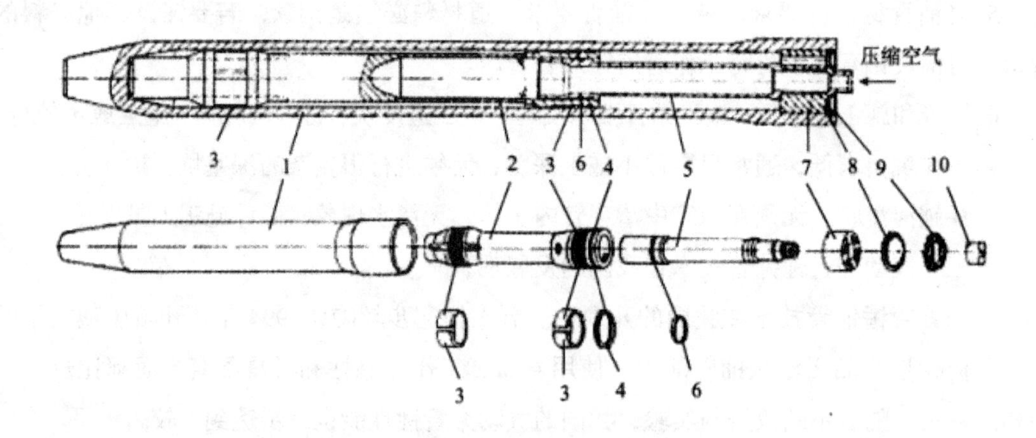

图 11–1 气动夯管锤结构图

1– 机壳；2– 活塞；3– 活塞滑动环（一套）；4– 活塞密封圈（一套）；5– 控制器管；6– 控制器活塞密封圈；7– 弹性缓冲垫；8– 压力支撑环；9– 弧形组合环；10– 保护盖

当活塞上行至控制器管 d 段并封闭活塞进气口 a 后，压缩空气即停止向下气室进气，这时活塞靠下气室内的压缩空气膨胀，继续推动活塞上行。

当活塞上行到进气口 a 越过控制器管 d 段上方时，压缩空气即停止向下气室进气，活塞的中间环腔与进气控制器管连通，压缩空气进入活塞的内腔，此时，活塞也接近上死点，靠惯性再向上移动一段很小距离，此时，活塞内腔聚集了很大的能量。

当活塞内腔的压缩空气能量足够大时，以很大的推力驱动活塞加速下行，将最大的冲击能量施加于夯管锤外壳。由外壳传递到钢管上。此时，压缩空气又进入活塞下部，重复以上动作。

三、施工设备及配套机具

气动夯管锤非开挖铺设地下管线施工主要设备除气动夯管锤外，还需配置一些其他设备、机具。

（一）主机

主机指的是气动夯管锤铺管系统中的锤体部分，是由它产生强大冲击力将钢管夯入地层中。目前国内使用的气动夯管锤主要是德国 TT 公司的 Ground–Ram 夯管锤以及廊坊勘探技术研究所研制的 H 形夯管锤。

（二）动力系统

气动夯管锤以压缩空气为主，同时压缩空气又是排除土心的动力。气源主要通过空气压缩机和驱动气动夯管锤的空压机获得，压力为 0.5 ～ 0.7 MPa，排～气量根据不同型号夯管锤的耗气量而定。

（三）注油与管路系统

注油器用于向压缩空气中注油，润滑夯管锤中的运动零件，注油器设计成注油量可调，其调节范围一般为 0.005 ～ 0.052 L/min。夯管锤通过管路系统与气源连接，而注油器位于管路的中间，利用压缩空气将润滑油连续不断地带入夯管锤中。

（四）连接固定系统

连接固定系统由夯管头、出土器、调节锥套和张紧器组成。夯管头用于防止钢管端部因承受巨大的冲击力扩张而损害。出土器用于排出在夯管过程中进入钢管内又从钢管的另一端挤出的土体。调节锥套用于调节钢管直径、出土器直径和夯管锤直径间的相配关系。夯管锤通过调节锥套、出土器和夯管头与钢管连接，并用张紧器将它们紧固在一起。因为调节锥套、出土器和夯管头传递着巨大的冲击力，设计中应对它们的强度连接可靠性进行综合考虑。

（五）注浆系统

注浆系统主要由储浆罐、注浆头、注浆管、传压管和控制阀等组成，其特点在于用压缩空气作动力，可持续向地层的钢管内外两侧注浆，用来减少夯入地层的阻力。

（六）清土系统

清土系统包括封盖和清土球，封盖用于防止钢管内的压缩空气从管端泄漏，清土球在钢管内相当于一个活塞，在空气或水压力作用下在钢管内不断前进，从而将管内的土体从钢管另一端推出。

（七）辅助土具

专门设计的在夯管过程中用于支撑夯管锤和保证夯管目标准确度的钢支架等。

四、气动夯管锤铺管工艺

（一）地层可夯性

1. 夯管铺管破土机理

摩擦阻力和黏聚力砂土层中，F_1 主要表现为摩擦阻力，当砂层含一定量的水时，在夯管锤震动载荷作用下易液化，从而大大降低摩擦阻力。黏聚力的大小与黏土颗粒间的黏结力有关。相同含水量的土，黏结力越大，则与钢管间的黏聚力也越大。因砂土的黏结力很小，所以它与钢管间的黏聚力也较小。黏性土层中，对于干性土，F_1 主要表现为摩擦阻力，这是因为干性土颗粒间的结构一旦受到破坏，就很难在短时间内形成，尽管它的黏结力较大，但与管间的黏聚力却较小。相反，对于潮湿土，主要表现为黏聚力。

管端阻力。管端阻力按管鞋对土层的作用形式可分为切削阻力和挤压阻力。在正常情况下，这个力主要是切削阻力，但当管内土心与管内壁的摩擦力足够大到土心不能在管内滑动时，这个力就主要表现为挤压阻力。

2. 土的性质对地层可夯性的影响

土的基本性质主要包括土的种类、相对密度、容重、含水量、密实度、饱和度等，其中土的种类、含水量和孔隙比对土的可夯性影响最大。

土的种类随着土颗粒的增大，管鞋切削地层的阻力也就加大，地层可夯性就越差；相反，土颗粒越细，地层可夯性越好。一般来说，碎石土除松散的卵石、圆砾外，大部分为不可夯地层，其他土构成的地层均为可夯性地层，随着土颗粒由粗变细，可夯性变好。

土的含水量。土的含水量反映了土的干湿程度。含水量越大，说明土越湿；含水量越小，说明土越干。在实际施工中所遇到土的含水量的变化幅度非常大，砂土可在 10% ~ 40% 变化，黏土可在 20% ~ 100%，有时甚至可在高达百分之几百之间变化。土的含水量越大，即土越潮湿，在震动载荷作用下液化程度越好，故可夯性越好。

土的密实度。土的密实度由孔隙比来描述。对于一般土来说，孔隙比不表示孔隙的大小，只表示孔隙总体积的变化。孔隙比与孔隙体积变化成正比，所以孔隙比可反映土的密实程度。一般黏性土的孔隙比在 0.4 ~ 1.2，砂性土的孔隙比在 0.5 ~ 1.0，而淤泥的孔隙比可高达 1.5 以上。土越密实，土颗粒就越接近，土粒间的吸引力（即土的黏结力）就越大，因而切削阻力就越大；同时，土越密实，土可压缩性就越差。两方面原因都使夯管时的管端阻力增大，所以土的密实度越大，可夯性越差。

3. 地层可夯性分级

从夯管锤铺管破土机理的分析中，我们知道地层可夯性主要和地层土的种类和性质有关。为了定量地说明地层可夯性，根据地层土的种类和性质，并参考标贯实验数据，对地层进行初步的可夯性分级。

（二）气动夯管锤铺管施工过程

1. 现场勘察

现场的勘察资料是进行工程设计的重要依据，也是决定工程难易程度，计算工程造价的重要因素，因此必须高度重视现场勘察工作，勘察资料必须精确、可靠。现场勘察包括地表勘察和地下勘察两部分。地表勘察的主要目的是确定穿越铺管路线。地下勘察包括原有地下管线的勘察和地层的勘察。

2. 施工设计

根据工程要求和工程勘察结果进行施工设计。施工设计包括施工组织设计、工程预算和施工图设计等。各个管线工程部门对施工设计都有不同的要求和规定。但进行夯管锤铺管工程施工设计时必须考虑如下几点：

确定夯管锤铺管可行性根据工程勘察情况、工程质量要求、地层情况和以往施工经验，决定该项工程是否可用夯管锤铺管技术进行施工。

确定铺管路线和深度一般步骤是先根据地表勘察情况确定穿越铺管的路线，然后根据地下勘察情况确定铺管深度。但有时在确定路线下的一定深度范围内没有铺管空间，需重新进行工程勘察以确定最佳的铺管路线和铺管深度。

预测铺管精度因为夯管锤铺管属非控向铺管，管道到达目标坑时的偏差受管道长度、直径、地层情况、施工经验等多方面因素的影响，预测并控制好铺管精度是工程成败的关键。

确定是否注浆一般地层较干、铺管长度较长、直径较大时，应考虑注浆润滑。确定注浆后必须预置注浆管。

3. 测量放样

根据施工设计和工程勘察结果，在施工现场地表规划出管道中心线、下管坑位置、目标坑位置和地表设备的停放位置。放样以后需经过复核，在工程有关各方没有异议后即可进行下一步施工。

4. 钢管准备及机型选择

（1）对钢管特性的要求。所用钢管可以是纵向或螺旋式焊管、无缝钢管，也可以是平滑或带聚乙烯护层的钢管。按照管径和夯进长度正确选择钢管壁厚，以使传来的冲击力能克服尖端阻力和管壁摩擦力，同时不损伤钢管。

（2）钢管壁厚与管径及夯进长度的关系。夯管锤铺管所用的钢管在壁厚上有一定的要求，当所采用的钢管壁厚度小于要求的最小壁厚时，需加强钢管端部和接缝处，以防止钢管端部和接缝处被打裂。

（3）钢管前端切削护环的作用。钢管在夯入地层之前在管头必须焊制一切削护环，其基本作用如下：①增加钢管横截面的强度，以利于击碎较大的障碍物；②套在钢管前的切削护环通过内外凸出于管壁的结构部分减小管壁与土壤的摩擦；③保护有表面涂层钢管的涂层。切削护环的构成在极大程度上影响了夯进目标的准确性。

切削护环是在工厂预制的，施工时只需将它焊制在钢管前端，以防夯进中脱落。这个切削护环可以在每次施工时被重复使用。在现场，也可用扁钢焊接加工一个切削护环。但需注意，扁钢应完全包围住钢管并进行全焊接，护环边缘应打磨成向内倾斜的切形，以避免更高的尖端阻力。

（4）机型选择。夯管工程中正确选用夯管锤非常重要。选择夯管锤时应综合考虑所穿地层、铺管长度和铺管直径三个因素。当地层可夯性级别低时，可选用较小直径的夯管锤铺设较大直径或较长距离的管道；地层可夯性级别高时，必须选用较大直径的夯管锤铺设较小直径或较短距离的管道。实际工程中以平均铺管速度 2 ~ 5m/h 的标准选用夯管锤，能比较理想地降低铺管成本。

5. 工作坑的构筑

工作坑包括下管坑和目标坑。正式施工前应按照施工设计要求开挖工作坑。一般下管坑底长度为：管段长度 + 夯管锤长度 +1 m，坑底宽为：管径 +1 m。目标坑可挖成正方形，边长为：管径 +1 m。

6. 夯管锤和钢管的安装与调整定位

以上各项工作准备好以后即可进行机械安装。先在下管坑内安装导轨（短距离穿越铺管可以不用导轨），调整好导轨的位置，然后将钢管置于导轨上。

第一节被夯进的钢管方向决定了整个工程的目标准确性，所以应极为小心谨慎地进行调节定位，并给这项工作以充裕的时间。工字形和槽形钢架作为导轨的效果很理想。为给钢管焊接留出适当的空间，导轨应离开钢管开始进土的位置约 1 m。为保证导轨的稳定，应将其固定在用低标号混凝土铺设的基础上，固定前一定要调准方向及期望的倾斜度。在某些情况下或某些特定的土质条件下，也可以将钢架设置在卵石或砾石中。特别对长距离夯进多节钢管时更应如此。

7. 夯管

启动空压机，开启送风阀，夯管锤即开始工作，徐徐将管道夯入地层。在第一根管段进入地层以前，夯管锤工作时钢管容易在导轨上来回窜动，应利用送风阀控制工作风量，使钢管平稳地进入地层。第一段钢管对后续钢管起导向作用，其偏差对铺管精度影响极大。

一般在第一段钢管进入地层3倍管径长度时，要对钢管的偏差进行监测，如发现偏差过大时应及时调整，并在继续夯人一段后重复测量和调整一次，直至符合要求为止。钢管进入地层3 ~ 4 m后逐渐加大风量至正常工作风量。第一段管夯管结束后，从钢管上卸下夯管锤和出土器等，待接上下一段管后装上夯管锤继续夯管工作，直至将全部管道夯入地层为止。

8. 下管、焊接

当前一段管不能到达目标坑时，还需下入下一管段。将夯管锤和出土器等从钢管端部卸下并沿着导轨移到下管坑的后部，将下一管段置于导轨上，并调到与前一管段成一直线。管段间一般采用手工电弧焊接，焊缝要求焊牢焊透，管壁太薄时焊缝处应用筋板加强，提供足够的强度来承受夯管时的冲击力。要求防腐的管道，焊缝还须进行防腐处理。采用注浆措施的，还须加接注浆用管。

9. 清土与恢复场地

夯管到达目的工作坑后，须将钢管内的存土清除。清土的方法有多种，通常用以下几种不同的方法进行排土：（1）利用水压将土石整体一次排出；（2）利用气压将土石整体一次排出；（3）利用螺旋钻机、吸泥机、水压喷枪和冲洗车或人力（管道端面可行人时）排土。

上述的第（1）和第（2）种方法是极为经济的排土方法。在现场最常用的方法是压气排土。其具体做法是：将管的一端掏空0.5 ~ 1.0 m深，置清土球（密封塞）于管内，用封盖封住管段，向管内注入适量的水，然后连接送风管道，送入压缩空气，管内土心即在空气压力作用下排出管外。用此法必须注意的是，清土球和封盖应具有良好的密封性，注水有助于提高清土球的封气性能。排土过程一般都应有专业人员来完成。禁止非操作人员在工作坑附近逗留，以防因土心的迅速排出对靠近的物品和人员可能造成损害。

螺旋钻排土和人工清土用于较大直径管道。

五、气动夯管锤的铺管精度问题

从夯管锤铺管的技术特点来看，尽管它的铺管精度比不出土水平顶管和水平螺旋钻铺管精度高，但它仍属非控向铺管技术，如何预测其铺管精度并事先采取措施预防其偏斜是夯管锤铺管工程中的技术难点。

夯管锤铺管精度与所穿越地层、铺管长度、直径、焊缝数量和施工经验有关。一般来说，地层太软或软硬不均、一次性穿越距离过长、管径太小，焊缝数量多或施工经验不足都会造成铺管偏差过大。

垂直向下偏差可通过导轨上扬一定角度来补偿，当穿越距离长或地层软时上扬角度大些，穿越距离短或地层硬时上扬角度小些。通过补偿可大大提高铺管精度。

综合影响系数与地层软硬程度、焊缝数量和施工经验（如导轨安装质量）等多种因素有关，如要提高铺管精度，除不断积累施工经验外，尽量增加每段管的长度也非常重要，尤其要注意的是第一段管的精度。

此外，导向钻进可与夯管相结合，即利用导向孔钻机先打一导向孔并扩孔，然后再沿着这个孔夯管，可作为提高夯管锤铺管精度最彻底的方法。

六、气动夯管锤铺管的注浆润滑

在多数地层中，通过注浆润滑可以大大减少地层与钢管间的摩擦系数，减小钢管进入地层中的阻力，因而注浆润滑是提高夯管成功率的一个极其重要的环节。

注浆的目的就是要使润滑浆液在钢管的内外周形成一个比较完整的浆套，使土体与钢管之间的干摩擦转为湿润摩擦，并使湿润摩擦在夯管过程中一直保持。地层情况多种多样，如何保证润滑浆液不渗透到地层中是技术的关键。这个问题主要由采用不同的浆液材料和处理剂来解决。目前常用的铺管注浆材料有两类：一类是以膨润土为主，适用于砂土层中注浆润滑，另一类则是人工合成的高分子造浆材料，主要适合于黏性土层中注浆润滑。

第五节　导向钻进法

一、概述

大多数导向钻进采用冲洗液辅助破碎，钻头通常带有一个斜面，因此当钻杆不停地回转时则钻出一个直孔，而当钻头朝着某个方向给进而不回转时，钻孔发生偏斜。导向钻头内带有一个探头或发射器，探头也可以固定在钻头后面。当钻孔向前推进时，发射器发射出来的信号被地表接收器所接收和追踪，因此可以监视方向、深度和其他参数。

成孔方式有两种：干式和湿式。干式钻具由挤压钻头、探头室和冲击锤组成，靠冲击挤压成孔，不排土。湿式钻具由射流钻头和探头室组成，以高压水射流切割土层，有时以顶驱式冲击动力头来破碎大块卵石和硬地层。两种成孔方式均以斜面钻头来控制钻孔方向。若同时给进和回转钻杆，斜面失去方向性，实现保直钻进；若只给进而不回转，作用于斜面的反力使钻头改变方向，实现造斜。钻头轨迹的监视，一般由手持式地表探测器和孔底探头来实现，地表探测器接收显示位于钻头后面探头发出的信号（深度、顶角、工具面向角等参数），供操作人员掌握孔内情况，以便随时进行调整。

二、钻机锚固

钻机在安装期间发生事故的情况非常多，甚至和钻进期间发生事故的概率相当，尤其是对地下管线的损坏。在钻机锚固时，要防止将锚杆打在地下管线上，同时，合理的钻机锚固是顺利完成钻孔的前提，钻机的锚固能力反映了钻机在给进和回拉施工时利用其本身功率的能力。

三、钻头的选择依据

（一）在淤泥质黏土中施工，一般采用较大的钻头，以适应变向的要求。

（二）在干燥软黏土中施工，采用中等尺寸钻头一般效果最佳（土层干燥，可较快地实现方向控制）。

（三）在硬黏土中，较小的钻头效果比较理想，但在施工中要保证钻头至少比探头外筒尺寸大 12 mm 以上。

（四）在钙质土层中，钻头向前推进十分困难，所以，较小直径的钻头效果最佳。

（五）在粗粒砂层，中等尺寸狗腿度的钻头使用效果最佳。在这类地层中，一般采用耐磨性能好的硬质合金钻头来克服钻头的严重磨损。另外，钻机的锚固和冲洗液质量是施工成败的关键。

（六）对于砂质淤泥，中等到大尺寸钻头效果较好。在较软土层中，采用 10° 狗腿度钻头以加强其控制能力。

（七）对于致密砂层，小尺寸锥形钻头效果最好，但要确保钻头尺寸大于探头筒的尺寸。在这种土层中，向前推进较难，可较快地实现控向。另一方面，钻机锚固是钻孔成功的关键。

（八）在砾石层中施工，镶焊小尺寸硬质合金的钻头使用效果较佳。

（九）对于固结的岩层，使用孔内动力钻具钻进效果最佳。

四、导向孔施工

导向孔施工步骤主要为：探头装入探头盒内；导向钻头连接到钻杆上；转动钻杆，测试探头发射是否正常；回转钻进 2 m 左右；开始按设计轨迹施工；导向孔完成。

导向钻头前端为 15° 造斜面。该造斜面的作用是在钻具不回转钻进时，造斜面对钻头有一个偏斜力，使钻头向着斜面的反方向偏斜；钻具在回转顶进时，由于斜面在旋转中斜面的方向不断改变，斜面周向各方向受力均等，使钻头沿其轴向的原有趋势直线前进。

导向孔施工多采用手提式地表导航仪来确定钻头所在的空间位置。导向仪器由探头、地表接收器和同步显示器组成。探头放置在钻头附近的钻具内。接收器接收并显示探测数据，同步显示器置于钻机旁，同步显示接收器探测的数据，供操作人员掌握孔内情况，以便随时调整。

钻进时应特别注意纠偏过度，即偏向原来方向的反方向，这种情况一旦发生将给施工带来不必要的麻烦，会大大影响施工的进度和加大施工的工作量。为了避免这种情况的发生，钻进少量进尺后便进行测量，检验调整钻头方向。

五、扩孔施工

扩孔是将导向孔孔径扩大至所铺设的管径以上，以减小铺管时的阻力。当先导孔钻至靶区时就需用一个扩孔器来扩大钻孔。一般的经验是将钻孔扩大到成品管尺寸的 1.2 ~ 1.5 倍，扩孔器的拉力或推力一般要求为每毫米孔径 175.1 N。根据成品管和钻机的规格，可采用多级扩孔。

扩孔时将扩孔钻头连接在钻杆后端，然后由钻机旋转回拉扩孔。随着扩孔的进行，在扩孔钻头后面的单动器上不断加接钻杆，直到扩至与钻机同一侧的工作场地，即完成了这级孔眼的扩孔，如此反复，通过采用不同直径的扩孔钻头扩孔，直至达到设计的扩孔孔径为止。对于回拉力较大的钻机，扩孔时可以采用阶梯形扩孔钻头，一次完成扩孔施工，甚至有时可以同时完成扩孔和铺管施工。

第六节　振动法铺设管道技术

一、概述

在岩土工程中使用的挤土（挤密）法由苏联 K）教授于 1934 年首创，在许多岩土工程实践中使用，起了很大的作用。同样，在仅仅只有 30 多年的地下管线非开挖技术的发展历史中，挤土（挤密）法也得到了较广泛的应用。在国内外现有的 10 余种非开挖铺管方法中，可按铺管（成孔）时对周围岩土的影响分为：挤土法、部分挤土法和非挤土法。

挤土（挤密）法的最大优势是成孔时不使用冲洗液，不排土干作业成孔，施工速度快，所以挤土法、部分挤土法是用途很广的非开挖施工方法。

无论是挤土或部分挤土（顶管法）中施加静力载荷，还是从顶入的管中取土，都要采用较复杂的设备、工具和工艺，增加成本。如果在金属管的非开挖铺设中采用振动技术，则将会大幅度提高工作效率和经济效益。

国外的试验资料证实，垂直振动构件与土的相互作用的原理完全可以用到水平振动上来。在分析振动沉管与土相互作用的计算模型时，国内外专家采用过不同的土体阻力模型，如弹塑性体、塑性体和黏弹性体等。

目前使用最广泛的是弹塑性模型，在确定桩土分离的可能性、最小振幅、沉管压力等方面，这种模型具有很重要的实际意义。这种模型的特点是假定在沉管与无质量的单元土体之间作用着理想状态下的弹簧，如果作用在单元土体上的力高于其移动阻力，则单元土体可以移动。沉管时土的动阻力变化为非线性函数，表现为黏弹塑性的特点。黏度这个分项阻力在沉管滑动时表现出来，它与振动速度之间是非线性关系。在试验中通过对摩擦力的测量证实了采用弹塑性模型是合理的。

第二种使用较普遍的土按塑性体考虑，桩表面与土之间作用着干摩擦。在塑性模型中土作为无质量的单元体作用在桩表面产生动阻力，若作用在单元体上的力高于其干摩擦阻力，单元体可以移动。所以在塑性模型中为实现沉管，作用在沉管上的力应该大于土作用于桩身和桩尖部分的阻力。

在轴向回转振动沉管时，土的阻力取决于轴向和回转振动分速度，由于沉管的振幅超过土振幅约 2 ~ 3 个数量级，所以管周围的土可以认为不动，在施工开口管时，管前端形成土塞，这时要采用弹塑性体来研究土的阻力。使用振动冲击沉管时，因为有冲击和静载，所以考虑土为塑性体。

为便于工程计算，在利用各个模型时还应掌握土阻力的变化幅度。如随着振动速度的增加，土的阻力不断减少并趋向一个定值，这个定值小于静载下土的阻力，这个试验结果说明土的阻力不仅具有干摩擦力，而且还有黏滞力的特点，这些阻力有一个极限值，并可以用与干摩擦力等价的能量来评价。根据沉管时能量的消耗来评价土的阻力应该是非常可靠的，这个观点是计算侧摩擦力的基础。根据 A.C 的资料，沉管时动阻力小于静载时的阻力，含水的砂土中为 1/5 ~ 2/7；饱和土为 1/6 ~ 2/9；砂质黏土为 1/4 ~ 2/5。在坚硬和硬塑土中沉管时土的动阻力接近于静载时的阻力，在塑性土中减少 20% ~ 30%，实际上此时振动沉管和冲击沉管的阻力是相等的，实际在计算振动沉管的阻力时，可以参考在不同土体条件下的静载阻力。

在实际考虑该方法时，还要对振动和挤土的影响做出准确评价和估计，以尽可能发挥该法的优越性。

二、非开挖铺管施工中使用的振动设备和工具

（一）振动铺管设备

苏联在管道工程中推广使用了 yBBm–400 型和 yBr–51 型非开挖铺管设备。

振动冲击铺管装置（yBBm–400 型）。将振动锤设于被铺设的钢管上部与管刚性连接，形成一个振动体系，当启动振动锤时，锤内两组对称的偏心块通过齿轮控制做相反方向但同步的回转运动，转动时产生的惯性离心力的垂直分力相互抵消，水平分力大小相等、方向相同，相互叠加，从而产生忽前忽后周期性的激振力，使沉管沿管轴线方向产生振动，当管的振动频率与周围土的自振频率一致时，土体发生共振，土中的结合水释放出来成为自由水，颗粒间黏结力急剧下降，呈现液化状态，土体对管表面的摩阻力、端阻力均大为降低（一般减少到 1/8 ~ 1/10）；同时由锤头和砧子相撞产生冲击力，由于冲击力使沉管有很高的振动速度，在管上产生很大的冲击力（约为激振力的几倍）并作用于锥形的端部，钢管较容易被挤入到土中预定深度。

一般要求滑轮组能提供一定的静载。钢管之间采用焊接连接，接管长度可达 8 m。调节弹簧的弹力取决于钢管贯入的阻力、冲击频率等，施工时可以利用滑轮组来调整弹力。

振动冲击机构由激振器和附加冲击机构组成，在滑轮组作用下沿导向滑道移动，贯入土中时土的反作用力由滑道前部的锚桩承担，第一节管的前部装锥形帽，电机由专门的控制台来调节。铺管按下面工序进行：1. 将锥形帽装于第一节管的头部；2. 连接第一节管与振动冲击机构；3. 振动冲击机构工作；4. 打开升降机并沉管；5. 振动冲击机构退回到起始位置；6. 安装并焊接下一节管。

如果贯入阻力较大，贯入速度降到 0.06 m/min 时，应该换管径小一号的钢管，“伸缩”铺管，这种方法可以保证铺管长度达 70 m 时仍有很高的贯入速度。铺管时要严格保证第一节管的挤入方向正确。通过铺管实践，证明该设备在铺设钢管时具有很高的效率。该设备还可根据钢管贯入土中的阻力自动调整振动冲击机构中的压紧弹簧，使贯入时的静载与冲击规程能更有效地配合。

振动冲击设备 yBr–51 也是专门的非开挖铺管设备。当用振动冲击挤土时，应该在管的底部焊锥形帽，并将带锥形帽的第一节管通过冲击和静压联合作用打入土中；当用振动冲击顶管时，第一节管不设锥形帽，而是在管的内部设振动冲击式抽筒，当钢管的开口端贯入土中一定深度后，用振动锤将抽筒贯入钢管内的土中，然后用钢绳将抽筒取出到卸土管中，利用振动器将土从抽筒中振动取出。

（二）用于管内取土的振动冲击抓斗

振动冲击抓斗是一个微型工具，它能够从直径 1020 mm 和 1420 mm 顶管中取土。该

抓斗可以沿着顶管的内壁自行移动到孔底，贯入到挤入顶管内的土中。抓斗的移动和贯入靠振动冲击机构产生的冲击力，该冲击力通过振动器的外壳传到与其刚性连接的集土管上。

yBB-1型振动冲击机构可相对其外管移动，外管上有砧子和凸起，而振动冲击机构（即所谓的冲击器）则在贯入方向上传递冲击脉冲力。为了降低卸土时对吊钩的动力作用，可以采用弹簧减振器。使用yBB-1型抓斗可以在顶管中循环取土，而顶管油缸可正常工作。打水平孔时的工作程序如下：

1.yBB-1型抓斗在冲击力和弹簧反力的共同作用下，沿着顶管自动移动到孔底；

2. 在振动冲击作用下集土管被贯入土中并装满土；

3. 利用钢绳或作用在相反方向上的振动将抓斗拉出；

4. 将抓斗提到垂直状态，在振动冲击状态下卸土。

为了降低yBB-1型抓斗提出时的拉力，应该在抓斗被拉紧时，振动器向后冲击。yBB-1型抓斗可以在许多类型的土质条件下使用。清除1 m长管的土约需10 min，其中在孔底工作约2 ~ 3 min。该抓斗工作时完全没有手工劳动，提高了生产率，安全也有了保证，而且整个过程也容易机械化。

振动法铺管时不使用冲洗液，可以不排土干作业成孔，容易实现非开挖施工过程的机械化。无论是完全挤土，还是部分挤土（顶管），虽然其使用的直径较小，但在施工速度上占有优势，所以这是一种值得推广的非开挖施工方法。

第七节　其他非开挖施工技术

一、非开挖铺设管线的其他施工技术

（一）水平定向钻进法

用可导向的小直径回转钻头从地表以10° ~ 15°的角度钻入，形成直径90 mm的先导孔。在钻进过程中，因钻杆与孔壁的摩阻力很大，给施工带来困难，可采用套洗钻进。即将直径为125 mm的套洗钻杆（其前有套洗钻头）套在导向钻杆柱上进行套洗钻进。导向孔钻进和套洗钻进交替进行，至另一侧目标点。随后，拆下导向钻杆和套洗钻头，并换上一个大口径的回转扩孔钻头进行回拉扩孔。扩孔时，泥浆用于排屑并维护孔壁的稳定。

根据所铺管道的直径大小，可进行一次扩孔或多次扩孔。最后一次扩孔时，新管连接在扩孔钻头后的旋转接头上，一边扩孔一边将管道拉入孔内。钻孔轨迹的监测和调控是水平定向钻进最重要的技术环节，目前一般采用随钻测量的方法来确定钻孔的顶角、方位角和工具面向角，采用弯接头来控制钻进方向。

优点：1. 施工速度快；2. 可控制方向，施工精度高。

缺点：1. 在非黏性土和卵砾石层中施工较困难；2. 对场地必须勘查清楚。

水平定向钻进原则上适用于各种地层，可广泛用于跨越公路、铁路、机场跑道、大河等障碍物铺设压力管道。适用管径 300 ~ 1500 mm。施工长度 100 ~ 1500 m。适用管材为钢管、塑料管。

（二）油压夯管锤法

油压夯管锤是以油压动力设备替代空气压缩机，体积小、重量轻、动力消耗小，施工中大幅度降低燃油消耗，且油压动力设备造价低于空压机价格，设备投资小。油压动力站工作噪声低，并因压力油为闭式循环，对外无任何污染。油压夯管锤冲击能量转化效率高，其能量恢复系数可达 60% ~ 70%，远远大于风动潜孔锤，锤内所有零件浸于油液中，润滑性好，磨损轻，工作运行可靠，使用寿命长。

应用范围：除含有大直径卵砾石土层外，几乎所有土层中均可使用，无论是含小粒径卵砾石的土层，还是含有地下水的土层如软泥、黄土、黏土、砂土等地层均可使用。吉林大学建设工程学院研制的 UH-3000 油压夯管锤，夯管速度一般在 5 ~ 20 m/h，夯管直径 200 ~ 800 mm，穷管长度 10 ~ 50 m。

（三）冲击矛法

施工时，冲击矛（气动或液动）从工作坑出发，通过冲击排土形成管道孔，新管一般随冲击矛拉入管道孔内。也可先成孔后随着矛的后退将管线拉入，或边扩孔边将管线拉入。冲击矛法要求覆土厚度大于矛体外径的 10 倍。

本方法的缺点：1. 土质不均或遇障碍易偏离方向；2. 不可控制方向，精度有限；3. 不适用于硬土层或含大的卵砾石层及含水地层。

冲击矛法主要用于各类管线的分支管线的施工。适用于不含水的均质土，如黏土、粉质黏土等。适用管径 30 ~ 250 mm，施工长度 20 ~ 100 m，适用管材为钢管、塑料管。

（四）滚压挤土法

滚压挤土法由俄罗斯专家发明，在 1991 年日内瓦新技术发明博览会上以及 1995 年的世界工业创新成果展览会上均获得了金奖。该方法是一种自旋转滚压挤土成孔技术，它在成孔时采用滚压器，滚压器在钻进时不排土，而是将土沿径向挤密。滚压法的优势在于它不仅可以铺设管线，而且可以对管道更新。除了施工管道孔外，该方法还可以加固已有建（构）筑物地基、施工桩基孔等。

驱动装置（马达或液压马达）与工作部分的输出轴刚性连接，而该轴相对于滚轮是偏心设置，则回转的轴线与滚轮的中心线在回转过程中形成了角度，工作时滚轮沿螺旋线转动，旋入土中，形成钻孔并挤密孔壁。角度决定了转动滚轮步长，即偏心轴回转一周的进尺。

二、非开挖原位换管技术

该技术是指以预修复的旧管道为导向，将其切碎或压碎，将新管道同步拉入或推入的换管技术。

胀管法专门采用气动锤或液压胀管器，在卷扬机牵引下将旧管切碎并压入周围土层，同时将新管拉入。该方法可使管道的过流能力不变或增大，施工效率高、成本低，但要注意旧管破碎下来的碎片可能会对新管造成破坏。

吃管法以旧管为导向，用专门的隧道掘进机将旧管破碎形成更大的孔，同时顶入直径更大的管道。该技术能增大管道的过流能力，主要应用于深污水管道的更换。

三、非开挖管道原位修复技术

管道修复技术因为原位固化法（国内通常称为翻转法）、折叠内衬法、变形还原内衬法而产生了巨大的变革。CIPP 是一种把液体热硬化饱和树脂材料插入现存的管线中，然后通过水力翻转、空气翻转或者机械绞车和缆线拉拽内衬材料的方法进行管道修复。折叠内衬法和变形还原内衬法是将折叠或者变形的缩小了横截面积的热塑管道，拖到需要进行管道修复的位置，再利用热能或者气压来对折叠或者变形的热塑管道进行恢复复原。CIPP、FFP 和 DRP 技术在美国已经广泛使用，受到越来越多使用者的好评。随着市场需求量的增加，管道原位修复技术的价格竞争和技术竞争日趋激烈。同时社会对于管道无破坏原位修复技术人才的需求也与日俱增。

CIPP、FFP 和 DRP 产品是实际工程系统和现有产品的集合。对于 FFP/DRP 产品，有标准尺寸比例（内衬直径和厚度的比例）要求，但是安装的方法和材料的选择都会随着生产商的不同而改变。CIPP 系统可以适应不同的管道建设需求，包括不同的需要修复内衬的尺寸、不同的安装方法和修复方法等。为了能够提供高质量的 CIPP 产品，生产商必须根据实际工程设计特定的 CIPP 产品。本书作为对非开挖修复管道工程的指导，将介绍给工程师需要考虑的数据、检验设计公式并提供了帮助设计和具体化修复系统的相关资料。

CIPP 和 FFP/DRP 系统管道修复能力经过多年的研究、发展以及现场评估已经取得了长足的进步。CIPP 产品现有直径尺寸为 100 ~ 26 000 mm，长度为 340 ~ 1000 m。FFP/DRP 产品现有直径为 75 ~ 1000 mm，最大安装长度为 500 m。对于不同形状的管道接头，包括肘状、弯曲状和平状接头都可以成功的连接，但是需要特殊的设计考虑。例如在下水道管道修复中，必须考虑到内衬修复支路的可行性。

聚酯纤维材料是 CIPP 系统常用于下水道管道修复的材料，乙烯基酯和环氧树脂构成的修复系统可以适用于高腐蚀、强溶解和高温环境。聚氯乙烯和高密度聚乙烯薄膜这两种修复材料适用于 FFP/DRP 系统，经过多年在下水管道系统中的应用实践证明其对于防腐和防磨效果显著。

美国测试和材料协会（ASTM）制定了一些关于 CIPP 和 FFP/DRP 的标准测试方法和针对实际工程材料的个性化设计方法。在设计和修复管道系统时，一个完整的下水道评估方法包括渗透和流动的评估，设计时也必须要考虑结构的分析和水力学条件。某种特定的修复技术对于另外一种特定的管道力学失效效果显著。因此，管道修复技术要根据不同破坏机理、尺寸和形状的管道量身设计，这样才能获得需要的、正确的管道修复效果。对于评估下水道系统的工作条件，常规方法有查看过往记录、实地勘察、实地测试、预清理，临时检测以及流量、腐蚀和结构条件分析、预防荷载失效分析以及加强下水道的水力承载能力分析等。无论如何，工程师必须对现有的下水道系统有一个很好的了解，这样才能设计出有效的管道修复方法。

对于抗腐蚀能力的评估，树脂内衬供应商生产时已经对他们的树脂材料进行了标准化学测试。测试内容包括测试特殊条件下暴露于下水管道系统中不常见的化学物质和进行特殊的测试。化学腐蚀可能会因为压力导致的内衬变形而加速，这些情况会出现在内衬硬化，特别会出现在玻璃纤维管道中。还有一些标准化学腐蚀测试，工程师必须根据实际工程做出判断是否需要进行额外的测试以及失败评定的非标准测试。在内衬设计过程中，必须考虑到现存管道的恶化情况对于内衬承载的影响。部分损坏和完全损坏是两种典型的结构损害方式。在部分损坏条件时，可以认为管道是结构完好的，修复完成后管道能够保证原有的使用寿命，原有的管道能够继续支持土体荷载和地面荷载。修复内衬必须能够支撑来自原有管道破裂处的裂隙水的水压力。

传统的计算内衬静水压力的屈曲方程是建立在经典的铁摩辛柯梁公式上的，适用于不受限制的圆形管道。通过参数的优化，这一公式适用于主管道和支路管道椭圆度的计算，这一方程可以保守预测最大值为 10% 的 CIPP 和 FFP/DRP 的主管道椭圆度屈曲率。当主管道的屈曲率超过 10% 时，需要进行特别的计算和处理。在完全破坏条件下，我们认为现存管道没有承载土体和载荷的能力，或者期待在管道修复之后可以达到这一状态。在用铁摩辛柯梁式计算时，我们考虑内衬可以承载周围土体载荷。标准灵活的管道设计方法考虑屈曲阻力、椭圆度变化产生的弯曲压力以及管道的刚度和形变。管道设计中，必须要考虑和设计用于支撑土体压力的足够量的支路管线。所以，对于与管道相互作用的土体，在管道设计之前必须要进行地质勘查。设计过程中，通常是假设所有的下水管道为全部结构损害，但是这样可能会导致过度保守的设计，从而削弱 CIPP 和 FFP/DRP 这些新技术相对于传统技术的竞争力。

大多数的管道供应商提供的下水道设计寿命是 50 年。美国管道协会对 CIPP 和 FFP/DRP 的长期强度进行了实验测试，测试结果显示当塑料管道由于载荷和使用年限的原因，材料会产生蠕变，表现为管道的屈曲强度减小。

目前的实际工程对于内衬分析显示，内衬实际受到的长期屈曲压力小于实验室的预期值。所以考虑到假定的弹性模量值、蠕变因素和制约因素等，目前的实验室得到的数值是保守估计的结果。但是，这些数值不能单独考虑，必须建立在可靠的实验结果和整系统的表现上。基本上，短期强度实验数据，不能单独正确地反映 CIPP 和 FFP/DRP 的长期强度。

现场实际工程一般都不是在理想状态之下，所以工程设计需要考虑到现场不确定因素的安全系数。目前来说，安全系数根据现场实际情况一般在 1.5 ~ 2.5。随着对材料性能的了解，这一参数可能会减小，这样可以减少过于保守的估计从而减少设计费用。安全系数也是建立在实际管道安装的质量上的，这和现场的具体情况和施工工艺密切相关。

要从系统工程整体上考虑 CIPP 和 FFP/DRP 内衬对于管道静水压力能力的影响。管道修复可以通过增加或者减少管道流量来影响静水压力。管道尺寸的改变一般会减少管道流量的横截面积以及水力半径的计算参数。尽管这些因素减少了管道的横截面积，但是实际的流量会因为渗透量的减少和主管道粗糙度的减少而得到保持。一味强调管道局部的修复，会导致其他部位附加的破坏从而产生新的问题。

如果不能提供关于管道支路和窨井的充足信息，内衬系统的设计就会产生问题。内衬供应商必须要在内衬系统安装前、后定位所有的管道支路和窨井。远程控制切割技术和闭路电视技术可以用于打开和勘查需要修复的管道支路，机器人技术可以用于修复主管道的表面。如果设计要求减少渗流量，内衬必须保证在支路部位的绝对密封，从而确保管路没有渗流。

CIPP 的相应材料组成必须要仔细选定。管材必须和指定的树脂系统相容，这样才能保证分解、叠层以及其他的退化失效形式不会因为材料的不相容性而发生。同样要在径向和轴向留好配合公差。调整好合适的树脂饱和度以填补树脂的所有空隙。对于准确合适的修复技术，需要严密控制加热源、加热速率、温度分布以及加热时间。应该注意一些不合适的树脂修复的情况，包括管道的断裂、设备故障和对于温度观察设备的检测疏忽等。

现场树脂内衬样品的收集对于评估内衬的性质至关重要。现场安装和修复条件会使内衬的性质和实验室里测试的性质有较大差别。现场试样要进行安装厚度等其他性质的评估。施工相关事宜对于选择一个独特的修复技术也很重要。主要的施工相关事宜包括：安全评估、准备工作、施工方法和现场勘查。最重要的是工程施工人员和施工方要熟悉施工工艺，施工人员要经过系统训练或者有丰富的工作经验。

修复管道对于公众的告知也至关重要。对于受到管道修复施工气味、噪声以及交通等影响的单位，必须予以提前通知。

以下是两种原位修复技术的简单介绍：

原位固化法：在现存旧管内壁衬一层热固性物质，通过加热使其固化形成致密的隔水层。施工时检查欲修复管道的状况并将其清洗干净，将充填有树脂的编织管从入口通过绞车拉入或靠压力推入管中，靠气压或水压的作用使编织管紧贴旧管内壁。衬管就位后通入热气或水蒸气使树脂受热硬化，在旧管内形成一平滑无缝的内衬。

滑动内衬法：在欲修复的旧管中插入一条直径较小的管道，然后注浆固结。该法可用在旧管中无障碍、管道无明显变形的场合，优点是简单易行、施工成本低；缺点是过流断面损失较大。

第十二章　其他岩土工程施工方法

第一节　脉冲放电法

一、概述

液相介质中发生高压脉冲放电时，在液体内部放电区域产生极高的压力，这种压力可以广泛应用于实践当中，尤特金把这种电能转化为机械能的新方法称为“液电效应”。目前国内外对该技术的研究和应用越来越广泛，如可用于液电成型、矿藏勘探、建筑、农业、医疗、生物技术、化学和环境保护等领域。

在 20 世纪 50 年代末期，苏联的教授第一次将该方法应用于密实饱和砂土，液体中高压脉冲放电时会产生上万个大气压的冲击波压力，此冲击波压力经由液体传播给周围松散饱和砂，直至破坏其结构，并使其颗粒更加细小，因此使饱和砂土更加密实。20 世纪 90 年代，在俄罗斯莫斯科成立了 PMT 公司，公司主要利用高压脉冲放电技术成桩，并在莫斯科完成了大约 15 个工程项目。在 2003 年以前，利用该技术成桩的建筑物基础有 300 多个，其中包括很多著名建筑物都应用了这项先进技术，诸如古老的百货商城，该类型桩使用量超过了 10 000 根，全俄戏剧协会大楼、国家大剧院全部辅助建筑、1529 中学的教学楼、大部分住宅楼、办公楼和体育场等，该技术在这些项目中的应用在莫斯科受到了好评。俄罗斯的工程实例足以表明，高压脉冲放电技术成桩具有高的经济效益，随着经验的积累，桩基的容许承载力也在不断增长，在 21 世纪的今天，各国专家开始关注此项技术。

（一）工作过程

在充满液相介质的钻孔中放入电极，通入高压电，形成放电现象，电能转变为机械波能，产生冲击波，扩孔（一般扩大两倍）并挤密周围土体。

（二）特点

1. 挤密土体；2. 扩大桩身的任意部位；3. 在狭窄的空间（小于 2.5 m 的高度）使用小型钻机；4. 绿色施工技术；5. 若制桩，则承载力可提高 2 ~ 3 倍，成本降低 20% ~ 50%。

（三）应用领域

1. 钻孔桩；2. 永久性和临时性锚杆；3. 边坡加固；4. 建（构）筑物墙身或基础的加固；5. 地基加固。

二、工作原理

（一）放电原理

脉冲放电技术也即脉冲功率技术，就是把“慢”储存起来的具有较高密度的能量，进行快速压缩，转换或直接释放给负载的电物理技术。一般来说，脉冲功率技术装置包括初级能源、中间储能和脉冲形成系统、转换系统以及负载。所以就其实质来讲，脉冲功率技术最主要的就是能量的压缩和转换。脉冲水下放电主要是利用所谓的“液电效应”。

当外加电源接通后，电源通过整流器向电容器充电，当电容器的电压（也就是两极之间的电压）上升到两极间介质的击穿电压时，放电间隙被击穿，电容器快速放电，把储存的能量瞬间释放。一般放电时间为 1 ~ 10 μs，此时释放的能量（大约为 103 ~ 106 J）将放电室中的介质加热到高温，并产生极强的放电电流（可以达到数 kA 至数百 kA），这就是所谓强流脉冲放电效应。由于巨大能量瞬间释放于放电通道内，通道中的水就迅速汽化、膨胀并引起爆炸，爆炸所引起的冲击压力可达（103 ~ 105）$\times 10^2$ kPa，这种水中放电产生强烈爆炸的效应又称为液电效应。

1. 力学效应

液体中放电时，放电通道周围的液体瞬时气化并形成气泡，高速剧烈膨胀而爆炸，产生强烈的冲击波，其压强可达到 100 kPa 以上，有的高达 10 GPa。冲击波的前沿速度达 10 ~ 50 km/s，同时施加给不可压缩的液体以及其中的物质。可用于薄壁工件的快速成型、冲压、冲孔、切断、拉伸等，可用来粉碎材料、破碎岩石、清洗零件、强化材料表面、杀菌、粉碎细胞、细胞融合等。

2. 电磁效应

液体中放电时，会产生极大的冲击大电流，可达到几百到数百万安培，会伴随产生几百到几千万高斯的强磁场和极大的磁场梯度，以及频率很宽的电磁波辐射。对带电粒子会产生极强的电动力、磁力等作用，可用于工件的成型，加速化学反应，干扰、诱发和破坏生物体及细菌、病毒的生活能力。可用来研究强磁场中物质（生物或非生物）的基本特征等。

3. 热学效应

在放电通道内，由于等离子体（带电粒子）的高速运动，相互碰撞，会产生大量的热，使通道温度相当高。通道中心可成上万度甚至几千万度的高温等离子流。当然通道内的温度分布是不均匀的，一般由通道中心向边缘逐渐降低。但由于放电通道极小，如果短时或少数几次放电，对整个液体而言，尤其在液体介质流动的情况下，其整体温升并不高，一般不会因热学效应而引起液体介质特性的变化。

4. 声学效应

放电通道中的高温等离子体流，除了使液体介质气化、热分解气化以外，也会使两电极表面材料熔化、气化。这些气化后的液体介质和金属蒸汽瞬时间体积猛增，迅速膨胀，具有火药、爆竹点燃后爆炸的特性，并发出清脆的爆炸声。伴随的强力超声波，可用于海底矿藏的探测，或作为电火花的振源等。

5. 光学效应

液体中放电时会发光和产生电晕现象，尤其是高压液体中放电，还会产生极强的紫外光，起强烈的灭菌作用。

（二）电能的转换和传递

整个脉冲放电过程的能量转换过程包括：1. 电能转变为冲击波能；2. 放电中电能转变为气泡能；3. 电能向放电区的传递。

第二节 管幕钢管施工法

一、概述

随着经济发展，人口增加，以及城市不断扩张，交通已日趋拥挤。为缓解不断增大的交通压力，立交结构越来越多地出现在城市里，下穿地道就是一种常用的立交形式。管幕法就是在下穿地道施工中应用较多的一种非明挖施工方法，这种工法也常用于下穿已建高速公路或铁路线的地道施工中。

管幕法，也叫排管顶进法，是一种新型暗挖法施工技术。管幕法的施工原理为在始发井与接收井之间，利用顶管设备顶进钢管到土体中，各单管间依靠锁口在钢管侧面相接形成管排，并在锁口空隙注入止水剂以达到止水要求，形成超前支护，然后在管幕的保护下，施做地下箱涵结构。管幕可以为各种形状，包括半圆形、圆形、门字形、口字形等，采用管幕法时，由于开挖土体或者推进箱涵是在管幕的保护下进行的，因此，地面沉降可以显著减少，施工时开挖面的稳定性也大大增加，同时，由于管幕具有隔离地下水的作用，故施工时无须降低地下水位。

（一）管幕法的发展与应用

管幕法起源于日本，最早出现在 1971 年，位于日本 Kawaselnae 穿越铁路的通道工程采用了管幕法。1971 ~ 1980 年，采用 Iseki 公司设备施工的管幕法工程就有六项。欧洲最早采用管幕法的工程是 1979 年比利时 Antewerp 地铁车站的修建，该地铁车站位于既有铁路车站的下面。1982 年新加坡采用管幕法在城市街道下修建地下通道，24 根直径为 600 mm 的钢管围成管幕。美国首次应用管幕法工程是 1994 年，管幕钢管直径为 770 mm。

中国首次应用管幕工法是 1984 年在香港修建地下通道。1989 年台北松山机场地下通道工程由日本铁建公司承建，采用管幕结合 ESA 箱涵推进工法施工，长 100 m，箱涵宽 22.2 m，高 7.5 m，水平注浆法加固管幕内土体。2004 年，上海中环线虹许路北虹路地道施工，管幕为由 80 根直径 970 mm 的钢管组成的矩形，钢管单根长度为 125m。该工程规模为双向 8 车道，内部箱涵横断面尺寸为 34 m × 7.85 m，箱涵分 8 节，每节长度为 15.5 m，单向顶进。这是我国第一次采用管幕结合箱涵顶进施工技术，也是世界上在软土地层中施工的断面尺寸最大的管幕法工程。北京地铁五号线崇文门站下穿既有地铁一号线区间隧道工程，为保证开挖支护过程中车站的结构稳定，严格控制地面沉降，保护邻近建筑物的安全，采取管幕超前支护的施工方案，使用 30 根直径 600 mm 的钢管，单根顶进距离 36 m。

（二）管幕法优缺点的比较

1. 管幕法的优点

（1）不影响地面的正常交通，地面道路不用改道；

（2）无须进行道路改建，即不需开挖道路和重新铺设路面；

（3）无须进行管线改接（指地面 5 m 以内的各种管线的位移、复位等），从而不会发生断电、断水、断气等影响市民生活的情况；

（4）由于不抽取地下水，地面沉降较小；

（5）由于管幕法施工技术没有对附近建筑物产生不良影响，故无须加固房屋地基和桩基；

（6）无噪声、无振动，可以 24 h 连续施工；

（7）管幕钢管锁口注浆后可有效防止渗漏水。

2. 管幕法的主要缺点

（1）使用小型顶管机进行施工，要求顶管机具有较高的顶进精度和顶进速度，顶管机研制或购置费用较高，埋入的钢管不能回收，工程投入大，单位延米造价高；

（2）当管幕钢管顶进距离较长，箱顶覆土较薄，顶管精度控制不好时，容易引起上层路面的隆起破坏，存在一定的施工风险；

（3）箱涵与管幕之间空隙不好控制，如果空隙过大且填充不密实，容易在施工过程中局部路面发生沉降，产生跳车现象。

二、管幕法的设计内容

管幕法的设计计算以管幕的变形为主要设计依据，日本工法以变形量 5 mm 为设计标准。工程实践表明，通常情况下，管幕变形量小于 5 mm 时，地表沉降可控制在 20 mm 以内。

管幕设计包括管幕施工中钢管幕接头设计、钢管的配置、钢管顶进过程中的一些力学计算；地下构筑物施工中采用开挖方案时支撑的布置、开挖顺序、开挖边坡稳定性评价、地表沉降分析与控制、土体加固设计，以及采用箱涵方案时出洞口地基加固、开挖面稳定计算、顶进力计算、切土网格的结构计算等内容。

三、管幕法的施工

以管幕钢管施工为例。管幕钢管施工采用钢拉索单向拉进贯通施工工法为主。钢拉索单向拉进贯通施工是利用水平定向钻机在钢管设计管位内铺设两根高强度钢索，将钢拉索一端与待铺管道相连，另一端与穿心千斤顶相连，利用千斤顶的顶力将钢管拉进直至贯通。考虑到管幕之间的锁接结构，为防止拉管施工过程中锁接结构咬死，在拉进困难时可采用高频振动器在管尾施加高频振动。管幕施工结束后，进行管幕内土体水平旋喷桩加固施工，待土体固结一定强度（0.5 ~ 0.8 MPa）后进行土体开挖，边开挖边设置围檩支撑。管幕内混凝土结构采用预拌混凝土现浇施工工艺。

钢管拉索定位测量采用全站仪导线测量；地下连续墙洞口开凿采用小型金刚石钻机环钻小孔切除；钢管进出洞洞口采用止水橡胶板止水；钢拉索铺设采用水平定向钻有线控向系统进行定位回拉铺设。钢管回拉采用空心千斤顶进行回拉铺设。管内土塞利用高压水枪跟进清除。

（一）拉索孔平面与立面定位测量

钢管拉进的拉索孔平面位置布置精度直接关系到钢管拉进及后期的通道标高控制，因此拉索孔孔位的测放精度较高，平面位置控制可在 2 cm 以内。同时测量要为后期拉索导向孔施工提供坐标参考点。导向孔施工参考点在每根拉索水平投影线上按 2 m 设置一个点，每个点的水平坐标与高程同时测出，以利于在导向孔施工过程中的方向控制。

（二）钢管进出洞口开凿及止水板安装

钢管进出洞口开凿利用水平电钻配合金刚石钻头进行环状钻孔切除地下连续墙混凝土，形成钢管进出洞的洞口。开凿的洞口直径稍大于钢管外直径，以利于钢管进出洞口时可以调节方向。

（三）水平定向钻机施工平台搭建

在拉索铺设过程中，钻机的工作井主要根据现场的施工道路与工况条件决定。但在施工前，钻机平台的搭建有以下要求：

1. 为满足水平定向钻机的施工安装定位空间，地下连续墙在开挖以后不能进行内饰墙壁施工，同时对地墙施工时产生的外延部分要进行凿除，以满足钻机就位的要求。

2. 施工平台搭建时要求能承受水平定向钻机施工时的整体荷载，同时要将平台与地连墙之间牢固连接。

3. 平台标高计算要根据水平定向钻机的底部与钻机水平状态下钻杆中心高度来确定，在施工过程中不可高出该标高。

4. 为安全考虑，整个工作井内平台须满堂铺设，且整体刚度要满足钻机移位要求。

依据上述要求，可采用水平定向钻机或非开挖水平定向钻机进行钢拉索铺设。另一工作井主要是为钢管拉进时的施工平台，考虑施工过程中平台堆放两套钢管，两套钢管质量为 11t。依据以上对平台的承重要求，采用脚手架与 25# 工字钢结合搭设，脚手架采用满堂架搭设。由于本工程施工过程中，依据两侧的钢管定位，平台面标高在不断变化，所以在施工过程中考虑平台施工，顶部的平台面利用型钢作为钻机承重与移位的平台，顶部型钢与脚手架桁架安装为配合施工，不能进行焊接施工。

（四）反力墙型钢架设

根据工程钢管拉进时的阻力计算单次拉进拉力，单次施工的拉力必须大于钢管本身与地层之间的摩阻力。每根钢管设置两个拉点，每个拉点拉力为总拉力的二分之一。拉力的支点选择为已建的地下连续墙，为增强地下连续墙的刚度，同时为后续拉管时千斤顶的定位，在地下连续墙上利用 300 mm × 500 mm “H” 形钢搭设一只立面钢架，使钢架、地下连续墙、墙后加固土体组成反力墙。

反力墙型钢与地下连续墙连接采用膨胀螺栓连接或与地下连续墙中主体结构钢筋焊牢，型钢与型钢连接采用电焊进行焊接，注意不得使型钢扭曲变形。型钢与地下墙之间的空隙用砂浆填平。在施工过中，部分型钢根据现场情况进行调整。

（五）先导孔施工

拉索孔施工钻机位于地下空间主体结构内部，施工时拉索孔要穿过主体结构地下连续墙，可能还要穿越连续墙外部的水泥土搅拌桩。考虑这两部分的研磨性和导向板的强度，同时为了稳定钻头进入土体的位置相对固定，防止钻进时发生抖动，在地下连续墙和水泥土搅拌桩体上拉索孔位置处利用人工电钻预先开孔，先导孔中心与钢拉索中心重合，长度必须穿过地下连续墙体与搅拌桩体，先导孔直径与导向孔造斜板直径一致。先导孔施工时注意将水泥土搅拌桩体钻穿，同时注意先导孔施工的位置与方位，施工过程中要严格控制。

第三节　能量桩技术

一、概述

（一）能量桩的定义

在建筑物建造时，直接将地源热泵系统地埋管换热器的换热管埋设在建筑物的混凝土桩基中，使其与建筑结构相结合，这样就成为一种新型的地埋管换热器，称为桩基埋管地热换热器，也称为能量桩。能量桩的直径远大于土壤源热泵换热井的直径，混凝土的导热系数高于土壤的导热系数，这使能量桩的换热性能优于土壤源热泵技术；同时利用混凝土桩储热，可以省去常规的土壤源换热管打井及灌浆回填工序，从根本上避免因打井造成的施工费用。同时，可实现建筑物冬季零能供暖，夏季零能制冷，是节约化石能源，减少温室气体排放，高效开发与利用地下热能的一种新方法。

这些能量桩是建筑物的基础部件（桩基、墙基），与地下土壤相接触，桩基可现场浇筑，在混凝土浇筑之前，在桩内埋设热交换管。同样也可以在预制的混凝土冲击桩内安设热交换管，以适用于有孤石的砂砾石层、漂石层、坚硬土层、岩层等。

（二）能量桩的埋管形式

目前，我国的建筑物基础以钻孔灌注桩为主要形式，能量桩多为钻孔灌注桩中埋设塑料管换热器而成。换热管埋于建筑物桩基础中的主要方式：是将换热管（一般是 PE 管）先固定在预制空心钢筋笼壁的内侧，然后随钢筋笼一起下到桩井中，再浇筑混凝土。目前，桩基埋管主要采用五种形式：单 U 形、串联双 U 形（W 形）、并联双 U 形、并联三 U 形和单螺旋形。

桩基埋管换热器主要延用钻孔埋管的 U 形或 W 形布管技术。由于桩基的深度远小于竖直钻孔埋管的深度，在相对较短的桩中埋设单 U 形管，埋管的传热面积太少，不能充分发挥桩基础的作用；埋设并联双 U 形和三 U 形塑料管虽然增加了埋管在桩基础中的总传热面积，但是流体单程的行程仍偏短，多个 U 形管并联设置造成循环液的流通截面过大，换热器进出口的温差偏小，使循环水泵的功耗和运行费用增加。螺旋形埋管比直管传热系数高，在相同空间里容易布置更大的传热面积。

（三）能量柱应用现状

Nageleban 公司于 1980 年在澳大利亚首次使用能量桩系统。此后，能量桩技术被广泛应用于别墅、公寓楼、商业楼、文化中心和工业设施。奥地利从 1985 年到现在打入能源预制桩总长度已超过 100×10^4m，且以每年 13×10^4 m 的速度在增长。德国法兰克福的美茵塔建筑、德国图宾根的 Kreissparkasse Tuebingen 银行、德国波鸿市 Stadtwerke 公司办公楼、日本札幌市立大学一栋建筑均采用了能源桩基技术。瑞士政府在 2001 年制订的“瑞士十年能源计划”中，大力提倡并以多种形式利用地温能，包括钻孔法、挖井法、能源桩、温泉、深层地下水及输水隧道等。瑞士 PAGO 公司办公大楼从 1996 年起利用 570 个能源桩从地下获得能量用于公司的供暖和供冷，效果非常显著。

德国图宾根的 KreissparkasseTuebingen 银行，其主楼用深度 18 ~ 22 m 的 150 个能源桩进行供暖和供冷。地下地层由卵石和砂石组成，地下水水流经过，温度为 11.5℃，地下水流速 400 m/s。这种水文地质条件保证了地下温度常年恒定。德国法兰克福的美茵塔建筑有 112 个能量桩，桩直径 1.5 m，长度 30 m，能量桩热能负荷 500 kW。

瑞士 PAGO 公司利用 570 个能量桩从地下获得能量用于公司的供暖和供冷。在冬天能量桩每米可获得 35 kW·h 的热能进行供暖，夏天每米可获得 40 kW·h 的冷能用于房间空调和机器的降温。能量桩长 12 m，安装在干燥的淤泥质粉砂内，以 4 个能量桩为一组，呈方形顶角安装，四边间距为 1.4 m。

国内也有少量能量桩基应用案例。2006 年同济大学的旭日楼工程采用了能量桩基，桩基为现浇钻孔灌注桩，深度达 28 m，效果十分理想。目前国内规模较大的尝试桩基埋管系统的工程是南京朗诗国际街区，总建筑面积 91 557 m^2，地上建筑面积为 68 115 m^2，夏天已运行，反映较好。此外，还有天津市梅江综合办公楼、浙江省温州市会所、吴江中达电子营建处办公楼、塘沽凯华商业广场等均采用了桩埋管地源热泵系统。上海世博会中轴线，采用了能量桩地源热泵系统，通过利用 6000 多根能量桩，结合黄浦江水源，配合水源热泵实现供冷、采暖。从能量桩在国内外的发展现状可看出，能量桩在全世界大部分地区适用，具有广阔发展前景。

能量桩作为一种新型节能技术，将环保、节能的概念融入地下工程中，其经济效益、环境效益和社会效益不可估量，在我国有着巨大的发展潜力和广泛的应用前景。能量桩应用在房屋主体结构的深基础中，可为居民或办公楼提供能源，对其进行制热和制冷。且其在继承传统地源热泵技术优点的同时，解决了地源热泵技术在城市推广中占地和成本高两个主要障碍，因此，它在我国城市建设中具有无与伦比的优势。但同时，由于在设计和施工上仍有一些技术难题有待解决。如作为新技术，布设在地下结构中的换热器传热计算理论、计算模型以及埋管优化是该项技术研究和发展的关键。且还没有普遍公认的地埋管换热器的传热分析模型和规范，有待对其做更深入研究。此外，能量桩在实际应用中，对材料和各种管接件提出了更高的要求，对现浇或预制桩基的工艺、现场作业程序提出了更严格的标准，这对管理、工艺、施工人员的素质都是一种挑战。

二、能量桩技术系统及其模拟计算

（一）能量桩的地埋管地源热泵系统

能量桩地源热泵系统与钻孔埋管地源热泵空调系统相似，现以桩基为螺旋埋管为例，能量桩的地埋管地源热泵系统主要由三部分组成：桩基螺旋埋管地热换热器、热泵机组内部的制冷与制热系统、向建筑物内的输送和末端系统。桩基螺旋埋管地热换热器实现管内循环液（纯水或以水为主要成分的防冻液）与土壤（固体）之间的热交换，各个桩基螺旋埋管可以串联也可以并联。

（二）能量桩储热的数学模型

目前，已有的地埋管换热器所基于的设计计算传热模型有 30 余种，有稳态传热模型和动态传热模型；有一维传热模型、二维传热模型和三维有限差分法或二维有限元法等，尽管模型众多，但基本理论有三种：一是 1948 年 Ingersoll and Plass 提出的线源理论，它是目前大多数设计的理论基础；二是 1983 年 BNL 修改过的线源理论，它和线热源理论的不同点在于它考虑了盘管内流体的流动性能特征；三是 1986 年 V.C.Mei 提出的三维瞬态远边界传热模型，该理论建立在能量平衡基础上，区别于线源理论，考虑了土壤冻结相界面的移动以及回填土等因素的影响。

国内外应用的传热模型主要有线源模型、柱源模型、瞬态热平衡传热原理模型和变热流传热模型等。

1. 基于线源理论的模型

在线热源模型中，将垂直埋在地下的管看作一个均匀的线热源，通常是把换热器的中心轴线视为线热源，以该轴线为中心，以恒定热流向周围传热，将管周围的介质环境看作无限大的实体。

2. 柱源理论传热模型

柱源理论传热模型是在线源模型的基础上，通过改进将整个能量桩看成具有一定半径的均匀柱热源，向周围土壤平面进行热量交换。结合混凝土传热实际情况，柱源传热模型简化的假设条件如下：

（1）将柱体周围的混凝土看成无限大的实体，具有相同的初始温度；

（2）柱体周围混凝土的热物性均匀，并且热物性参数不随温度变化；

（3）传热以纯导热方式进行，忽略柱体竖直方向上的热量传递；

（4）混凝土与换热管管壁接触良好，忽略接触热阻；

（5）柱体与混凝土换热强度维持不变；

（6）相邻储热桩之间没有热干扰。

3. 基于瞬态热平衡原理传热模型

在仅考虑能量平衡或同时考虑能量平衡和质量平衡的基础上，结合热、质传递方程建立的瞬态传热模型，考虑到结冰层界面的移动、回填土、埋管的热阻等因素对模型的影响。V.C.Mei 与 Emerson 发展了较为完整的垂直埋管的二维瞬态热平衡模型；T-K.Lei、Rottmayer 与 Yavuzturk 等人也发展了不同形式的瞬态热平衡原理传热模型。瞬态传热模型的出现，将地下换热计算模型由简单的线热源方法向基于热平衡原理的方向发展，对地下换热特性的分析也越来越精确化。瞬态传热模型适合浅埋地下的换热器。

4. 变热流传热模型

考虑到在实际运行中，埋管换热器向周围混凝土释放的热量不是固定不变的，Deennan 与 Kavanaugh 在 Ingersoll 研究的基础上，于 1991 年提出利用叠加原理，考虑不同时刻热流对当前时刻温度和热流的影响，建立了变热流量模型。

能量桩储热埋管如果看作是一个均匀的热线源，以恒定热流向周围传热，能量桩储热系统传热过程简化条件如下：

（1）将混凝土桩近似看成无限大的传热介质，具有相同初始温度；

（2）混凝土桩热物性均匀，热物性参数不随温度变化；

（3）忽略埋管换热器几何尺寸，看成线热源；

（4）埋管换热器与周围混凝土的换热强度保持不变。

三、能量桩技术材料选取

由于将换热管埋设到桩基中，换热管的存在会对桩基原有力学要求产生较大影响，如果建筑物在既有混凝土配比的基础上，直接将换热管加入至桩中进行浇筑，这不但对建筑安全性产生严重后果，而且也很难满足能量桩的储热要求。

（一）能量桩的力学和热力学性质

由于能量桩是以地源热泵理论为基础提出的，作为一种新的建筑节能技术，其相关规定并未在《建筑基桩技术规范》中体现。现阶段能量桩施工仅对建筑基桩原设计加入换热管是极不可取的，建筑原有基桩设计一般为普通混凝土加钢筋的构件，加入换热管后，其力学性质将受到严重影响，以螺旋埋管为例，在桩中加入换热管后其构件的抗压极限承载能力、抗弯极限承载能力等都会产生不同程度的影响。

目前，国内建筑基桩材料多为普通硅酸盐混凝土加钢骨，硅酸盐混凝土在长时间高温和外部环境作用下，其化学和力学稳定性较差，并且和换热管的热膨胀系数不同会导致空气薄膜存在，使能量桩导热受阻，由于以上诸多因素存在，故要对现有混凝土各组分选择配比进行研究，从而提高能量桩储热系统的工作效率。

（二）能量桩材料选取

能量桩材料选取上应满足以下几点要求：在长时间高温和外部环境作用下能量桩有很好的化学和力学稳定性；在换热管和土壤之间的能量桩应具有较高的导热系数；具有较低的热膨胀系数，使桩与换热管有很强的结合力，防止由于导热管与混凝土热膨胀系数不同，造成空气薄膜存在，而使导热完全受阻；基桩在整个使用历程对环境不会产生影响，对生态不会产生破坏。

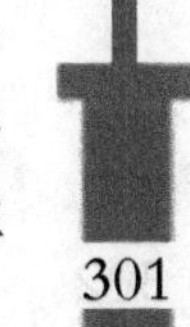

1. 增强材料的选取

混凝土抗拉、抗弯、抗冲击、抗爆以及韧性差。纤维混凝土作为一种新型复合建筑材料，具有抗拉、抗弯、抗剪、抗裂、阻裂、耐冲击、抗疲劳、高韧性等特点，其应用可以改善建筑构件力学特性。目前纤维增强混凝土主要有两种：一种是高弹模量短纤维增强混凝土，以钢纤维为代表；另一种是低弹模量短纤维增强混凝土，以聚丙烯和尼龙纤维为代表。

2. 储热材料的选取

满足能量桩热力学性质的储热材料选取主要为铝酸盐水泥、玄武岩、工业废铜矿渣、石墨。以铝酸盐水泥作为胶凝剂，可以确保储热材料在工作温度下具有较强的稳定性及使用寿命，且其硬化后不含铝酸三钙，不析出游离的氢氧化钙，对地下矿物水的侵蚀抵抗作用明显优于硅酸盐水泥；选用玄武岩及工业废渣、铜矿渣等热容大的作为集料，既解决了工业废渣的环境污染又使改性混凝土的体积热容得到大幅提高；同时掺入导热性能优越的石墨能使混凝土储热材料的导热系数得到明显提高。

3. 其他材料选取

其他材料的选取为复合高效减水剂、膨胀剂。性能优异的复合高效减水剂可以有效降低施工用水量并提高混凝土的强度。加入适当量的膨胀剂可以密实混凝土，从而减少因温度和干湿度变化导致基桩自身体积发生较大变化，进而影响换热管与混凝土的结合。

四、能量桩施工技术

（一）能量桩埋管换热器的优点及注意事项

1. 能量桩埋管换热器的优点

首先，有避免受后期扩建工程施工时对地下换热器的不利影响，更稳定安全；其次，换热管安装在建筑物桩基内，桩基用混凝土浇实后换热管与桩基混凝土融为一体，由换热管与周围土壤的热交换变为桩基混凝土浇筑体与土壤热交换，扩大了换热管与周围土壤的热交换面积（混凝土的换热性能优于土壤的换热性能），也增强热交换效率；再次，因换热器插管与建筑桩基同时进行，具有工期优势；并且施工的先期性也使换热器的安装不需要避让给排水、电缆等，因此设计更简单，施工更便利，缩短总工期。

2. 需要注意的事项

第一，因交叉作业多，需要跟土建方密切配合；第二，安装过程中需要做好对换热管的保护，以免受给排水、电缆等施工时对换热管的破坏。不过，只要业主和土建方对换热器施工配合，换热器的安装一般不会影响土建的施工。而且，在地下室安装换热器比在地上安装时受给排水、电缆等施工的破坏的风险要小得多。

（二）桩埋管施工工艺

桩埋管属于垂直地埋管换热器的一种，早在 20 世纪 80 年代起就开始在国外得到广泛利用，如工厂、体育馆、展览大厅、办公楼、学校、宾馆、博物馆和住宅楼等。它通过在建筑物钢筋混凝土灌注桩中埋设各种形状的管状换热器装置进行承载、挡土支护、地基加固的同时，可以进行浅层低温地热能转换，起到桩基和地源热泵预成孔直接埋设管状换热器的双重作用。这样也就省却钻孔工序，节约施工费用，更能有效地利用建筑物底板下的面积。这种技术的推广将为绿地面积小、容积率高的建筑物提供新的应用空间，必将成为垂直埋管方式新的应用典范。

在混凝土灌注桩内敷设换热管的桩基可以现场浇筑。在混凝土浇筑前，在钢筋笼内沿绑扎 U 形管状换热器，随沉桩至土（岩）层中。预制钢筋混凝土桩内的管状换热器与地表管路连接，换热器管路内充填交换流体，通过管状换热器系统中的交换流体与钢筋笼、桩身混凝土、桩周进行热交换，形成封闭式地源热泵的地下低温地热能交换器。

总而言之，在进行岩土工程设计的过程中，可能对工程安全造成影响的因素非常多，如图纸的测绘、边坡的支护、支护结构的设计等。在实际工程建设过程中，应当结合岩土工程的工程地质理论、力学理论、岩土力学等知识，通过对现场地质条件、水文条件进行详细的勘察，抓住工程各个建设阶段的特征并结合工程建设积累的丰富经验，提出具有建设性的解决方案，以保证岩土工程建设的安全性。

参考文献

[1] 朱庆 . 岩土工程中的深基坑支护设计探讨 [J]. 建材与装饰 ,2017(31):74–75.

[2] 贾立翔 . 基于光纤感测技术的岩土工程感知杆件研发 [D]. 南京大学 ,2017.

[3] 职志攀 . 工程物探技术在岩土工程中的应用 [J]. 科技风 ,2016(18):230.

[4] 肖光庆 . 工程物探技术在岩土工程中的应用解析 [J]. 信息化建设 ,2016(6):129–130.

[5] 王志佳 . 岩土工程振动台试验理论及在地下管线动力响应研究中的应用 [D]. 西南交通大学 ,2016.

[6] 张全锋 , 宫玉奎 . 岩土工程勘察深基坑支撑设计分析 [J]. 建筑知识 ,2016(3):51–51.

[7] 姚作波 . 岩土工程勘察中的水文地质问题分析 [J]. 技术与市场 ,2015(7):126–127.

[8] 祁小辉 . 考虑土体不均匀性的岩土工程可靠度分析 [D]. 武汉大学 ,2015.

[9] 徐宁 . 区域性场地土中桩基承载力可靠度及抗力分项系数的研究 [D]. 太原理工大学 ,2015.

[10] 杜华程 , 许同乐 , 黄湘俊 , 等 . 基于 CAN 总线的智能传感器节点设计与应用 [J]. 传感器与微系统 ,2015(2):82–84.

[11] 冯莹 . 探究岩土工程风险分析及应用 [J]. 黑龙江科技信息 ,2015(5):133.

[12] 廖建 . 岩土工程勘察的场地和地基稳定性综合评价 [J]. 吉首大学学报（自然科学版）,2014(4):54–58.

[13] 郭林坪 . 随机场理论在港口工程和海洋工程地基可靠度中的应用 [D]. 天津大学 ,2014.

[14] 胡玉定 . 黄土地区桩基承载力可靠性分析及概率统计推断研究 [D]. 西安建筑科技大学 ,2014.

[15] 张海鹏 . 预应力锚索的工作机理及长期有效性评价 [D]. 长江科学院 ,2013.

[16] 曾远 . 世纪大厦基坑支护工程中若干问题的分析与探讨 [D]. 南昌大学 ,2013.

[17] 车灿辉，刘实，刘静．深基坑工程结构类型与安全监测要素 [J]. 探矿工程（岩土钻掘工程）,2013(4):60–64.

[18] 丁为．华能大厦岩土工程项目技术风险评价及控制 [D]. 吉林大学 ,2013.

[19] 韩飞．地基设计和岩土工程勘察过程中常见问题及对策 [J]. 科技创业家 ,2013(5):43–44.

[20] 黄治军．岩土工程勘察中存在的问题与措施 [J]. 科技传播 ,2012(19):99–112.

[21] 张敏．岩土工程勘察中水文地质问题分析 [J]. 科技风 ,2012(9):131–131.

[22] 王飞．基于应力重塑方法的基坑支护结构安全及有限元分析对比 [D]. 合肥工业大学 ,2012.

[23] 刘磊．长春市工会大厦深基坑支护设计与数值模拟研究 [D]. 吉林大学 ,2012.

[24] 张黎健，黎立．浅谈岩土工程勘察中存在问题及改进建议 [J]. 中国新技术新产品 ,2012(5):86–87.

[25] 贾少华．岩土工程勘察中存在的问题与对策 [J]. 中国水运（下半月）,2011(12):210–211.

[26] 高青松．岩土工程项目安全预控隐性知识集成与共享研究 [D]. 中南大学 ,2010.

[27] 贺钢，蒋楚生．边坡岩土工程不确定性及对策分析 [J]. 铁道工程学报 ,2010(4):19–22.

[28] 焦健．节理岩体稳定分析的数值流形方法研究 [D]. 北京交通大学 ,2010.